# 千柳集

侯全亮 著

黄河水利出版社

## 本书简介

黄河是中国的母亲河，也是一条多灾多难的河流，对黄河的治理，是古今人们必须面对与关注的事情。本书从地理、水文、水患、治理、文化以及现当代对黄河的治理与开发等多个层面，对黄河进行解读，具有知识性、普及性与可读性，是全面概括黄河、认识黄河的首选读物。

**图书在版编目（CIP）数据**

千柳集/侯全亮著. —郑州：黄河水利出版社，2007.9
ISBN 978-7-80734-255-7

Ⅰ.千…　Ⅱ.侯…　Ⅲ.黄河-河道整治-文集　Ⅳ.TV882.1-53

中国版本图书馆 CIP数据核字(2007) 第 129275 号

---

出 版 社:黄河水利出版社
地址:河南省郑州市金水路11号　　邮政编码:450003
发行单位:黄河水利出版社
发行部电话:0371-66026940　　传真:0371-66022620
E-mail:hhslcbs@126.com
承印单位:河南省瑞光印务股份有限公司
开本:850 mm ×1 168 mm　1/32
印张:11.5　　插页:4
字数:289 千字　　印数:1—2 500
版次:2007 年9 月第1 版　　印次:2007 年9 月第1 次印刷

---

书号:ISBN 978-7-80734-255-7/TV·520　　定价：30.00 元

**侯全亮**，社会科学研究员，中国作家协会会员。1955年12月生，河南滑县人。1982年7月郑州工学院水利工程系毕业，到黄河水利委员会从事历史研究与文学创作，曾任黄河水利委员会新闻宣传处处长、政策研究室主任、办公室副主任、主任编辑，河南省孟津县人民政府副县长，现任黄河水利委员会巡视员。主要著作有长篇纪实文学《一代河官王化云》、《天生一条黄河》，散文集《九曲集》，古籍评注《黄河古诗选》，主编大型历史文献《人民治理黄河六十年》等。创作的《中国新大陆传奇》获河南省新闻类报告文学一等奖，《大河，在他们胸中》获全国水利优秀电视片奖，主编的《人民治理黄河六十年》获黄河水利委员会创新特别奖。

2004年10月黄河水利委员会领导干部创新思维学习班考察青岛海尔集团时合影。前排左2为黄河水利委员会主任李国英，左1为黄河水利委员会副主任苏茂林，左3为黄河水利委员会党组成员、纪检组长李春安。第二排右4为作者

2005年6月黄河调水调沙期间作者与黄河水利委员会副主任徐乘（左2）、廖义伟（左3）、防汛办公室副主任王震宇（左1）在小浪底大坝处合影

2003 年 9 月作者在白云山山顶

2006 年 3 月黄河水利委员会办公室全体人员合影，前排右 6 为黄河水利委员会党组成员、办公室主任郭国顺，前排右 5 为作者

2001 年 8 月作者随团赴法国考察，在塞纳河畔留影

2006 年 4 月作者（中）陪同美国华盛顿大学皮·大卫教授考察黄河花园口

2004 年 8 月，作者作为黄河代表团成员出席第 14 届斯德哥尔摩国际水研讨会期间，在波罗的海海湾考察

2007年6月作者随水利部水利公共管理考察团访问埃及，图为在尼罗河上游地区考察卡纳克神庙古建筑群

作者年过八旬的父母双亲，依然身体健康、精神矍铄

2003年夏天作者与妻子鲁明、女儿侯鲁汀在黄河小浪底水库

# 前 言

一、我家住在黄河边

本书的书名取自笔者的书斋名号——千柳斋，这一斋号源于我的家乡河南省滑县柳圈村。

滑县古称滑州，又称滑台，是一个与黄河有着历史渊源的古老重镇。史载，2600多年前周定王五年黄河发生第一次大改道时，滑州正处于下游河道的顶点。及至汉、唐、宋，在很长历史时期内，滑州一直位于黄河之滨。由于泥沙淤积严重、河道摆动频繁，黄河改道南流后，这一带遗留下许多沙丘土岗，也留下了沙店、老河寨、沙堌垛、浪柳等许多与黄河有关的地名。我的家乡柳圈亦因当时依偎大河、柳树繁茂而得名。

不过，由于黄河早已改走他途，笔者少时对于故乡的前世因缘，并不知晓。只记得小时候从外乡只身回家，祖父母怕我迷路，专门用柳条编成一个圈圈给我套在脖子上，以便沿途问路不至于忘记家住哪里。后来，随着视野渐宽，才对故乡与黄河的历史渊源有了一些了解。

有几件发生在故乡的史事很值得解读。

第一件事是唐代薛平展宽黄河河道，为洪水让路。据记载，当时濒临黄河的滑州经常遭受洪水灾害，知州薛平经现场察看发现，现行河道中因受农民耕种田地的影响，行洪河道窄而不畅，使洪水危害大大增加。而同时，毗邻的卫州黎阳黄河故道（今河南浚县东北)却有不少可耕用的富余田地。于是他便派人与管辖黎阳的魏博节度使交涉,提出将现行河道中农田置换到黎阳故道,以拓宽黄河行洪河床。几经商谈,该提议得以实现。因下游河道一下加宽了10公里,黄河水势大为削减,自此之后,滑州一带很长时期内没有发生水患。而薛平也因治理有方,被朝廷接连加封,直至做到右仆射兼户部尚书,并晋封司空、司徒、太子太保等要职。应该说,远在1300多年前,薛平能够提出并实施这种"给洪水以出路"的措施,确属难能可贵。

第二件事是司马光因黄河而顿发人生感悟。据记载,北宋时期,黄河决口泛滥十分频繁,民田茅舍淹没殆尽,灾难深重。从太宗太平兴国八年(公元983年)五月韩村决口,到真宗天禧三年(公元1019年) 六月天台山旁溢决,几十年间,黄河仅在黄河南岸的滑州就发生十多次决口。仁宗庆历四年(公元1044年),25岁的司马光出任滑州判官,州府设在距河岸不远处。次年春天,他为了组织加修防汛抢险工程,一连几十天都吃住在堤坝上,直到完工时才发现,河边的青草细芽已经葱翠如茵。正是这种实地参加河防建设的亲身经历,使他即兴写下题为《河边晓望》的著名诗篇:"高浪崩奔卷白沙,悠悠极望入天涯。谁能脱落尘中意,乘兴东游坐石槎!"在诗中,作者借黄河的汹涌壮阔、源远流长,表达了自己立足现实、志在高远的政治理想。也正是在这段时间里,司马光于治理河政之余发奋读书,写下大量为人处世与从政感言,这些文字后来被编入其主编的经典巨著《资治通鉴》。

第三件事是历史记载的一则抗洪救灾故事。说的是五代十国时期,晋出帝开运元年(公元944年)黄河在滑州河段决口,附近五州一片汪洋,灾情十分严重,朝廷下令征调大量劳力堵塞决口。堵口成功后,皇帝欲将这一战胜洪灾的功绩刻碑记之,但在廷议时,却受到了中书舍人杨昭俭的直言力阻。杨说:"陛下刻石记功,不若降哀痛之诏;染翰颂美,不若颁罪己之文。"意思是说,不但不能刻碑颂功，而且因黄河决口，哀鸿遍地，皇帝还应颁布“罪己诏”以谢国人。值得称道的是，晋出帝竟然采纳了这一立碑动议。在当时至尊至上的皇权社会里，身为一国之君能够接受如此刺耳的批评，从善如流，充分彰显了黄河在历朝历代国家大局中的特殊分量。

在家乡滑县，我间断地读完了小学、中学，经历了下乡、招工以及那个时代所特有的自豪、狂热与悲欢。1978年，在国家恢复高考制度的大潮涌动中，我考入郑州工学院水利系攻读水利水电工程建筑专业，四年后大学毕业分配到黄河水利委员会工作。从此，在这条大河身边开始了新的人生道路。

## 二、时代造就文章

这本集子收录的笔者的作品，绝大部分发表于2000年至2007年。

这一时期，正是我们国家跨入21世纪，加快推进社会主义现代化建设的新阶段。在这蓬勃发展的形势下，黄河治理开发与管理的事业也进入了一个鼎盛时期。党和国家领导人高度重视黄河在国家经济社会发展全局中的重要战略地位，针对黄河出现的新情况、新问题，中央政府从研究确立黄河治理开发方针，批复《黄河近期重点治理开发规划》，加强防洪工程体系建设，实施全河水资源统一管理与调度，完善有关法律法规建设等方面出发，作出了一系列重大决策和部署。水利部提出了“从工程水利向资源水利、可持续水利转变，以水资源的可持续利用支撑国家经济社会可持续发展”的治水新思路，对黄河治理开发与管理目标提出了“堤防不决口，河道不断流，污染不超标，河床不抬高”的明确要求。在中央政府科学发展观的指引下，黄河水利委员会按照水利部治水新思路的要求，率领黄河职工创新思维，艰苦奋斗，勇于探索，大力推进治河现代化建设，对黄河水资源实施科学管理、优化配置和统一调度，成功进行调水调沙，强力推进下游标准化堤防建设，开展了大量而卓有成效的工作，取得了辉煌的业绩。在总结古今治河经验教训的基础上，研究确立了“维持黄河健康生命”的治河新理念及其总体框架，为新时期黄河治理开发与管理持续发展，明确了前进的方向和目标。

这是一个开拓创新的时代，一个求真务实的时代。由于所处工作岗位的关系，笔者成为这个时代的亲历者、见证人之一。那一场场果敢缜密的决断，一幕幕撼人心魄的情景，一件件感人肺腑的事迹，不时触动着我的神经，激发着我的创作热情。它仿佛是一个催征的号角，也像是一种自发的责任，促使我拿起笔，投身于这波澜壮阔的生活。于是，就有了本书中的这一朵朵浪花。

这本集子中的作品，有的以史事为线索，有的以人物为主体；有情思所至有感而发，也有为配合中心工作的命题之作。如记述2001年南水北调西线工程考察之行的《江河携手前奏曲》、《西线考察轶事》，揭示首次调水调沙试验重大创新意义的《敢问路在何方》，以黄河首次断流30年为契机反映河口变迁的《中国新大陆传奇》，为纪念人民治理黄河事业的开拓者王化云感怀而作的《追思先贤励后生》，为记述《人民治理黄河六十年》研究与编著而作的《巨龙伏波写春秋》等。

收入本书的作品，在体裁上，除了笔者较为常用的报告文学之外，对其他文体也进行了多方面的实践。如，以日记形式记述参加第十四届国际水问题研讨会的《斯德哥尔摩日记》，人民治理黄河60年之际感怀而作的长诗《写给你，黄河》，电视主题曲《黄河人之歌》、《一年又一年》等。2002年至2007年，为配合黄河水利委员会一年一度全河工作会议及有关重点工作，根据委领导的要求，笔者与同事合作创作了多部电视专题片，收入本书的《回眸黄河2002》、《盘点黄河2003》、《奔腾2004》、《春舞黄河唱大风》、《年轮》、《黄河》、《见证黑河》、《为了母亲河生生不息》等，即为这类体裁的代表之作。近年来，笔者作为课题负责人，主持河流伦理这一新兴学科的研究,取得了一些学术研究成果并先后公开发表。如《河流伦理:维持黄河健康生命的人文基础》,《河流空前危机与河流伦理构建》,《维持河流健康生命是守护民族精神家园的根基》,《河流健康生命初探》等。在此期间,我还曾随团出境参加了一些考察活动,并执笔撰写了《法国水资源优化配置与管理系统考察报告》,《第五届海峡两岸水利工程与管理研讨会及台湾水利考察报告》。这些,也都一并收入了本书。

我大学时代学的是理工科,文学创作与写作方面没有受过专门、系统的基础理论训练,起初只是作为一种业余爱好开始学步。在郑州工学院担任院文学社社长期间,曾发表了一些习作。作为对风华正茂时代的记忆,本书选取了笔者早年的三篇习作:《杨小聪买米饭》(小小说),《第一行脚印》(诗歌),《来自三月的报告》(报告文学),以使读者对笔者的写作成长历程有所了解。

总之,这本集子从作品内容、运用体裁到跨越年代,都较为杂乱,它在很大程度上只是体现了一种责任,反映了一个过程,实在谈不上上乘之作。倘若读者把它作为一串事业与人生的足迹能从中有所裨益,笔者也就很感欣慰了。

三、理解和支持的力量

众所周知,写作是一件很辛苦的事情。每一篇文章、每一部著作的问世,都伴随着一段呕心沥血的过程。真可谓"笔耕夜半,朱颜消褪"。尤其是在充满诸多物质诱惑的当今社会,如果没有事业的感召和信念的支撑,的确很难在这条道路上一直跋涉下去。

然而,笔者深深感到,多年来支撑自己在这条道路上前行的还有一种力量,那就是来自各方面的理解与支持。

首先应当感谢的是各个时期的领导和同事。我所在的黄河水利委员会,历届领导在殚精竭虑抓好防汛、调水、水土保持、水利工程建设与管理等主要任务的同时,都十分注重黄河治理开发的舆论导向作用。从加强领导、完善机构、队伍建设，到沟通社会媒体，发挥新闻整体效应等方面，给予了高度重视，为黄河系统的宣传工作创造了良好的工作氛围，也为笔者提供了发挥特长的舞台。从初入“黄家大院”蹒跚学步，到创办《黄河报》从事采编业务；从参加王化云《我的治河实践》编写组，到走上新闻宣传管理岗位；从各类写作体裁的熟悉运用，到《黄河古诗选》、《一代河官王化云》、《九曲集》、《天生一条黄河》等专著的出版，及至河流伦理学科的研究探索，可以说，自己成长过程中的每一步，都与领导的热情鼓励，老同志的言传身教，同事们的团结合作，朋友们的相互欣赏、精神交流，密不可分。所有这些，都将永远镌刻在我的记忆中。

常言道：和谐的家庭，如同一个稳固的后方。对此，我深有感受。妻子鲁明是一位中学高级教师，多年来，她谨守师德，教书育人，深受学生和家长的好评，同时在家庭里，孝敬父母，谦和贤惠，我们相敬如宾，携手同行。如果说这些年来我在事业上还取得了一些成功的话，那么其中应有她的一半。我的女儿从小学、中学到大学，一直品学兼优，历年荣获三好学生、优秀学生干部等荣誉，并连续被保送升学，最近又被美国亚利桑那大学录取攻读研究生。这对我免除后顾之忧，在人生的道路上轻装前进，无疑也是一种莫大的支持。

在此，谨向长期以来所有给予过我关爱和支持的人们致以最诚挚的感谢！

侯全亮

2007年春于郑州

# 目录

前言

**报告文学**

江河携手前奏曲
——水利部南水北调西线工程考察纪行 ……………… (3)
西线考察轶事 …………………………………………… (19)
中国现代水利的奠基人
——纪念李仪祉先生诞辰120周年 ………………… (30)
中共首席河官王化云 …………………………………… (41)
中国新大陆传奇
——写在黄河首次断流30周年之际 ………………… (51)
敢问路在何方
——黄河首次调水调沙试验周年追记 ……………… (61)

**散记·诗歌**

黄河应从控制转向良治
——访著名中国国情研究专家胡鞍钢教授 ………… (73)
追思先贤励后生
——回忆在王化云身边工作的日子 ………………… (78)
几度风雨,几度春秋
——我与《黄河报》的廿载情缘 …………………… (94)

世界著名坝工大师萨凡奇的黄河梦 …………………… (100)
斯德哥尔摩日记 ………………………………………… (105)
谁持彩练当空舞
——黄河古今桥梁寻踪 ……………………………… (121)
人民治理黄河六十年（梗概）………………………… (132)
巨龙伏波写春秋
——记《人民治理黄河六十年》的研究与编著 ……… (157)
黄河人之歌 ……………………………………………… (169)
写给你,黄河 …………………………………………… (170)
一年又一年 ……………………………………………… (176)

## *电视片解说词*

黄河 …………………………………………………… (181)
见证黑河 ………………………………………………… (185)
为了母亲河生生不息
——黄河水量统一调度纪实 ………………………… (196)
回眸黄河2002 …………………………………………… (200)
盘点黄河2003 …………………………………………… (218)
奔腾2004
——黄河精彩华章回放 ……………………………… (232)
春舞黄河唱大风
——“十五”治黄回顾 ……………………………… (248)
年轮
——黄河2006 ………………………………………… (263)

## *河流伦理*

河流伦理：维持黄河健康生命的人文基础 ……………… (279)
河流空前危机与河流伦理构建 ………………………… (290)

维持河流健康生命是守护民族精神家园的根基 …………（302）
河流健康生命初探 …………（307）

*考察报告*

法国水资源优化配置与管理系统考察报告 …………（321）
第五届海峡两岸水利工程与管理研讨会
及台湾水利考察报告 …………（336）

*早年习作*

杨小聪买米饭（小说）…………（349）
第一行脚印（诗歌）
——写在院刊创刊号上 …………（351）
来自三月的报告（报告文学）…………（353）

# 报告文学

BAOGAOWENXUE

# 江河携手前奏曲

## ——水利部南水北调西线工程考察纪行

2001年8月中旬，初秋。

青藏高原东南部的崇山峻岭间，一支佩有“水利部南水北调西线工程考察队”标志的车队，满披风尘，蜿蜒驶动。

实地观察引水线路工程方案布设，深入调查沿途社会经济、民族风情，现身感受高寒缺氧地区自然环境特性，生态迥异，险象环生，思接今古，情景交融，十数个日日夜夜，五千里跌宕行程……考察队员们在经受地理、生理、心理等多维挑战中，对南水北调西线工程——一项写入国家战略决策的鸿篇巨制有了全新的理解与认识。

### 一、亦真亦幻从头说

“预祝我们的考察圆满成功，出发！”

随着水利部张基尧副部长一声令下，十辆越野“战骑”神采高扬，驶离蜀都古城成都，投入了北上考察的紧张行程。

在这支考察队伍中，56岁的张基尧副部长，领军亲征；水利部总工程师高安泽，年届花甲；黄河水利委员会（简称黄委）主任李国英，新荷重任。连同水利部南水北调工程规划局、规划计划司、水利规划总院、黄委规划计划局、勘测规划设计研究院等单位的负责同志、专家及工作人员，共31位成员。迄今为止，这是南水北调西线工程现场考察中，第一支水利部直接组织并由副部长与总工程师率

2001年8月作者陪同黄河水利委员会主任李国英考察南水北调西线工程途中

队亲往的考察队。

按照预定计划，我们考察行进的基本路线是东出西归，大致为一闭合的火炬轮廓。穿过绵阳、江油，沿涪江上游折向西行，凭着车窗望去，茂密的森林、湍急的河水、陡峭的山峦，开始呈现在眼前。

车轮滚滚，青山后移，勾起了人们不尽的思绪。

作为一个历史悠久的农业大国，我国人均水资源占有量仅为世界人均水量的四分之一，被列入13个主要贫水国的行列，而且水资源在空间分布上，南多北少，极不平衡。特别是近年以来，北方广大地区水荒严重，水资源供需矛盾日益加剧，黄河下游断流频繁，水环境持续恶化，已成为我国经济社会发展中的严重制约因素。为此，多少年来，人们一直矢志于跨流域调水工程的研究。

规划中的南水北调工程分为东、中、西三条线路，分别从长江的下游、中游和上游引水至华北、西北地区。其中，前两条线路在途中将与黄河呈立体交会，而西线则是在上游直接注入黄河，实现我国两大姊妹河真正意义上的血脉交融，携手奔腾。正因如此，规模宏大、立意高远的南水北调西线工程，就一直是人们魂萦神往的一个梦。

让我们打开史册，寻览一下半个世纪以来“西线求索”之路上的串串印记。

1952年，开国领袖毛泽东视察黄河时指出：“南方水多，北方水少，如有可能，借一点来是可以的。”同年，黄河水利委员会即组织大批科技人员，奔赴西北、西南的万水千山，查勘万里黄河之源，寻探从长江上游引水入黄河的路线。

1959年，水利电力部与中国科学院联合召开西线南水北调考察规划会议，正式确定由黄河水利委员会负责西线调水线路勘测。之后，黄委和中国科学院会同有关省（区），从川西、甘南至滇北，在115万平方公里内进行了大规模的野外考察，初步选择三条大的引水线路。

1978年至1980年，在改革开放的春风中，黄河水利委员会再度组织查勘长江上游，经过对30多个引水坝址的深入研究分析，提出从通天河、雅砻江与大渡河引水入黄河的线路方案。1985年，第一次从解决黄河水资源不足、为开发大西北作前期准备的战略角度，向国家计委报送了《关于请求把南水北调西线工程列入国家科研项目的报告》。

1987年，国家决定将这一调水工程的超前期规划研究，列入“七五”和“八五”计划。据此，一批批黄河人相继开赴巴颜喀拉山两侧的勘测规划前沿阵地，历经十度春秋，于1996年完成《南水北调西线工程规划研究综合报告》。

当年，该工程正式转入规划阶段。经过五年艰苦的内业外业工作，2000年秋，黄河水利委员会以6个专题报告、10个附件、17个专题研究报告及大量参考资料的丰硕成果，为国家提交了一份厚重的答卷。

不过，大概也正是在这前后，随着北方地区水资源短缺呼声益紧，围绕南水北调西线工程问题的各种各样设想也纷至沓来。诸如“在黄河上游高海拔河段修建大型电站，抽金沙江水进黄河扎陵湖、鄂陵湖”的“以大电站促大调水”方案；“高筑坝，开长洞，全面沟通雅鲁藏布江、怒江、澜沧江、金沙江、雅砻江、大渡河，最后引入黄河和青海湖”的“大西线调水方案”；“在西藏修建18条超大型隧道，引雅鲁藏布江水到塔里木盆地，变8亿亩沙漠为绿洲，开采石油6百亿吨”的“青藏高原大隧道方案”……有的还提出了“再造一个中国”的理念。

但近乎口号式的理念毕竟代替不了现实，再宏伟的方案如果没有科学的依据和扎实的工作做支撑，终归也只能是一种美好的设想。不久，许多科学家对这种明显缺乏科学根据的方案纷纷提出异议，中央也明确指示新闻媒体停止对此再作宣传。

2000年10月，中共中央十五届五中全会通过的《关于制定国民经济和社会发展第十个五年计划的建议》中指出：为缓解北方地区严重缺水的矛盾，要加紧南水北调工程的前期工作，尽早开工建设。根据这一部署，水利部将南水北调西线工程正式纳入“四横三纵”的水资源开发利用、优化配置的总体格局。

在科学求实的原则指引下，南水北调西线工程又继续赶路了。

2001年2月，包括中国科学院、中国工程院9位院士在内的40位专家，对黄河水利委员会提交的专题报告进行了评审。专家认为：南水北调西线工程地处青藏高原的特殊地区，自然环境差，地质条件复杂，工程相当艰巨，但从当今的科学技术水平看，黄河水利委员会提出的方案，在技术上是可行的。5月下旬，水利部在京召开审查会，审查通过了《南水北调西线工程规划纲要及第一期工程规划》。

"女娲炼石补天处，石破天惊逗秋雨。"

在新世纪到来之际，一项超大型跨流域调水工程终于跨入了一个新阶段的门槛。

眼下，这支水利部南水北调西线工程考察队，现场造访引水线路及当地社会经济民情，便是这一新阶段的延伸。

……

满目郁郁葱葱，一路渲腾奔流，当这极富诗情画意的景象重新闪入眼帘时，我们都不禁收起遐思，再度为肩上的使命激动起来。

然而，人们哪里知道，一场"生物性试验"(高安泽总工程师诙谐语)的艰巨考验就在后面。

## 二、在姊妹河未来携手处

出松潘县城西行300多公里，过龙日坝之后地势渐高，突然明显感到心跳加快，胸闷气喘，头也有些隐隐发痛。出发前，有关人员就告诉我们，初到高海拔地区，由于空气稀薄供氧不足，人体的生理功能将会发生不同程度的变化，诸如呼吸困难，血压增高，步态不稳，严重的还可能出现昏迷状态。也就是常说的高山反应症。

难道说高山反应症这么快就袭上身来了？

这时，开道车通过报话机传来话说，脚下已来到长江与黄河两大水系分水岭的巴颜喀拉山东端，前面的呷里台哑口海拔4000米。

4000米！

据有人称，4000米以上即视为人类禁区。有这样一个计算公式，海拔每升高1000米，空气中的含氧量就减少10%。这么算来，4000米高程处含氧量只有60%。也就是说，我们在家里本来只需要呼吸一口气，而这里差不多必须呼吸一口半才能满足生存需要啊！难怪反应如此强烈。想到此次征程才刚刚开始，我们不禁增添了几分警觉。

这里是长江支流大渡河与黄河支流白河的分水岭，横穿极顶的时间不算很长。不久,随着高程盘旋下降,出现一片丰茂开阔的草原。进入黄河流域了。

“你们看！这长江与黄河,完全是两种地相,到了黄河流域,地形、地貌截然变了样。”沉浸于思考中的李国英主任打开了话题。

我们顺着李主任的提示凭窗望去,可也真是,苍劲的森林、陡峭的山崖、湍急的江水瞬间没了踪影,继由翠绿的草甸、淙淙的溪流、游荡的河道而取代。关于长江、黄河,笔者此前曾试图从人文的角度探讨它们的异同。诸如,为什么先人把南方与东北的河流大都称为“江”,而把中间地带的河流称作“河”？为什么古以“河山”代指疆土,而把“江山”喻为政权？等等。如今指看山岭内外,眼见得姊妹河的长相即如此截然不同,我想这其中是否也有某种联系呢？

长蛇般的车队停了下来，大家都不约而同地向刚刚翻过的分水岭行注目礼。那神情仿佛在说:啊,巴颜喀拉山,你东接岷山,北系积石,南连横断,既孕育了长江、黄河两条伟大河流,又使其长久不得谋面。今天,人们要实现她们亘古未酬的夙愿,南水北调西线考察队就在你雄伟的身边……

“国英,进入黄河流域,到了你的地盘了,大家留个影吧。”沉思中,张基尧副部长对李国英主任说。

风趣的言语,平和的情怀,立马得到了队伍中的同声响应。考察队员们纷纷站到部、委领导同志身边。随着“喀嚓喀嚓”的一连串响声,连日长途行军的劳顿,高山反应的极度不适,此时似乎都化作对西线调水的美好希冀，一起融进了祖国大西部的山川草原之中。

不过,同眼前的壮景奇观比较起来,更具吸引力的要算是前方的一个聚焦点了。那就是长江、黄河两大水系未来携手处——贾曲。

贾曲是黄河上游右岸的一条支流，河长107.2公里，流域面积2175平方公里,入黄河处海拔3442米。本来,对于一路携川纳溪、支流众多的黄河而言,一条百把公里长的支流并无多少特别之处。然而，由于它处于黄河走出河源东去遇阻形成的第一个大转弯的顶弧部位，而这里也正是南水北调西线工程各条线路最终进入黄河的地方,因此,对于我们来说,它就显得格外耀眼夺目。

车队沿着崎岖的山路继续行进，顺一条名叫哈布柯的小河溯流而上。

突然,前面不远处出现一列长长的马队,骑者个个威武剽悍,胯下生风,直向考察队奔驰而来。这使我们不禁吃了一惊。在成都就听说这一带民族问题比较复杂，途中也不时看到一座座庄严肃穆、令人景仰的寺院和一些经幡围绕、高大经柱上挂满宗教饰品的天葬场,这些都是绝不允许任何人冒犯的。此时此刻,前方莫不是出了这类民族纠纷的事情?

待到走近一看,只见身着藏袍的骑者,一边疾速奔跑,一边将五颜六色的方形纸片抛向空中,任之洒洒飘落。原来这是当地政府特意为我们组织的欢迎仪式，藏族同胞们抛撒的那些纸片和口中念道的“德么”、“哦尕德”、“扎西德勒”,也都是在向我们道平安,称辛苦,祝福考察队如意吉祥。得知这些,我们转惊为喜,心中不禁升起一种由衷的感激之情。

站在贾曲河畔的草甸上,迎着初升太阳的光芒,我们呼吸着带有凉意的新鲜空气,高山不良反应也退去了许多。抬头望去,天空湛蓝,白云低挂,由于空中浮尘很少,蓝色天幕显得分外低近。如果是在夜晚,那可真有“抬头可碰天,伸手摘星辰”的感觉。

在翠绿的草地上摊开图纸，黄委勘测规划设计院南水北调工程项目副设总、教授级高工刘新向考察队现场介绍了调水工程的总体布局。

根据规划,从长江上游支流通天河、雅砻江、大渡河调水的南水北调西线工程共调水170亿立方米,分三期实施,均为自流方案。其中,第一期工程,在大渡河与雅砻江两河的支流上修建5座高度

2001年8月南水北调西线工程考察途中水利部副部长张基尧与黄河水利委员会主任李国英交谈调水工程规划情况

为63~123米的枢纽大坝，开凿7条共244公里的隧洞及一条明渠，4次穿越分水岭，以总长260.3公里的输水线路，引水40亿立方米至贾曲注入黄河；

第二期工程，在雅砻江干流的阿达修建193米引水高坝，向东北打通分水岭引水至雅砻江支流达曲之后，与第一期工程走向平行，相继横越泥曲、色曲、杜柯河、麻尔曲、阿柯河等支流，再通过输水隧洞穿过大渡河与黄河的分水岭引水于贾曲入黄河，输水线路总长304公里，调水50亿立方米；

第三期工程，在通天河干流的侧仿建一座高达273米的大坝，于通天河至金沙江左岸开凿隧洞，穿越金沙江与雅砻江的分水岭，顺流而下到阿达水利枢纽。此后引水线路与第二期工程平行，最终至贾曲出流。线路全长508公里，开凿隧洞490公里，调水80亿立方米。

我们这次考察的仅是第一期工程的部分坝址。

……

置身高寒旷野中的贾曲河畔，聆听着张副部长等领导与现场科技人员的详细交谈，我们依稀看到，远方的条条富水集流正在惊醒万古峡谷，穿越嵯峨群山，跨过绵延隧洞，向江河携手处奔涌而来。

此时，我们心中一种激越的感情蓦然升腾：壮哉！中华民族两条伟大河流的血脉交融！

## 三、寻找红军长征的足迹

几天来，越岷山，抵松潘，宿阿坝，过红原，在我们的考察行程中，有不少地方是当年红军长征走过的路。沿循曾经历尽千难万险、创造出人间奇迹的足迹，重温那些充满血雨腥风、彪炳千秋史册的故事，一种睹物思情的强烈感受时时在我们心中涌动。

考察第二天，我们行经松潘。

这是一座古称“川西北门户”的咽喉要塞。1935年5月，红一、四方面军两大主力会师之际，为了扼控这处军事要地，建立新的川西北根据地，红军曾在这里与敌军展开一场激战。由于城防工事坚固，加之自身炮火不足，红军终未能攻下此城，遂退至城南与敌军形成对峙状态。之后，红一、四方面军有较长时期迂回于此，中共中央在这一地区经过与张国焘分裂主义路线的斗争，确立了横跨松潘草地、北出甘南的进军路线，最终以“不到长城非好汉”的凌云壮志胜利抵达陕北。

天上淅淅沥沥下着小雨，公路两旁，草地青青，牦牛群群，显得格外静谧安祥。我们的车队在徐徐行驶。是的，如果仅从眼前这锦绣如画的平和景象中，人们似乎无法想象昔日刀光剑影、惊心动魄的往事。然而，那用钢铁意志创作的悲壮史诗，的的确确就谱写于这块热土的昨天。

我们首先在松潘县内一座璀璨夺目的“金碑”上找到了历史的印记。

矗立在川主寺镇元宝山顶上的这座“红军长征纪念碑”，由汉白玉基座、亚金铜贴面三角立柱形碑体和振臂欢呼的红军战士铜像组成。构形雄劲，金光闪闪，尤其是在夕阳照耀下，其光束变幻万千，更成为一处惊世奇观。主碑周围，建有一组大型现代艺术群雕，包括开路先锋、勇往直前、团结北上、山间小溪、草地情深、征途葬礼、前赴后继、回顾思考、英灵会聚等九个部分。加上火炬碑文、三军铜像、长征陈列馆等建筑和邓小平的亲笔题词“红军长征纪念碑碑园”，整个建筑以浑然一体的意境、排山倒海的气势，生动展示了红军长征路上曲折坎坷的艰苦历程。正因如此，人们也把这座纪念性建筑称为“红军长征纪念总碑”。

那么，为什么要把这座总碑建在此处呢？

晚饭时，松潘县的高县长回答了我提出的问题。原来，在选择碑址时，中共中央和中央军委主要基于四种考虑：其一，红军一、二、四方面军三大主力从不同地点出发、经过不同路线、于不同的时间到达同一目的地，而松潘是三军长征都走过的地方。其二，爬雪山、过草地是最能体现红军长征精神的艰苦历程，因此选址之初中央便指出要选在雪山或草地处。这里的草地即指松潘草地。其三，松潘是红军长征途中，中共中央留驻时间最长的地方。其四，长征途中，中共中央召开过五次重要政治局会议，其中有两次是在松潘境内召开的……

听着这位女县长一往情深的介绍，我们无不深受感染。是啊，作为“父母官”，还有什么能比这体现伟大长征精神的正宗建筑立于本县境内更感到光荣自豪的呢？

离开松潘，长征遗迹依然随处可见。

1935年8月，中央军委在毛尔盖开会决定将红军分为左、右两路行动，左路军由红军总司令部率领，从卓克基北进，取阿坝，控墨洼，继而北出夏河。右路军由红军前敌指挥部率领，从毛尔盖出班佑、巴西地区。

我们接下来的考察路途，大致上走的就是当时左路军行经的路线。

从红原县盘旋下山，远远看到一座颇具规模的寺院，叫查理寺。据说，当年红四方面军即驻扎这里，并由此过草地向东至毛尔盖与一方面军正式混编。我们经过的红原县，即因红军走过的大草原而得名。

行至青海省的班玛县子木达沟，只见沟内水流湍急，细浪如雪，青山绿水中烘托着一座红军纪念亭，张基尧副部长特地让考察队停下来参观瞻仰。这是纪念红二方面军长征的纪念碑。1936年7月，该部第六军团从湘西长途奔波，迂回辗转，行经这里北上寻找红军主力部队。后相继与红一、四方面军在甘肃会合。至今，纪念亭内巨大石壁上，一幅当时书写的“响应北上抗日反蒋斗争！安庆宣”的红色标语，依然苍劲有力，清晰入目。

在阿坝藏族羌族自治州首府马尔康，我遇到一位姓赵的老汉。谈起红军的往事，他热情得非要我们连夜去8里之外参观他的家乡不可。那真挚的神态，急迫的心情，仿佛红军现在就驻扎在那里。原来他的家乡就是接待过红军最高领导人的那个村庄——卓克基。1935年6月政治局两河口会议之后，毛泽东率红一方面军翻越第二座大雪山——梦笔山后，来到该村休整，冥思苦想红军两大主力如何团结北上之大计。不无巧合的是，3个月后，张国焘率左路军也驻扎于此，并在这里公然宣布另立“中央”。当然，对于民风古朴的老百姓来说，大概并不熟悉当时党内路线斗争的那些重大事情。许多年来,他们一直为自己的家乡曾经留驻过那么多的红军引以光荣。

考察的第三天晚上,我们宿营在阿坝。该县城位居四川、甘肃、青海三省交界处、一条黄河支流的右岸,是个有名的物贸集散地。当年张国焘率左路军曾一度在这里筹粮,但不久却突然变卦,致电中央拒绝北上,从而在分裂主义道路上越走越远。据记载,当时张国焘拒绝北上的一个很重要的借口就是:“行军正值加曲河边,汛期河水上涨,无法渡涉,故不能去班佑与右路军会合”云云。对此,毛泽东当时便一针见血地指出:“这个理由是不成立的，所谓加曲河水上涨,无法徒涉和架桥只是一个借口。”

天哪,又是一次巧合！这里的“加曲”,只是藏语译音不同,那正是我们考察的南水北调西线工程规划中江河携手处的“贾曲”呀！

一条窄处不过百把米的河流,竟被作为分裂主义者拒绝北上、坚持南下、企图另立中央的托辞！红军将士在时时经受着风雨、沼泽、寒冷、饥饿、死亡威胁的同时,还要默默承受分裂主义导致的另一种艰困。“团结就是力量,这力量是铁,这力量是钢。”重温这富有哲理的名言,联想起上述那带有悲壮色彩的历史教训,难道还不值得我们深思吗！

……

贾曲仍在,人已非昨。

如今,按照中央的战略部署,这里将要展开一幅新的气壮山河的宏伟画卷。在伟大的长征精神激励下，人们一定能够克服高海拔、低气压、冻土层、人烟稀少、地质复杂这些艰难困苦,不屈不挠,一往无前,将南水北调西线工程付诸实施！啊,长征,永垂青史的壮举！

## 四、长江上游的黄河勇士们

久慕黄委的“西线将士”是一支能征惯战、特别能吃苦的英雄群体，笔者早想就此作一次实地采访。适逢这次考察中，张基尧副部长等部、委领导率队去慰问他们，这也恰好遂了我许久的心愿。

青海省班马县亚尔堂，是我们要去的第一个点。

这是位于大渡河二级支流麻尔曲上的一个引水坝址，控制流域面积0.51万平方公里，年均径流量16.1亿立方米，坝址高程3410米，规划引水11.5亿立方米。时下，黄委勘测规划设计院的测绘队员们正在那里紧张地实施地形测绘。

车队沿着河流溯流而上。途中，山石嶙峋，林木蔚然，水色诱人，但由于路窄坡陡，并不时有山体塌方和泥石流滑过的痕迹，因此也不禁使人为这种险峻的景况捏一把汗。

车队在河边停下车来，人们踏进由几个帐篷组成的宿营地。

这就是他们的家？

炊烟缕缕，帐篷点点，一张张晒得黝黑的脸庞，一副副就地摆放的被褥……的确，如果不是亲临其境，人们实在无法想象那一幅幅绚丽多姿、宏伟雄阔的西线调水蓝图，就是在这种恶劣的环境中默默诞生的。

“同志们，你们远离家乡，风餐露宿，跋山涉水，不辞劳苦，长期艰苦战斗在青藏高原前线，以深入的前期工作，为南水北调西线工程上马奠定了坚实的基础。我代表水利部、黄河水利委员会和考察队感谢大家，向你们致以崇高的敬意！”

在现场，张副部长、高总工程师、李国英主任满怀一腔深情，对黄委勘测规划设计院的工作人员十分关切地问寒问暖，详细询问工作设备装备情况，叮嘱大家注意安全，保重身体，张副部长亲手把所带的慰问品、慰问金送给他们。

看到测绘队员宿营地的情状，我们顿时觉得自己几天来的一路风尘，是那样相形见绌，微不足道。

据我们了解，在一部“西线调水组曲”中，眼前这种景况还只是一种常见的舒缓节拍。半个世纪以来，在这支英雄群体的足迹中，更有他们同各种艰难困苦奋力抗争的强劲旋律。

1988年，一位名叫尚宇鸣的查勘队员撰文回顾当年6月难忘的“高原查勘之夜”时写到：“傍晚，金黄色的夕阳，把它的余晖抹在每一根碧绿的草上，奔跑了一天的坐骑悠闲地啃着青草……突然，昏暗的天际生出一团乌云，飞速扩展着，瞬间弥漫了整个太空。一阵狂风过后，倾盆大雨劈头盖脸而下，周围的一切顿时陷入雨雾的汪洋之中。单薄而又简陋的帐篷被风吹得滚圆滚圆，就像一个随时都要升空的气球……大雨夹带着冰雹，砸在帐篷顶部‘嘭嘭’直响。雨水渗进篷内，浸泡着被褥，一切水淋淋的，营地被捣得一片狼藉，我们也都像落汤鸡一样的狼狈……当晚，我们挤在稍好一点的帐篷里，头靠脚，脚靠头，靠着团结友爱的温暖，终于战胜寒冷迎来了黎明。”

生离死别，各种危难，也在时时考验着人们。

1990年夏，西线工程地质测绘正紧，黄进立、姜汴成两位队员先后接到父亲病逝的急电。是继续坚持作业，还是返乡奔丧？他们强忍悲痛选择了前者。当晚，茫茫荒野，夜幕沉沉，队友们在帐篷前手持测量用旗，默默半降致哀；两人面北跪地，连连叩首，痛苦失声：“父亲啊，自古忠孝难以两全，请原谅您远方的孩儿吧……”

1993年8月，第二次出征西线的查勘队副队长胡建华，在查勘大渡河斜尔尕坝址中，突然坐骑受惊被摔落马下，内脏遭受重创。虽经抢救保住了生命，但却失去了脾脏。

金沙江畔，江水咆哮，吼声震天。1959年8月，为勾勒南水北调西线工程宏伟蓝图，黄河地质勘探队员刘海洪乘牛皮筏横渡江面到对岸实施工程地质测绘，由于浪大流急，船筏失控，不幸翻身落水，在陡峻的翁水河口壮烈殉难。

杨广成，一位年轻的大学毕业生，在通天河水准线路测量作业中，不顾呼吸困难、胸口疼痛，终日率领测量组起早摸黑，跋涉荒岭，硬是以20天时间完成了两个月的任务。严重的高原反应及过度劳累使他身罹感冒引发肺气肿，1990年7月12日，这位年仅25岁的“西线战士”，怀着对南水北调工程的深深眷恋之情，告别了人生。

……

一路考察，一路感怀。

从麻尔曲畔的亚尔堂，考察队折往四川壤塘县，来到大渡河另一条支流的上杜柯坝址。此间将建起一座百米高坝，为黄河调水11.5亿立方米。张副部长带领我们亲切慰问了正在这里工作的黄河水文、测量、规划设计人员……

就在这次考察结束后不久，包括这两个慰问点在内的黄委南水北调西线工程全体同志，向张副部长、高总工程师写了一封激情满怀的信，表示一定要在部领导的深切关怀和鼓舞下，发扬“西线精神”的优良传统，艰苦奋斗，顽强拼搏，加快工作进度，为工程早日开工做出自己新的贡献。张副部长、高总工程师分别在这封信上批示道：“向战斗在南水北调前线的同志们致敬！感谢你们所做出的无私奉献！”“西线通水之日，这些同志都将是做出重大贡献的功臣。”

一幕幕征战青藏高原、寻探长江富水、构架西线调水宏图大业的英勇故事，如同奔腾不息的激流，强烈地激荡着我们的心。

有这样一组数字。

据不完全统计，为促进南水北调西线工程早日上马，仅超前期规划研究和规划阶段，黄河水利委员会组织勘测、规划、设计等工程技术人员奔赴高寒缺氧、人烟稀少的青藏高原即达600多人次，在纵横30万平方公里的范围内，完成航空摄影6.8万平方公里、多比例地形图5万平方公里、各种地质测绘61.1万平方公里、复核地震烈度19万平方公里、实测剖面54公里、实施物探75公里、各种试验

5400多个段(组),开展特殊技术问题专题研究10项,编写各类专业报告138个……连同那些调水规划纲要、工程规划方案、可调水量论证、供水效益分析、环境影响评价、调水补偿措施、规划选点选线、第一期工程建设安排、施工总体布置等等内业成果,如果将它们摞起来,足有十几层楼那么高!

考察行进间,我们的车上随着一段高亢激越的旋律响过,传送出一首十分熟悉的歌:

“是谁眼望着蓝天,是谁渴望着群山?
是谁带来远古的呼唤,是谁留下千年的祈盼,
难道说还有无言的歌,还是那久久不能忘怀的眷恋。
是谁日夜遥望着蓝天,是谁渴望永久的梦幻?
难道说还有赞美的歌,还是那仿佛不能改变的庄严?
哦,我看见一座座山,一座座山川,
一座座山川相连,呀拉嗦,那可是青藏高原。”
……

这歌曲,寄寓的不正是黄河西线将士们的美好祈盼,抒发的不正是他们久久不能忘怀的眷恋,展示的不正是他们蓝天群山一般博大的胸怀,赞颂的不正是如同巍巍青藏高原一样的黄河西线精神吗?!

(本文连载于2001年8月24日、9月12日、9月14日、9月19日《黄河报》)

# 西线考察轶事

2001年8月，水利部组织南水北调西线工程考察队赴长江上游地区进行了一次大规模考察。笔者有缘随队前往。

这是21世纪之初国家对南水北调工程的一次关键性考察。领衔出征的张基尧副部长，是新中国成立以来第一位考察西线调水工程的部级领导；年届花甲的高安泽总工程师，乃第一位到青藏高原接受“生物性考验”的水利部老总；李国英主任新荷重负即拨冗赶赴此行，是第一位到长江上游地区考察西线工程的首席黄河河官。考察队伍中，有水利部计划司、调水局、水规总院、黄委有关部门和单位的负责同志，有黄委勘测规划设计院的工程技术干部、随行记者、工作人员等。可谓阵容整齐，声势豪壮。

一路上，穿行崇山峻岭，观察引水坝址，解读工程蓝图，感受西线精神……一种遏制不住的创作激情时时在我心中涌动。行进中，我向李国英主任汇报了打算撰写一组文章反映此行观感的设想，当时便得到了他的热情鼓励。及至在成都的考察总结会上，李主任又将这项计划公布于众，望我抓紧完成。

由景仰西线工程而感发的“请缨”，成了一项“指令性任务”。回到黄委，我很快写成几篇，遂以《江河携手前奏曲》为题在《黄河报》连载。不过，这时由于一次外出任务，原定的其他篇目都未能完稿。这使我深感歉疚和不安。如今，在南水北调工程向纵深推进之际，《黄河报》适时推出《西线风雨50年》的栏目，回顾漫漫历程，讴歌西线精神，展示黄河远景，也使我有了重温旧事、续发情怀的机会，感念任务未竟，于是欣然命笔。

## 一、千山万水都是情

“我们要像当年支持红军长征那样支持南水北调西线工程！”

“你们就是当年的红军，就是青藏高原地区群众的亲人！”

这次考察途中，无论穿越蓊郁的森林、陡峭的山峦，还是行经偏僻的村野、茫茫的草甸，我们随处都能感受到西部人民这种浓烈质朴的民族爱、乡亲情。

50年来，为了推进西线南水北调的决策步伐，黄河水利委员会一批又一批的科技工作者，在艰苦恶劣的环境中，征战青藏高原，开展前期工作。这些黄河人，一直受到了四川、青海两省当地干部群众的热情支持和积极配合。一杯杯青稞酒，一道道酥油茶，一份份珍贵的地质资料，一张张新生的工程蓝图，满载着当地各族群众的深情厚意和无限向往，书写着工民携手、共图西线调水伟业的团结颂歌。

8月15日，考察队途径柯河、班前、江日堂等乡村，在热尔卡河口进入青海省境内。只见青山绿水、林木葱茏之中，掩映着一些独具特色的碉楼式居室，民风古朴的藏民群众，频频向考察队招手致意，省、地、县领导手捧洁白的哈达，翘首以盼，正在迎候着我们这些远方客人的到来。

“南水北调工程，是国家21世纪的重点建设工程，青海是长江、黄河的发源地，我们有责任、有信心为这项工程创造良好的环境，给予全力支持！”一见面，穆东升副省长就用掷地有声的话语向水利部和黄委领导表了态。

穆副省长是水利战线的老朋友，前年水利部和黄委在黄河源立碑，他一路陪同，前前后后吃了不少的苦。这次，为了安排好考察队在青海的行程，他专程从700多公里之外的西宁赶到班玛县，由于山路陡峭难行，途中整整走了两天两夜。考虑到班玛地处山区，缺乏越野汽车需要的燃油，这位副省长还特地从外地调运来两车厢汽油……得知这些“幕后”情景，我们倍感敬重、亲切。

在与青海省的同志们交谈中，我还了解到，针对青海水资源丰富但时空分布不平衡的水情特点，他们将借西部大开发和南水北调工程的大好机遇，着力解决工程性缺水这个主要矛盾，抓好引大济湟、人畜饮水、水土保持、中小河流水电开发等重点工程，以水资源可持续利用促进全省经济社会的可持续发展。

我深情地为西部人民美好的未来而祝福。

许久以来，在一部华夏千秋史的演变中，不知从何时起，占有半壁河山的西部地区几乎成了“贫困”的代名词，东西发展差距的加大，已成为中国经济格局失衡的一个显著特点。然而，正是在这资源富集的千山万水之间，却蕴藏着巨大的发展潜力。如今，国家西部大开发战略部署的实施，使该广大地区正处于历史的交叉路口，这里的人民正在迎接沉重而难得的机遇和挑战。

行走蜀道那段险难的情景，至今依然历历在目。

那是我们结束在青海境内亚尔堂坝址的考察，向四川壤塘县上杜柯坝址赶路的途中。在一座拱桥边，四川省水利厅罗厅长、阿坝藏族羌族自治州王建明副书记一行来接。这里是川青两省交界处，中间隔着麻尔曲河，为了加强两岸群众沟通交流，世代友好相处，两省筹资共同修建了一座桥，取名为“友谊桥”。

告别友谊桥继续前行，只见路上石块纵横，崎岖坎坷，更加险峻难走。坐在车里，东一摇，西一摆，像是要把肚子里的东西一古脑儿都甩出去一样。特别是那道路两侧，一边悬崖万丈，一边壁立千仞，更是令人望而生畏。古人曰：蜀道难，蜀道难，蜀道难于上青天。这次亲临其境，才算有了切身体会。

但是，当我们听说，就是这条路，还是当地政府组织群众日夜兼程赶修起来的；为了检验考察线路能否顺利通行，四川省的同志冒着仆仆风尘和炎热盛夏，硬是在两天之内从这条几百公里的险峻蜀道上行驶了三趟……面对"东道主"的一腔古道热肠,大家都沉默了,此时此刻,任何感激的语言都显得苍白无力。

阿坝县的黄河长江上游天然林生态保护工程,班玛县的农村初级电气化建设,壤塘县的经济追赶型、跨越式发展战略……一幅幅前所未闻的绚丽画卷,在我脑海里专题存盘。短短的几天考察行程,不仅使我们感受到了西线调水地区各族人民全力支持国家工程建设的高尚情怀,也隐约看到了祖国西部资源开发、生态保护、发展经济的广阔远景。

写到这里,我记起了一首新诗:"冥想西部,顿生旷古的豪情,高原在舒展秀长的襟怀。开阔磅礴的部落,血管里,流着一段最纯正的黄河,他们拾不完布满露珠的沙粒,走不尽绵羊拥抱过的大地……"

勤劳、勇敢、善良的西部高原人民,正是带着牦牛、奶液、草汁、酒香和民歌,在用像海拔高度一样的心灵,编织着更加厚实的生活,希冀着美好的未来啊!

## 二、考察队里的故事

俗话说,兵马未动,粮草先行。在这人烟稀少、交通不便的地区,造访西线工程,长途行军考察,"先行官"的作用更为重要。那么,就让我们的镜头对准他们吧。

刘刚、崔荃、屠晓峰……说起来,黄委勘测规划设计院的这些年轻人,如今也都快成"老西线"了。多年来,他们曾同一批批科技工作者一道,几进青藏高原,查勘,走访,调研,在谈英武、张维民等老一辈"西线人"勇敢拼搏、默默奉献精神的激励下,为这项宏伟的跨流域调水工程精心地增"砖"添"瓦"。但这一次,他们的角色却发生了明显变化,那就是:后勤服务。

这次考察规格高、行程紧、任务重、头绪多,"先行官"们深感责任重大。为了安全有序运行,他们事前突击编写了《考察手册》。将

2001年8月作者随队考察南水北调西线工程在途中

工程布局、调水方案、规划要点、技术指标、考察路线、交通状况、气候条件、自然特征、当地风俗、民族政策等内容，悉数选编于内。力争使每个队员一册在手，即知整个行程之详。其他如慰问物品、吸氧设备、防寒衣具、医药供应等，也都要未雨绸缪，逐项进行落实。

尽管如此，事物的发展还是不会原原本本按照人们的计划行事。普遍剧烈的高山反应，考察人员的一时离散，通讯信号的盲区阻断，承载车辆的接连爆胎……一件件突发应急事情，仍然时有发生。每当此时，现场上，总会很快看到这些年轻人熟悉的身影，热情地为大家排忧解难。

嗓子喊哑了，眼睛熬红了，身体累病了，他们义无反顾，斗志益浓。当考察结束、队伍胜利返回终点时，这些同志们都如释重负，疲惫不堪的脸上绽放出了多日不见的笑容。

"联合舰队"的故事同样动人。

承载我们穿行高原峡谷的这支车队，是由黄委机关、黄委勘测规划设计院和小浪底建管局8名司机组成的一支“联合舰队”。他们虽然是临时搭班，且有不少还是首次到青藏高原上来，但“安全第一，服务至上，团结作业”的理念，时刻在警示着这些“舰长们”手中沉甸甸的责任。从松潘、阿坝到红原，经班玛、壤塘至马尔康，连日来，不管是道路崎岖、悬崖丛生，还是高山缺氧、呼吸困难，他们始终谨慎驾驶，齐心协力，千方百计保证考察工作的顺利进行。由于途中多为碎石路面，摩擦力大，车辆多次发生爆胎漏气，此时他们无不是即刻纵身下车，以最快的速度排除故障，使考察继续行进。

“这长达2300多公里的紧急行程，是司机师傅们用汽车轮子一圈圈转出来的呀！”考察总结会上，张基尧副部长满怀深情地赞誉着这支特别能战斗的“联合舰队”。

“能够参加这次考察，感到十分光荣。我们只是完成了自己应该完成的任务，此时同所有黄河人的心情一样，我们渴盼南水北调西线工程早日上马，以告慰为这项宏伟工程而献出宝贵生命的英魂。”稳健持重的常爱军师傅代表8位司机同志如是说。

在考察队伍里，来自水利水电规划总院的李广诚处长，给人的印象是，腼腆矜持，不大爱言语。可谁知这竟是一位如此富有激情、善察生活的有心人。考察途中，他饱蘸深情，即兴吟诗数首，诗中写道：

“脚踏高原，头顶蓝天，豪情壮志感群山。黄河水黄，长江水湍，这里要用一条绿色的玉带将姊妹河相连。不畏风雪，何惧严寒，高山缺氧只等闲。不怕吃苦，不惜流汗，西线将士是青藏高原上的真正的男子汉。献身水利，建设黄河，我们要用血汗染绿荒原山川。各族人民，团结奋斗，让大江南北处处变成山清水秀的花园。”（《献给勇士们——西线之歌》）

“驱车挥汗上高原，峰回路转入云端。草原千顷镶碧水，高山万仞接蓝天。黄河源头送落日，长江岸边洗征鞍。它日玉带连南北，神

州处处是花园。”(《西线考察纪行》)

在作者笔下,两千多公里行程的绵绵思绪,西线精神的激励与鼓舞,对南水北调工程的憧憬与畅想,都融化在了一行行激越的诗句之中。联想起被虚无、庸俗等所充斥的当今诗坛,相比之下,我不禁为考察队员们走进高原山川、开掘生活源泉的这种内心咏唱而喝彩。

每个人都有一段真情的记忆,每个人都有一段独特的感悟……

## 三、领导们的深层思考

如果说,考察队员们此行的重点是对西线工程的引水坝址、线路布局和高原风貌、民族风情深化感知的话,那么,对于考察队几位“掌军人”来说,他们考虑最多的还是关于这项宏大工程的深层次问题。

一路上,黄河水利委员会主任李国英神色严峻,心潮澎湃,胸中仿佛奔腾着一条跨流域调水工程的历史长河。

曾在黄委工作多年、后来任水利部总工程师的李国英,对于50年的西线风雨有着十分深切的感受。他不止一次说过:几十年来,黄委一代又一代科技工作者前仆后继,把自己的青春和热血都献给了西线工程,为这项工程的深入发展奠定了坚实基础。这次在亚尔堂、上杜柯坝址考察,慰问黄委设计院的现场工作人员,当李国英看到大家帐篷为家、大地作床、袅袅炊烟、艰苦作业的感人情景时,不禁紧紧握住他们的双手,非常关切地连声说:“同志们辛苦了!向同志们致敬!”

李国英认为,南水北调西线工程,不仅在整个国家的水资源格局和优化配置中,占有非常重要的战略地位,也堪称当今世界上一项最复杂、最伟大的水利工程。

他作了一番这样的研究。

论规模，规划中的南水北调西线工程，从大渡河、雅砻江、通天河及其支流调水170亿立方米，加上远期后续工程，调水总量达370亿立方米，相当于再造一条黄河；调水地为一广阔区域，仅第一期工程就有5个水源点，从最远的水源点至黄河干流三门峡，调水线路长达3672公里；其受水区，包括黄河流域内的青、甘、宁、蒙、陕、晋六省（区）和河西走廊一带的缺水地区，覆盖了西北大部和部分华北地区。这一工程规模之大，是目前世界上其他跨流域调水工程所无法比拟的。

论难度，西线工程调水区海拔高程均在3000~4500米，地面气压和含氧量只有海平面的60%~70%，工程勘测、规划、设计、施工以及建成后的运行管理，都面临极大的挑战；整个工程区位于强地震带，断裂构造异常发育，冻土层普遍存在，在如此复杂的地质条件下，修建200多米高的面板堆石坝，坝体稳定、防渗处理、冻胀破坏等一系列棘手的技术难题需要解决；调水工程区经济落后，基础设施薄弱，加上宗教设施众多等大量社会问题，这种特殊的地理、气候和社会经济状况，决定了西线调水工程将成为当今世界上难度最大的调水工程。

论效益，西线工程将为黄河流域广大受水区的矿产资源优势转化为经济优势，提供可靠的水资源保障；使生态脆弱地区日趋严重的土地沙漠化得到有效治理，为该地区环境容量、承载力的提高以及生态系统恢复，发挥至关重要的作用；调水工程的建设，将显著改善有关地区的交通、通信等设施条件，有力推进西部地区的经济发展和社会进步；就黄河治理开发而言，可以从根本上解决黄河断流问题，同时结合中游水沙调控工程体系，能有效改善下游河道“水少沙多、水沙不平衡”的不利情况，遏制“地上悬河”的淤积抬高，为黄河长治久安做出重大贡献。因此，南水北调西线工程无疑是当今世界上综合效益最大的调水工程。

正因为如此，在他看来，尽管黄委过去为此做了大量前期工作，但对于一项巨大的战略工程来说，这还只是奠定了一个基础，大量的难题需要继续去探索、去解决。他表示：下一步黄委将一如既往地积极投身工程的规划、设计和建设，在深化区域地质、增强方案生成能力、完善受水区规划等方面，抓紧开展有关工作，为这项工程早日开工做出新的贡献。

回到郑州，李国英主任把这次考察途中的深入思考，写成一篇题为《对南水北调西线工程的认识与评价》的署名文章，《人民日报》海外版进行了全文发表，许多著名网站也纷纷转载。

此时，高老总的心情也极不平静。

一位年届六旬、体弱有病的老专家，在这高寒缺氧地区长途跋涉，能否承受得住，事前人们都很为他担心。但他责任使然，主动请战，坚持与大家一起走完了全程。这种对事业高度负责的使命感、责任感，令我们无不肃然起敬。

“这次来西线考察，虽然一路非常艰险，但使我们增强了对西线工程前期规划工作的感性认识。我们决不能忘记黄委几代人付出的深入艰辛劳动，特别是为这项重大战略工程而牺牲的同志，所有的西线战士都是永载南水北调工程史册的功臣。这是我的第一点感受。”谈起此行的收获，高安泽激动地说。

“第二点感受，通过考察，我最担心的生态问题基本上有了个答案。当地的植被耗水要靠河道径流和天然降雨，该地区平均降雨量为500~700毫米，比较富足。所以，对生态的影响不会太大。第三点感受，在设计上提几条建议：一是线路走向问题，考察的两条线路都出现了较大的折线型，可以再做些工作，适当缩短引水线路，因为每缩短一公里隧洞，就能减少一个亿的投资；二是亚尔堂和班前两个坝址，要就溢洪道问题等再作比较，从中推荐一个；三是是否能将17公里明渠的渠底降低些，直接摆到基岩上，这样可以避免修高边坡，更有利于过流稳定；四是关于坝型问题，这也是我考察中考虑最多的一个问题。到底是采用目前黄委设计的面坝，还是改用心墙坝？心墙坝不但比面坝节约投资，而且一旦遇到地震坝身有自行愈合的功能。至于渗漏问题，只要做好反滤层，保证坝体稳定，把水位壅高到一定高程，也没有太大问题。因此，要通过反复的物理实验，对这两种坝型再行论证和比较，在技术上要有些突破……”

谈起技术问题，高总鞭辟入里，如数家珍，一连提出了10个方面的建议，显示出了一位老牌水利水电工程专家坚实的专业功力与缜密的逻辑思维。

关于张基尧副部长颇具传奇色彩的经历，几乎所有的水利人都耳熟能详。6年前在小浪底工程那场“入世接轨”之战中，面对工程建设陷入困境，他临危受命，组织“中国军团”实施“反弹琵琶战略”，使工程按原定计划如期截流，留下了一段“师夷之长以制夷”的神奇佳话。如今他风尘仆仆，马不离鞍，又踏上了新的漫漫征程。

考察中，笔者请张副部长谈谈西线调水工程。

他说：“南水北调工程，是形成中国‘三纵四横’水资源格局的极为重要的组成部分，东、中、西三条调水线路，是一个整体。相比之下，西线工程地理位置最高，面临的困难更多，工作条件最为艰苦。但是，通过黄委科技工作者多年艰辛的劳动，已经取得了丰硕的成果。他们完成的工程规划、总体布局通过了专家组的审查，得到了普遍的赞扬和很高的评价。对于他们为此做出的巨大贡献，我们和后人都不应也不会忘记。由于西线工程规模浩大、技术复杂、相关因素多，当前，还有不少问题需要研究解决，包括这次考察的几个坝址的线路布置等，也都需要论证优化。只有深入完善各项前期工作，认真进行技术分析论证，才能使西线工程达到技术可行、方案优越、经济合理，经得起各种考验，真正发挥巨大的综合效益。希望黄委及黄委勘测规划设计院的同志，继续发扬团结作战、艰苦拼搏的作风，把各项工作做得更充分、更合理，为西线工程早日开工建设打下坚实丰厚的基础！”

谈话中，张副部长强调指出:“西线调水沿线多属少数民族地区,我们的藏族、回族同胞世世代代生活在这个地方。在整个西线工程的建设过程中,一定要坚决贯彻党和国家的民族政策,充分考虑当地的民族特点,尊重他们的民族习惯,使这项工程的建设成为继当年红军长征之后又一民族团结的丰硕成果！”

毫无疑问，此行考察对于这位水利部领导人的深刻思考发挥了重要作用。在两个多月后国务院新闻办公室召开的新闻发布会上,张基尧副部长向中外记者发布新闻说:经过近50年的勘测、规划、研究和论证,目前南水北调工程已基本具备2002年开工建设的条件。其中的东线和中线工程,经过5至10年的建设,将于2010年开始发挥效益。根据中央的要求,这一工程将按照“先节水后调水,先治污后通水,先环保后用水”的原则,以水资源优化配置和各供水区水资源规划为依据,按照适应社会主义市场经济体制、确保良性运行等项原则进行实施。由此,南水北调三条调水线路与长江、淮河、黄河、海河相互连结,将构成“四横三纵、南北调配、东西互济”的中国水资源总体格局。这对增强水资源承载能力、提高水资源的配置效率,促进全国经济结构的战略性调整与升级,实现经济社会可持续发展,都具有重要的战略意义……

中线、东线即将动工,西线还会很遥远吗?

我们由衷地呼唤西线工程早日开工!

（原载于2002年6月21日《黄河报》)

# 中国现代水利的奠基人

## ——纪念李仪祉先生诞辰120周年

2002年2月20日，中国水利学会在河南省郑州市隆重举行李仪祉先生诞辰120周年纪念大会，水利部领导、有关专家、学者等各方面的代表，共聚一堂，缅怀这位著名水利科学家。

1938年仲春。大河上下，大江南北，到处燃烧着抗日战争的烽火。3月8日中午12时，一颗为中国现代水利操劳终生的心脏在西安停止了跳动。

3天后的早晨，西安各界隆重举行公祭活动。是日，素车白马，满街塞巷，悲悼之风，遍被古城。党政军民各界代表前往祭奠英灵，更有无数民众与学生自发地蜂拥而至。祭坛之上，悲泪如雨，悼者如云；祭坛之下，万众如海，挽幛如林。

3月15日，遵逝者遗嘱，其灵柩移至泾惠渠畔，遗体安葬于泾阳社树堡两仪闸畔。各地远道赶来祭奠之民众多达5000余人。

3月28日，也就是斯人逝世20天后，国民政府发布特令"着行政院转饬陕西省政府举行公葬，并将生平事绩存备宣付史馆"，虽然这只是一着"马后炮"，却足见逝者备受重视。

逝者究竟何人？在这大敌当前、国难深重之际，为什么会有那么多人去为他送别？

他正是与关志豪侠于右任、卓越报人张季鸾并称为"陕西三杰"的中国现代水利奠基人——李仪祉。

让我们拂去岁月的封尘，来追寻他开中国现代水利之先河的串串印迹。

## 一、李仪祉的上任，使现代科学之光开始普照古老的黄河

李仪祉，原名协，字宜之。1882年生于陕西省蒲城县富源村，少年起就师从伯父学习代数、几何等近代科学知识，17岁考取同州府秀才第一名，留下了“年少识算，气度大雅”的美名。19岁时身历庚子国难，从此不屑于清朝的科举功名。1909年毕业于京师大学堂预科德文班，即剪掉发辫被派赴德国留学，在德国皇家工程大学学习土木工程。辛亥革命爆发后，他“既念祖国之危，复思家门之难”，毅然回国。1913年又重返德国继续求学。途中考察了俄国、德国、法国、荷兰、比利时、瑞士等国，目睹欧洲各国水利事业的发展，对我国水利事业的衰败落后十分感慨，决心终身致力于振兴中国的水利事业。两次赴德留学勤奋苦读，为其日后献身水利、治理江河打下了坚实基础。

1915年李仪祉回国后，即参与倡办南京河海工程专门学校（即今南京河海大学前身）并应聘担任该校教务长。继而先后担任陕西省水利局局长、建设厅厅长，国民政府导淮委员会委员兼总工程师，华北水利委员会委员长，全国救济水灾委员会总工程师，扬子江水利委员会顾问，并曾兼任国立西北大学校长，中国水利工程学会会长等职。

对此，1948年，李仪祉的学生胡步川编成的《李仪祉先生年谱》中评介说：

“先生终身尽职于水利事业，幼而学，壮而行，老而成。概括其大事有：从事水利工程教育凡十年，桃李满天下……先生从事江河治导工程凡九年，泽被十七省，救济灾民无数；从事灌溉工程凡十五年，专心致力于陕西水利，规划设计了‘关中八惠’及陕南、陕北的灌溉工程，先后完成了泾惠渠与渭惠渠等工程的施工，惠被三

秦。以至许多农民一边种地，一边念着他的名字，像敬佛一样敬他。”

被称为“中国之忧患”的黄河，也在强烈地吸引着这位现代水利的奠基者。

20世纪20年代末，黄河及其主要支流不断决口泛滥，灾祸频仍。为了遏制水患，1929年初，国民政府决定成立黄河水利委员会，特任冯玉祥为委员长，孙科、孔祥熙、宋子文、阎锡山等10余位显要兼任委员。作为专家的李仪祉亦在其列。

本来，富有黄河情结的李仪祉，对于政府此举，应该是很高兴的。但他很快便寒心地感到：当下时局正是各派利益相争、不可开交之时，最高当局不过是把这条大河当成了一张牌。不但治河工款未拨，连机构开办经费也分文不名。有谁还认真去管什么黄河水利委员会的存亡？

不久，这个具有现代意义的初生治河机构便昙花一现，烟消云散。

然而，黄河却不管这些政治纠葛，进入30年代，洪水接连而至，灾害愈加频繁。于是，民生鼎沸之中，建立黄河水利委员会的事，再次被提上国民政府的议事日程。

1933年4月20日，国民政府特派李仪祉为黄河水利委员会委员长，王应瑜为副委员长，沈怡、许心武、陈泮岭、李培基为委员。5月26日又增补张含英为委员兼秘书长，并以沿河9省（区）及苏、皖两省建设厅长为当然委员。6月28日，国民政府制定《黄河水利委员会组织法》，规定：黄河水利委员会直隶于国民政府，掌理黄河及渭、洛等支流一切兴利、防患、施工事务。

经过几个月的紧张筹备，黄河水利委员会于9月1日在南京正式成立。两个月后，应下游五省要求，为避免贻误时机，黄河水利委员会由南京迁至开封。

至此，国民政府的黄河水利委员会才算真正开始发挥作用。

这年，身为黄河水利委员会委员长的李仪祉，虚岁52岁，大病初愈，身体羸弱。他觉得，用现代科学方法治理黄河，这一盼望已久的愿望似乎终于有可能付诸实施了。于是，踌躇满志，夜以继日，思虑着治理黄河的大计。

当年，黄河下游又发生大洪水，京汉铁路黄河大桥中段的20余座桥墩都被大水冲得倾斜动摇。8月10日至11日，多年失修的两岸堤防像两根糟朽不堪的烂麻绳，转眼之间竟已溃决60处之多……此次水灾波及下游30县，受灾人口270余万。根除黄河河患的责任重大而紧迫，李仪祉更感肩头责任的沉重。

他急急抱病赶至南京，召开水灾救济会，随即全力投入到了黄河治本治标工程的筹划之中。

他说：黄河水利委员会的主干任务在根本消除河患，所以，我们不能邀一时之功，而要为国家奠定永久之大计。

上任后，他几次召开黄河水利委员会的委员会议，倡导、部署并实施全面规划、科学治河的方针。提出了《黄河水利委员会工作计划》、《治理黄河工作纲要》、《研究黄河流域泥沙工作计划》、《黄河流域土壤研究计划》、《请测量黄河全河案》等具体计划。

上任后，他写出了《黄河概况与治本探讨》、《关于治导黄河之意见》、《治黄关键》、《培修堤防法》、《黄河流域之水库问题》、《纵论河患》、《黄河上游视察报告》、《谈治黄进行状况》、《后汉王景理水之探讨》、《黄河治本计划概要述目》、《黄河水文之研究》等几十篇治河著述。

聘请美籍水利专家安立森实施黄河测绘，委托德国水工大师界泰斗恩格思进行黄河水工模型试验，实施水文站网规划，架通黄河上第一条专用电话线路，开设水情无线电台，始创精密水准测量，创办中国第一个水工试验所，首次对悬移质泥沙用图表进行颗粒分析。

……

封闭千年的黄河睁开沉沉睡眼，迎接着现代水利科学的曙光。它在开眼看世界的同时，新奇而又兴奋地看着人们给它安装"体温表"、"血压计"，做"心电图"、"脑血流图"……

人们应该感谢他的清醒睿智的大脑，他的卓有建树的工作，为滔滔大河流入现代铺上了一层奠基石。

然而，就在这时，这位黄河水利委员会委员长却接连三次提出辞呈，坚意辞去首席河官职务。

## 二、他品味着难耐的苦涩，决计以辞职表示不向邪恶妥协的决心

1935年4月，黄河边上的濮阳县城突然热闹起来，城南黄河金堤用新法公开招标包工的培修工程业已开工。李仪祉心头掠过一丝惬意，但很快又被越发烦乱的思绪所笼罩。

李仪祉独步走出濮阳县城南门，来到了金堤上。

春风徐来，抚着他那张典型的陕西汉子的方脸，那头顶上，已见花白的头发更显稀疏，一双眼也因睡眠不足而显得瘀肿，只有那石片般紧抿着的嘴唇，凹出那一代知识分子才有的执拗。

堤柳乍翠，岸草初青，水面汪洋无际，几只水鸟上下翱翔，使人怀疑这不是在黄河岸边，而是置身江南水乡中。他顿时想起了年轻时独游为乐时自吟的一首诗：一卷相随势不孤，林中偃卧鸟相呼。醒来神识忽颠倒，误认青天作碧湖。那时，真是"一腔热血思报国，满腹经纶皆水利"啊。可现在呢？他的目光逆水西上，似已看到了几百里外贯台堵口工程处忙乱的场面。他在堤坡上坐下，掐一片青青的草叶噙在嘴里，品味那来自天地之间的苦涩，往事如河水一样从脑海间流过。

1934年黄河下游大决口之后，黄河水利委员会奉行政院令召集有关6省会议，政府拨款堵合各决口，几十处决口都堵复了，惟独石头庄决口难合，河水全部由决口处经东明、濮县、范县而至陶城

1935年李仪祉和中外水利工程专家合影

铺,又复归于原河道。当时,他提出:留下石头庄一口不堵,让黄河在这一地段中自然改道。一为相关五省人民的安宁计,同时此后10年间还可省去修防费数千万元;二为治理黄河计,不能像庸医治疡,只管用膏外敷,不管内积的脓水有无出路。治河而只知堵塞决口,此塞而彼溃,一塞而百溃,倒不如就其决口之势引导利用,可取事半功倍之效。当时,他因正在生病,就委托副总工程师许心武代办。不料国民政府旋即成立黄河水灾救济委员会,先后派宋子文、孔祥熙为委员长,并称:石头庄堵口之事由黄河水灾救济委员会工赈组组长孔祥榕全权负责,不再让黄河水利委员会过问。

果然如庸医治疡,第二年汛期,堵复不久的旧口即全部决溢,灾区人民不得不重吃二遍苦,再遭二茬罪。

9月初,国民政府先后派监察委员邵鸿基、周利生、高友堂监察黄河河工。查访后均认为,长垣等处旧口复决,是由于上年孔祥榕筑堤不坚及河北省黄河河务局局长孙庆泽防守不力所致。因而两次上书弹劾孔祥榕虚掷国家钱财,延误河工及赈灾。

但奇怪的是,最后孔祥榕不但未受任何惩戒,反而于1935年的2月2日被升为黄河水利委员会副委员长。

不久,当有关各方再议堵口时,作为黄河水利委员会委员长的李仪祉,仍然主张留口不堵、放河改道,并把此意陈述给全国经济委员会。然而,他的主张再度被束之高阁,并且全国经济委员会来电命令:贯台堵口由孔祥榕全面负责,命李仪祉专门负责培修金堤。

李仪祉深为无法坚持自己的正确主张而感到无比愤懑。他想起去年曾致电山东省主席韩复榘预测次年河防事时说的话:“豫、冀河堤幸而不决,则鲁堤必决。”也就是说,即使现在把贯台决口堵复了,到了汛期,大河不在这里决口,也将在山东河段寻地决溢。

想到这里,他摇摇头,苦笑起来,是啊,谁愿意听这样的丧气话呢?他沿着堤、逆着水向西走去。

他知道濮阳县城西有段堤叫“鲧堤”,相传是大禹的父亲鲧堵河时留下的。这父子俩,同为治河而名传千古,但治河方法却迥然不同。父亲只知防堵,闹得“九州黄流乱注”;儿子却懂疏导,功成千古治水第一人。

由此,李仪祉又想到了西汉人贾让的“治河三策”。年初,他曾满怀愤慨写了一篇《治河罪言》,其中谈到“治河三策”。现在他却分明感到,即使取贾让的下策只事防堵,也越来越难了。前年黄河大决口后,他抱病去南京,向政府各要员申述,说治河必须有专款,事权必须求统一。后来又多次反复游说陈述,但都无结果。国家每年花费数百万,还不够堵口赈灾用。河务统一管理之事更是越离越远,不但地方各省分权依旧,又出了隶属中央的黄河水灾救济委员会之工赈组。工赈组结束了,紧接着就有类似机构继承其事权,此外还有种种临时机构插手河务。这种钱少婆婆多,“有权就有理,嘴大说了算”的局面，使他这个黄河水利委员会委员长常常感到进退两难、举步维艰。

再加上来了个孔祥榕。

孔祥榕其人，曾任永定河河务局局长，虽然主持过堵复永定河决口事宜，但却完全不管什么全面治河、科学治河。特别是他与主管国家财政的中央要员孔祥熙过从甚密，深得上峰的喜欢。先前，孔祥熙让他到黄河水灾救济委员会任工赈组组长，从黄河水利委员会手中拿走了冯楼堵口工程。旧口复决后，孔祥熙和他推出河北河务局局长孙庆泽充当替罪羊，自己却一洗了事。

更令李仪祉不能容忍的是，孔祥榕不仅趁主持堵口之机搜刮民财，还笃信鬼神，张扬迷信，黄河上一有洪水，首先扶乩问卦以求决断。每次堵口前后，必欲大肆拜祀“金龙四大王”为其保佑，简直与20世纪的现代科学格格不入。与这等人共事，何言科学治河？

“道不同不相与谋”，他只有辞职以表示决不向这种势力妥协。

这年1月，李仪祉即向国民政府提出辞职。他在直陈河弊的《治河罪言》一文的开篇写道：“本文系著者请辞黄河水利委员会委员长职务后以公民资格发表个人意见，与黄河水利委员会无关。”

他的辞呈很快被驳回，但同时，政府当局却又任命孔祥榕为黄河水利委员会副委员长。

3月初，他赴南京再次请辞，又未获准。黄河连年决口灾情引得举国关注，他的辞职和孔祥榕的升迁，使得各界舆论一时大哗。《大公报》发表社论《论黄灾》，评述孔祥榕的错失和李仪祉的辞职。《河南民国日报》也发表社论《为贯台堵口进一言》，抨击孔祥榕堵口不力，痛斥官场恶习波及河工，延误工程。而这些公众的义愤不但没动了孔祥榕一根毫毛，李仪祉反被限制到“专管培修金堤事”的小圈圈里。

李仪祉想起前年大河赴任伊始，在致友人书中谈到治理黄河河患时说：“协之意不欲邀一时之功，而在为国家奠永久之大计。小功利在一时，设计未周或一二年而弊又见，岂是治河之道哉！且更不必虑及政局之变动，盖果吾人之事业确实为国为民，则人事虽有变更，而事业必不毁。”

他的现代科学治河之梦就要破碎了。

## 三、许久以来，人们在用心铭记着这位现代水利科学之父

此时此刻，李仪祉真想回三秦大地去。

他还兼任着陕西省水利局局长。继泾惠渠之后，他亲自筹办、设计的渭惠渠大坝刚刚开工，那里有支持他兴办“关中八惠”工程的杨虎城将军，有渴盼他的父老乡亲，有与他同心同德的水利同事们。

思绪中，他不禁随口吟出上年在陕西武功农校写的一首诗：太白皑皑冰雪光，焕如明镜照我肺与肠。吁嗟乎！安得起后稷公刘文武于地下，使我民族复发扬。

可他眼下还不能走。黄河贯台堵口还未成功，培修金堤的工程督察任务尚重，他还计划把近来对黄河治理的深入思考再写成文章，供后人参鉴……这条大河在他心里的分量太重了。

从濮阳，他想起了距此不远处当年汉武帝堵复黄河决口的历史遗迹。

汉元光三年，黄河在濮阳县瓠子决口，20余年未能堵合。元封二年，汉武帝征发数万人决心堵口，并亲临现场，沉白马、玉璧于河，以祭祀河神，还命令自将军以下的随臣都去背柴草塞河。堵口成功后，汉武帝除命在堤上建筑起宣房宫作纪念外，还写了一首有名的《瓠子歌》，以记述那次堵口的经过，并抒发了对黄河的敬畏之情。

这就是人们心目中的“神权黄河”啊！然而，那是生产力还不发达的封建社会，而如今，大河已经流进现代，这种“神权”思想，居然

还在左右着某些人的治理黄河大脑，并屡屡得宠于当局要员，这是多么荒唐的事情！

李仪祉所愤懑的事情仍在发展演绎。

7月10日，正如李仪祉所预言，黄河在山东鄄城董庄处决口，淹没山东、江苏两省27县，340余万人受灾。为此，李仪祉曾三赴决口现场，与有关各方会商堵口事宜。

当年10月，李仪祉第三次请辞黄河水利委员会委员长之职，获得批准。国民政府决定由孔祥榕继任李仪祉所遗之职。

从此，李仪祉专任陕西省水利局局长，并相继谢绝了国家经济委员会顾问工程师、国民经济计划委员会专门委员等与水利无关的虚职，只兼任一个扬子江水利委员会顾问。

大河似乎又走过了一个很大的曲折。

然而，历史毕竟大大向前推进了一步，"神权黄河"已不可能卷土重来。因为，时代毕竟不再是皇帝的时代，这条黄河也已不是那条黄河了。

1937年"七七事变"爆发后，正在南京治病的李仪祉立即返回陕西，以羸弱之躯参加陕西抗敌后援会。生性耿介的他，言他人所顾忌不敢言，大声疾呼民众参加抗战，对西安防空工程建设，秦中禁烟种麦，伤兵难民灾童的养护，救国公债的募集，及战时西北经济建设等，无不倾心关注，大力推进。奋笔疾书《大战期间之青年培养问题》、《敬告西安市民》、《告青年》、《重重大灾之下人民应如何图存》、《国亡了要钱有什么用》、《函西安行营主任论收容流亡工程师拟编为大战中工程队》等文章，或发表于报端，或函呈政府当局……与此同时，积极组织渭惠渠、织女渠的工程施工，以富国强兵的实际行动支援抗日，表现了中华儿女坚强不屈、抵御外侮的赤子之心。

李仪祉在他著述的《水利概论》中曾经指出："唯是吾国水利，一受制于之外强之参与，二受累于内政之不统一，三限于财政之竭蹶，故提倡者不乏人，而实施者无几。”

是啊，在那个社会里，政治制度的腐朽，军阀混战所引起的社会混乱，外国列强掠夺造成的经济贫困，给中国水利事业的发展带来了重重障碍。而李仪祉先生，在当时艰困的社会条件下，一生水利著述达200余篇，几乎将一条大河烂熟于心；用古人之经验，本科学之新识；人格高尚，操守坚挺，宁可辞职也不向反科学的势力妥协，难能可贵。

人们将世世代代怀念这位中国现代水利的奠基人。

（本文系作者与魏世祥合写，原载于2002年2月20日《黄河报》）

# 中共首席河官王化云

2002年1月7日，河南省会郑州。

黄河水利委员会大院内，苍松翠柏衬映中一座形神兼备的铜像在这里肃然揭幕。人们凝望着这位坚毅、亲和的先贤塑像，追忆当年他一幕幕波澜壮阔的治理黄河春秋，一种深深的景仰与思念之情，不禁涌上心头……

这位治河先贤便是人民治黄事业的开拓者、中共首席黄河河官——王化云。

## 一、从北大学子、抗日县长到首席河官

1908年1月7日，王化云出生于河北省馆陶县南馆陶镇一个书香门第。童年时进入私塾，接触国语、经书等传统教育，19岁时开始接受新学。随着年龄的增长和进步思想的渗透，他对所处那个社会的疑惑情绪与日俱增，对劳动人民的灾难困苦产生了深深的同情。

1931年夏，王化云考入北京大学法学院。在紧张学习理论专业课程之余，他广泛阅读革命志士的文章。当时，正值国难当头，民族危亡，广大爱国学生的抗日救亡斗争精神和强烈的爱国热情，使他受到极大鼓舞。“一二·九”运动爆发后，时任北平精业中学校长的王化云，四处奔走，营救被捕共产党员学生安全出狱。为此，他遭到国民党政府当局的严重胁迫，满怀忧愤返回故乡。后于国民革命军第三集团军总政训处任少校政训干事，积极宣传动员民众，奋起抗日救国，发展壮大抗日武装。1938年3月，他在战火洗礼中加入了中

国共产党，从此政治生活揭开了新的一页。

抗日战争时期，王化云先后担任山东省丘县、冠县抗日政府县长，鲁西地区行署民政处长、冀鲁豫区行署司法处长等职。他致力抗日民主政权建设，推行减租减息政策，发动群众开展游击战争。面对日寇大规模的“清剿”、“扫荡”和“铁壁合围”，王化云与根据地军民一起，咬紧牙关，坚持敌后抗战，为熊熊燃烧的抗日战争烽火，增添了团团烈焰。一次，在扫除一股地主武装的战斗中，王化云率部压境，并只身入寨谈判，最后兵不血刃地拔掉了“土围子”，这一战事曾在当地被传为佳话。

1946年初春，中国历史上一个特殊的重大事件，使王化云的人生道路发生了重大变化。

是时，国民党政府在“战后重建”的名义下，突然提出要堵复1938年于战争中决开的花园口大堤口门，引黄河回归故道。面对战沟纵横、千疮百孔的黄河故道，为了保卫解放区沿河两岸人民生命财产的安全，中国共产党一方面与国民党当局展开了唇枪舌剑的谈判斗争，另一方面决定成立冀鲁豫解放区黄河水利委员会，组织群众修复堤防，抵御可能到来的黄河洪水。

正是在这时，王化云临危受命，毅然接过冀鲁豫黄河水利委员会主任——中共第一任首席河官这副重担。从此，他开始了投身治理黄河的人生征途。

初识大河，求贤若渴，负重拓荒，决战狂涛。在1946年至新中国成立的三度春秋里，王化云四处延揽治河人才，组织修整千里残堤，奋力组织防洪抢险，保证了大河东归后的安澜。伴随解放战争的发展演绎，人民治理黄河事业取得了一场场重大胜利，王化云的人生奋斗方向也与黄河更加紧密地联系在了一起。

1949年冬天，新中国开国大典的轰鸣礼炮余音未尽，王化云即被通知进京参加水利联席会议。

国家建设，百废待兴；黄河安危，事关大局。建国伊始，中国共产党人即把黄河治理开发作为安邦定国的一件大事。此时此际，作为继任首席河官的王化云，肩上的责任犹为沉重。

赴京路上，伴随火车“哐当哐当”的节奏声，王化云思绪飞扬，感慨万端。

自古以来，黄河就像一匹脱缰的野马，常常一怒之下决堤四溢，肆虐泛滥，吞噬下游两岸的沃野良田，给人民群众造成了深重的灾难。虽然历史上一代代仁人志士提出并实践过许多治河方策，但都没有从根本上改变黄河频繁决口改道的局面。如今，建设新中国，建设新黄河，这是多么值得大庆大贺的事情啊！那么，怎样才能使千古忧患之黄河，走出一条除害兴利、长治久安的路子呢？

“实现这一目的，最为重要的，莫过于稳住现行黄河流路，不让它决口改道了。我们要把黄河永远‘粘’在这里，不再让它摆动！”

王化云的思维在紧张运动了。

## 二、共同镌刻新的黄河里程碑

1952年，发生在黄河上的又一重大事件，使王化云更加蹽快了脚下急切的步伐。

这年10月30日，毛泽东建国后首次出巡便来到了黄河。视察中，一代伟人漫步堤防险工，溯问历史洪水，亲启引黄闸门，寄望黄河远景，那博大情怀，志存高远，寓意深邃，谈笑风生，激起陪同者王化云心中无比强烈的责任感和紧迫感。

王化云把思维的视野投向了更为广阔的空间。

从中游到上游，从河川到峡谷，从坝址到灌区……求问现场，组织大规模查勘；优化比较，遴选拦蓄洪水坝址。为使黄河一改旧颜，他殚精竭虑，夜不能寐，一心筹谋着空前宏大的黄河治理方案。

黄河最突出的问题是什么？那么多的泥沙是从哪里来的？又是怎么汇入黄河的？带着这一连串的问题，王化云来到千沟万壑的黄土高原。在无定河流域，碎破的地形，浑浊的河水，严重的水土流失，第一次映入王化云的眼帘，引起他极大的震惊和感慨。这里一位老农民告诉他，每逢暴雨时节，山上冲下的洪水便是稠糊糊的泥浆，有时上面竟还漂浮着活着的人！

在三门峡谷穿行，水深流急，浊浪排空，礁石遍布，险情迭生，令人惊心动魄，而那里优越的筑坝建库条件，又使他兴奋不已……一次次大河上下的奔波，一幅幅鲜活的生动画面，极大地丰富了王化云的感性认识。"除害兴利，蓄水拦沙"，一种新的治河思想萌发了。

很快，他的治理黄河方略，被呈报至党和国家最高层。于是，国内英才、外国专家，协手奋进，反复论证，开始精心绘制中国历史上第一部黄河全面治理开发的宏伟蓝图。1955年7月30日，庄严的人民大会堂。在全国一届人大二次会议上，人大代表们的意志之手，举如林立，一致通过《关于根治黄河水害和开发黄河水利的综合规划的报告》。这个报告明确提出了新时期治理黄河的总任务，这就是，"不但要从根本上治理黄河的水害，而且要制止黄河流域的水土流失和旱灾；不仅要消除黄河的水旱灾害，尤其要充分利用黄河的水利资源来进行灌溉、发电，来促进农业、工业和运输业的发展。总之，要彻底征服黄河，改造黄河流域的自然条件，以从根本上改变黄河流域的经济面貌，满足社会主义建设时代整个国民经济对于黄河资源的要求。"

"我若不把洪水治平，我怎面对天下的苍生！"报告中引用著名文学家郭沫若的诗句，深刻形象地表达了新中国对于治理黄河的决心和信心。

"从高原到山沟，从支流到干流，节节蓄水，分段拦泥，尽一切可能把河水用在工业、农业和运输业上，把黄土和雨水留在农田上，这就是我们控制黄河水沙、根治黄河水害、开发黄河水利的基本方法。"王化云的治河思想，在这份报告中得到了充分体现。

置身在这热烈激动的会场，耳边回荡着经久不息的轰鸣掌声，作为一名人大代表,治黄工作的直接组织者,王化云的心久久无法平静。

三、一部大写的抗洪力作

1958年,这是一个注定要被载入当代黄河治理史册的年份。

十几年间,王化云每年与洪水打交道,那全线偎水、惊涛拍岸的紧急情状,无不是惊心动魄之后,伴留着几分余悸。然而,当时这场洪水,中游地区连降暴雨,干流水位居高不下,支流伊、洛、沁河急剧上涨。据报,下游秦厂水文站黄河洪峰将达22000立方米每秒,大大超过现有堤防的防御标准。

听到"2万多"这个生死数字,王化云和他的参谋们震惊了。

分洪?

按照预案,当此标准的洪水,使用石头庄溢洪堰分洪削峰,无疑是顺理成章之策。但是那片广阔的区域之内有100万居民,200万亩耕地。百万人的迁移救护,绝不是轻而易举之事。100万人哪!

不分?

面对不可回避的"超级洪水",千里堤防能否顶得住,一旦堤线失守,导致决口,那将酿成更为惨重的巨灾,这是要承担历史责任的呀!

……

分与不分,一字之差,举足轻重。"参谋部"到了一发千钧的抉择关头。"黄河防汛参谋长"王化云双眉紧锁,脸色凝重,感到一种从未有过的负重和压力。

当此分秒必争的紧急关头,多年的实践经验,长期斗争锻就的胆识和无比重荷的责任,给王化云注入了智慧和力量。十年来的堤防加高培厚,险点隐患的着力消除,下游两省的防汛部署,后续洪水的趋势分析……一个个砝码廓清了眼前的纷繁情状,把他思维的天平,逐渐压向了“不分洪”的一端。

“不分洪,靠严密防守战胜洪水。”一项不同寻常的决策建议,乘着电波驰向首都北京。

黄河,惊动了国务院总理周恩来。正在上海开会的他,当即停止会议飞临抗洪一线。当时,河水奔腾咆哮,郑州铁桥被冲,京广铁路中断,洪水正剧烈地向下游推进。王化云向周恩来现场汇报了雨情发展、防守部署和对洪水形势的判断与分析,“不分洪”方案得到了最终批准。

与此同时, 黄河下游两岸一支强大的抗洪抢险大军早已严阵以待,守卫在堤防上下。“紧急动员,全力以赴,昼夜苦战,战胜洪水”,成了豫鲁两省党政军民和黄河职工的最高纲领。200万军民斗志昂扬,声势豪壮。白天,人山人海;夜晚,灯火万盏。人在堤在,水来土挡,形成了一道抵御洪水的新的“长城”。

一场历史罕见的黄河大洪水,就这样没有分洪,安澜入海了。

在这场事关黄河防洪成败, 也关乎个人荣辱竞择于史的严重关头,王化云在对当时各种情况兼容并蓄、综合分析的基础上,于复杂多变的夹缝中找出一线生机,果断提出不分洪的决策建议,为这场气势恢宏的防洪斗争的全面胜利,增写了硕大的一笔,被称为他治理黄河生涯中的一部大写的力作。

## 四、拦泥派“涅磐”中之再生

在此前的中国历史上,也许没有哪项水利工程的兴建,能像三门峡水库那样引起偌大范围的广泛关注和激烈争论了。同样,也许没有哪个名字,能像“王化云”那样竟和一个工程的成败得失联系得如此紧密。

是的,作为万里黄河第一坝,三门峡工程肩负着人们根治黄河的深切厚望。而王化云,从工程孕育、决定上马、组织兴建,直至峡谷平湖的诞生,有谁能说得清,这中间蕴含着他多少心血,浸透着他多少汗水呀!

但始料不及的是,因对泥沙问题和淹没损失等估计不足,工程建设运用后,库区却发生了严重淤积,伴随三门峡工程运用方式的变更,原来规划的几座下游壅水枢纽也先后被迫破除或停建。

“黄河规划失败了！”“三门峡工程要被炸掉了！”一时间,议论纷纷,舆论大哗,王化云思想上的压力别说有多大了。

黄河啊黄河,你真是一本艰涩玄奥、难以读懂的“书”！面对这位极其复杂难治的对手和眼前无情的现实,下一步该怎么走？王化云陷入了深沉的思考。

熟悉王化云的人说,他有一种特殊气质。这气质,凝结着他对事业的不懈追求,体现在他对理想与信念的永久执着。勇于总结反思,敢于修正自我,矢志不渝地继续脚下的艰难探索,正是他这种气质的写照。

现场考察,规划研究,上下求索之中,他找到了治河方略新的定位。

“失误和挫折告诉我们,黄河治本是上、中、下游整体的一项长期任务,上中游拦泥蓄水,下游防洪排沙,‘上拦下排’,应是今后治黄工作的总方向。”带着这一认识的重大突破,他以大量现实资料历时数月,组织拟写出一份题为《关于近期治黄意见》的报告。报告抛却“蓄水拦沙”的偏执,体现了“全河统筹,有拦有排”新的治河思路，于1964年12月在周恩来主持召开的治理黄河会议上进行了宣读。

在这次气氛活跃、争论激烈的重大盛会上，由于王化云的观点,“拦泥”占有较大比重,因此被称为“拦泥派”。同时,会上还出现了“大放淤”、“炸坝论”、“现状派”、“自然论”等许多不同的治黄思想。

经过广泛讨论,周恩来兼容并蓄,立意高远,就黄河问题作了总结:黄河规划的成败得失暂不作结论,留待实践检验,各种治黄观

1987年5月作者和王化云在一起

点可分头先作规划;同时决定对三门峡工程增建泄洪隧洞,改建发电引水钢管,以增加泄流排沙能力,解除库区淤积的燃眉之急。

一场攸关治理黄河方略的风波暂告平息。后来,经过改建的三门峡工程,重又焕发了生机。在沉重的经验教训中,王化云对黄河的认识也有了新的升华。

## 五、化云为雨融大河

冬去春来,万物复苏。

一场众所周知的政治劫难过后, 王化云重新走上了黄河首席河官的岗位。

劫后复出，改革开放伊始，经济建设待兴。最令人牵肠挂肚的还是黄河防洪问题。1975年8月淮河流域一场罕见的暴雨洪水，向人们敲响了警钟。据对洪水、气象资料的综合分析，"邻居家"此类暴雨完全可能降临在黄河，那时下游洪水就会出现"既吞不掉也送不走"的严重局面。

黄河又到了一个非常关键的时刻。对此，王化云和众多专家研究认为，必须采取重大措施，在三门峡以下干流兴建控制性工程，才能解此特大洪水之忧患。

然而，是上小浪底水库，还是上桃花峪工程?国内专家纷纷在这两种方案上聚焦。有关这两种方案的选择，也出现了激烈争论。

两案均为1955年黄河规划核定的坝址。几十年间，黄河科技工作者栉风沐雨，试验研究，为此进行了长期艰苦工作，获取了大量基础资料。面对现代化建设新的要求，从治理开发、综合利用的战略角度考虑，王化云旗帜鲜明，积极主张上小浪底工程。

学术讨论会上，力陈黄河水利委员会的意见；论证会上，应对作答，从泥沙处理、工程效益、工期投资等，逐一消除有关专家的疑虑……也许是1982年黄河大洪水的来临，使他感到了黄河安危的急迫，或许是年过七旬的高龄，使他感到了治河余生的短暂，他抓紧了每一个最小的时间单元：联名上书，造访约谈，组织著书立说，总结治河经验，广泛宣传治河思路，争取中央领导的了解和支持。为了推动小浪底工程上马，王化云食不甘味，日夜兼程，率领黄河人开始了一场新的"长征"。以致后来积劳成疾，久卧床榻，这些都难以阻断他魂萦梦绕的黄河情结。

中美联合设计，专家数度评估，小浪底工程的决策在一天天推进。

终于，1991年4月，在全国七届人大四次会议上，这座大型水利枢纽工程被列入"八五"计划。同年9月，200声开山炮响，唤醒了沉睡的黄河峡谷——王化云和他领导的黄河人为之奋斗多年的小浪底工程开工了!

这时,王化云却病情渐重。"小浪底不上马,我死不瞑目。"昏迷之中,王化云曾发出这样感人的心声。然而隐隐约约听到小浪底工程开工这激动人心的讯息，他那瘦削的脸颊上又涌出了两行欣喜的热泪。

1992年2月18日,王化云怀着未了的大河情永远离开了人世。

1997年小浪底工程大坝成功截流。2001年工程告竣,开始发挥综合效益。这是对这位大河之子的最好告慰。

1952年毛泽东视察黄河时,谈话间曾对王化云说:"化云为雨。半年化云,半年化雨就好了。"

……

是啊,这会儿,凝望着这尊坚毅、亲和的王化云塑像,仿佛看到那颗为黄河安危操劳终生的魂灵,真的已经化为云雨,执着地漂洒在九曲黄河之上了。

（原载于《黄河　黄土　黄种人》2002年第二期）

# 中国新大陆传奇

## ——写在黄河首次断流30周年之际

### 一、母亲河“断奶”见证人

1972年春，渤海湾。

蔚蓝色的海面上，一股潺潺浊流缓缓地弥漫开来。黄河，从遥遥源头的泉流中起步，一路接溪纳川、曲折跌宕，来到这宿身之地。然而，往常奔腾万状、极尽英雄之气的它，不知什么原因此时却疲态凸现，那悲怨的轻声低语，像是在倾诉着一路艰难的行程。

这年4月23日，河口右岸，旷野中坐落着几间简陋的工棚式院落，一位疲惫不堪的中年人从工棚里头重脚轻地走了出来。

黄河入海处，苍凉料峭，地势复杂，河汊纵横，芦苇丛生，历来就很不太平。20世纪30年代中期一场“渤海大劫案”，大英帝国“顺天”客轮遭到突袭，客轮上数十条人质被劫，这一惊天海案，曾使趾高气昂的西方使臣们胆战心惊。作案的海盗团伙，就藏匿于这隐秘的黄河河口处，当时，纵使几千名官兵民团包抄围剿，终难缉拿。最后，还是当时的山东省政府主席韩复榘筹谋派员打入海盗内部，招安纳降了首领“黑小二”，这一海案方得告破。

不过，事隔几十年后，这里的人们已经不需再为此种“海案”担惊，倒是黄河口的另类问题使他们隐忧满腹。

大自然的孕育造化，在日益延伸的黄河河口大陆架下留下了丰富的石油宝藏，但同时，由于这一河段窄如胡同，势似弯弓，加之地理纬度不一造成的上游河段偏暖、下游河段偏寒的气候温度差异,每当冬春季节封河开河之际,极易卡冰阻水,形成凌汛,决堤成灾。就这样,严重的凌汛威胁与崛起的石油"圣地",在这块中国新大陆上发生了严重冲突。为解决这一忧患,一座规模宏大的南展宽工程于头年秋天破土动工。所谓"南展宽",说白了,就是在黄河尾闾的南侧再修一道大堤,在两条呈"人"字形交合的新旧大堤内,延展出一片宽阔的蓄洪区来,以便凌汛紧急时开闸分洪,确保胜利油田的安全。

工棚架构的工程指挥部里走出来的这位中年人,就是南展宽工程的设计者。

王锡栋,胶东昌乐人,1951年山东黄河水利学校毕业。这位后来在黄河队伍中赫赫有名的"老河口",此刻正显得忧心忡忡。他满脑子都铺展着展宽堤、分凌闸、泄洪闸的图纸,以至于没当心一头碰在指挥部的房门上。

"老河口"的格外专注是有原因的:"文革"开始,他便莫名其妙地被揪了出来,正当他为头上飞来的"黑帮"、"绊脚石"……一顶顶帽子作检查时,一场洪水倒把他给"解放"了。1967年伏秋大汛期间,黄河水涨势凶猛,情势十分紧急,不懂治河又怕出事的造反派头头怒声吼道,"革命算我们的,防汛算你们的!"负责支左的军管会主任也急红了眼:"你对文化大革命有意见,难道对人民也有意见?"那神态,仿佛是王锡栋等工程技术人员招惹来了这场大洪水。不过,训斥归训斥,对于王锡栋们来说,在这举国动乱、百业废止的年代,能够再度参与防汛,重温"治黄旧梦",那是多大的幸事!……

洪水入海后,他作为技术组组长,率人测量查勘、规划设计,几经论证,一项南展宽工程的蓝图出笼了。如今,一万多人就在面前的展宽堤上施工作业。在这个节骨眼儿上,对于一个原本是"文革"绊脚石的"臭老九"来说,任何环节一旦出现些闪失,都足以给他再加上"有意破坏文化大革命"的滔天罪名,那后果还不清楚么?

施工现场距黄河主流只有百余米，当王锡栋赶到大堤上正想看看水情时,不想一场奇观出现在眼前。

“咦！黄河怎么还会断流呢？”“老河口”不禁惊叫起来。

他从来没听说过黄河还会自己断流。自打少小时起他就知道,黄河是一条母亲河,还听说洪水是多么多么的厉害。后来参加了治黄工作,这种认识益加深切。百余年间,黄河在这一带决口达72次。当地老百姓流传的歌谣道:“棘子刘,王家院,黄河决了口,群众要了饭。关上门,闭上窗,吃饭也得喝那牙碜汤……”

据史料记载,黄河自1855年改经现行河道奔流入海以来,山东河段曾有两次因人为因素而干涸：一次是1938年国民党政府在花园口扒口使黄河改道南流,这里成了废河;一次是1960年山东境内的王旺庄枢纽实施大河截流，该工程大坝以下至河口河段曾经枯竭4个多月。可是,黄河还从来没有这样自行断流过啊……

“老河口”王锡栋在讲述黄河河口变迁

的确，如若不是眼前活生生的情景，人们是很难将黄河与“水尽流断”的萧杀气韵联系在一起的。那不光是“黄河之水天上来，奔流到海不复回”的千古绝唱，也不只是“高浪崩奔卷白沙，悠悠极望入天涯”的人生感慨，更有着古往今来人们对于这条大河“吹沙走浪几千里，转侧屋闾无所求”的惊畏之情……

当天夜晚，“老河口” 王锡栋在茫茫荒野的工棚里苦苦思索了半夜。

据资料记载，黄河这次首开记录的自然性断流一直持续了5天，自济南泺口以下至黄河入海处，断流河道长度达310多公里。两个月后，山东利津至河口河段又接连两次发生断流。这一年，古来奔腾不息汇身入海的大河，总共有19天停止流动。

对于一个千万年来蒙受这条母亲河哺育之恩的华夏民族来说，这无疑是一件石破天惊的重大事件。

这年的神州大地上，确实也接连发生了不少其他一些影响深远的重大史事：

2月，从大洋彼岸抛来的橄榄枝，打破了封冻已久的坚冰。当美国总统尼克松奇迹般地出现在北京国际机场时，两个阔别多年的大国的手重新握在了一起。

8月，毛泽东在邓小平的一封信上作了一段尤为关键的重要批示，这位党的领袖深具反思意味的批语，为邓小平的第一次复出悄然闪亮了绿灯。

9月，日本内阁总理大臣田中角荣访问中国，以两国政府签署的联合声明为标志的中日邦交正常化正式拉开了序幕。

……

无论怎样说，母亲河断流也应属此类重大事件之列。

然而，当时的中国，竖目可见、侧耳能闻的新闻仍然是：深挖洞、广积粮、不称霸……文化部长于会泳会见朝鲜人民军文化代表团……布拉格群众集会要求苏军撤出捷克斯洛伐克，等等，笼罩在

“文革”阴影下的人们，仍在为变幻莫测的政治风云所困惑。

于是，发生在这年4月的一桩母亲河“首次断奶”奇闻，除了王锡栋等人的唏嘘与困惑之外，就此飘然而逝。

据近年的资料统计，自1972年4月23日黄河首次断流至1999年3月黄河水利委员会根据国家授权开始对黄河实行水量统一调度的28年间，黄河共有22年断流，累计断流1079天（包括全日性断流934天、间歇性断流145天）。也就是说，在此期间，黄河差不多累计停止奔流了3年！最为严重的1997年，黄河利津水文站全年断流达226天，断流河段曾上延至距河口约780公里的河南开封。

有研究资料表明：频繁的下游断流，给黄河两岸地区的人民群众生活与工农业生产，造成了严重影响。由于黄河河道来水长时间较常年减少，沿黄地区2500个村庄、130万人口吃水困难，多数城市不得不定时、限量供水，河口地区居民更是首当其冲，以至于数千人因饮用水质较差的坑塘水而身患肠道疾病；水源的奇缺，使大量耗水工业陷于停产，位于河口地区的中国第二大石油基地——胜利油田，不少油井因无水可注而致原油产量锐减；黄河断流的影响，还使数千万亩农田无水灌溉，几百万亩农作物严重减产甚至绝收。据不完全统计，1997年仅山东省的直接经济损失就达135亿多元。

不仅如此，黄河的频繁断流，还加重了下游河道主槽的淤积，河道内水位急剧抬高，河槽过洪能力减小，漫滩机率显著增多，出现了对防洪极为不利的局面。同时，河道严重萎缩，滩区土壤沙化，也造成了下游以及河口地区生态环境的严重恶化。具有国际意义的黄河口湿地自然保护区，生物物种十分丰富，但由于黄河频繁断流，断绝了淡水资源和各类营养物质，生态系统受到严重破坏，一些生物物种已经消失踪迹。据统计，自1972年至2001年，海水向黄河河道回逼10多公里，等于减少100多平方公里的国土面积……

于是，人们不禁纷纷发出这样的惊呼：一条奔腾了千万年的大河，一条被中国人视为母亲河的大河，会不会就此成为内陆河？

的确，如果不是许多年后这种“母亲河断流”现象愈演愈烈，以致在全国范围内引起人们发出“拯救黄河”的呼喊，那么谁能想到，1972年4月23日这一天，对于万古奔流的大黄河，竟成为一个特殊的日子。

## 二、12岁黄河口改道记

黄河首次断流三年后。

当来自大海的劲风再度唤醒这块新土地上的碱蓬、白茅、茜草等丛状植物时，一座座从地球深处吸取“黑色血液”的“磕头虫”，正以那种古老的中国礼仪向人们频频施以大礼。王锡栋微微眯缝眼睛，望着眼前这一切，正在冥思苦想着黄河口的一个永恒话题。

“钓口河”这面“红旗”到底还能打多久？

自古以来，黄河下游酷像一条“驴打滚”的河道，北至天津的渤海之滨，南至江淮的黄海海岸，披载着一次又一次“龙摆尾”的大写记录。自1855年黄河铜瓦厢决口改行现行河道以后，在呈扇面状的河口三角洲上，曾发生8次自然性大改道。每条行水流路，“高寿”的不过19年，短命者只有两岁，大抵都经过了从散乱游荡到归并成股，由单一顺直而弯曲出汊、又从摆动散乱到出汊点上移的演变过程。每次自然改道都给河口地区人民的生命财产安全造成了很大被动和损失。人民共和国成立后，人们决计干预这种自由迁徙、随波逐流的被动局面，先后两次对黄河尾闾实施人工改道。1953年，从甜水沟改往神仙沟；1964年又从神仙沟易走钓口河……

然而，早在1967年，也就是这条新流路三岁嫩庚之年，它便崭露出未老先衰的征相。人们不经意间，年幼的河口已向大海里延伸27公里，河道平均淤高3.5米……正是那年汛期，山东利津水文站出现6970立方米每秒的洪峰时，河口处罗家屋子的水位高达9.47米！这个数字，比1958年利津水文站发生10400立方米每秒特大洪水时的水位还高出0.76米！

几年后的险峻景状更是令人触目惊心。

1975年10月，黄河在山东利津水文站的洪峰流量为6500立方米每秒，由于河道淤积加快，水位急剧抬高，河口河段的堤防、民坝险情迭出，防洪安全受到很大威胁。紧急之下，启用稍靠上游的一千二（地名）闸门分流削洪1000立方米每秒，但罗家屋子的水位仍然超过1958年特大洪水时最高水位0.57米。为此，这一带的两万余军民上堤奋力抗洪抢险，连续奋战几十个昼夜，方使河口转危为安。

11岁，天真烂漫的孩童年龄，可对于大黄河的入海流路来说，却仿佛步入耄耋之年！

胜利油田告急！

正当国家力排危局、重拾升势之际，作为国民经济主导产业的“黑色血液”受到黄河洪水如此胁迫，这将如何落实“三项指示为纲”，如何“把国民经济搞上去”？

国务院领导震惊了。

河口治理问题同样也烧灼着那些黄河人的心。几年间苦痛的动乱创伤和劫后复出后的希望之光，像团团烈火一样搏动着“臭老九”们大脑深处阻断已久的智慧神经，一份份关于黄河河口改道问题的研究报告相继出台。

目睹钓口河流路日渐衰落的严峻趋势，“老河口”王锡栋默察于心。早在1967年末全国势不两立的两大派群众组织激烈斗争的动乱岁月里，他便把目光悄悄投向了距离钓口河几十公里之外的一条不起眼的河沟。一边“触及灵魂”深刻检查，一边日夜兼程伏案劳作，为母亲河寻找新的入海出路。不久，由他编制的《黄河河口清水沟改道工程扩大初步设计》开始实施，开挖引河，加修大堤，兴建放淤工程……1975年12月31日，河南、山东两省革命委员会和水电部在联名呈送给国务院的一份报告中，正式将黄河河口改道问题作为一项重要内容提交给了中央高层。

报告在谈到关于河口油田的有关防洪问题时，称："当前的主要矛盾是，油田开发建设要求黄河流路相对稳定，而黄河河道的自然规律则要求有较大的摆动范围……由于现行入海口延伸过长，在1968年已做了改道清水沟入海的前期工程，这次一致同意，明年汛前实行改道清水沟入海。"

1976年，是当代中国一个极不寻常的多事之秋。

周恩来、朱德、毛泽东三位开国巨人先后辞世，"天安门事件"，吉林陨石雨，唐山大地震，粉碎"四人帮"……接踵而来的一场场重大事件，使江山社稷面临空前严峻的考验。

当年，黄河也发生了又一场重大事件。5月3日，国务院对上述"两省一部"的报告批复道："国务院原则同意你们提出的《关于防御黄河下游特大洪水意见的报告》……"

1976年5月27日，黄河河口实施了第三次人工改道。

至此，与钓口河耳鬓厮磨12载的黄色洪流，作别旧路，改经清水沟投入蔚蓝色的大海怀抱。

这是新中国成立后人们对黄河口实施三次人工改道中规模最大的一次。改道后，河道流程缩短37公里，经过几年自身调适，输沙能力加大，河势顺直稳定，淤积延伸减缓，有效地减轻了河口防洪的紧张局面……

后来，王锡栋和人们一起迎来了"文革"结束后的春天。

不久，他先后接过"全国水电系统劳动模范"、"黄河水利委员会特等劳动模范"两本红彤彤的红底烫金证书。

可这种欣慰的心情好像并未能置换出他全部的思绪，或者说是黄河河口治理，这一道极其复杂难解的命题，没有给他在心中太多放晴的机会。根据当初的规划设计，黄河河口清水沟流路的"寿命"只有十几年，虽然后来研究认为，它还可以延长一些时间，但终归有寿终正寝那一天。下一步怎么办？

……

是的，据不完全统计，仅1976年河口改道至1988年，清水沟流路就已经向大海延伸31.4公里，河道主槽淤积2.05米。伴随黄河每年在这里向前推进、填海造陆，发生在这块新大陆上的传奇故事接连开篇：

1983年，一座与胜利油田交相辉映的新生城市——东营市，在黄河三角洲突兀而起；

1988年，黄河三角洲作为中国土地后备资源最多的沿海地区，被列入全国八大农业综合开发区；

1986年10月作者在黄河河口地区采访时留影

1993年3月,国务院正式批准东营市为沿海经济开放区;

1999年5月,黄河三角洲地区的资源开发与环境保护,被列入"中国21世纪议程",并作为联合国开发计划署援助实施该计划的第一个优先项目。

……

一位来这里考察的德国专家感慨道:在欧洲,再也找不到这样好的开发区了。有一天,这里的牛奶与蜂蜜将像黄河一样流淌。

有权威人士预言:21世纪,黄河三角洲凭借其特有的发展潜力和战略地位,将与长江三角洲和珠江三角洲平分秋色,三足鼎立。届时,将是中国步入世界经济强林之日。

然而,这一切都有一个前提,那就是:绝不能让这条万里巨川水断乳绝。

(原载于2002年4月24日《黄河报》,获河南省2002年度报告文学类好新闻一等奖)

# 敢问路在何方

## ——黄河首次调水调沙试验周年追记

让我们打开记忆的存盘,把目光重新聚焦在一年前的黄河上。

2002年7月4日的漭漭大河,充满了无限的疑秘与期待。这天,中原腹地郑州骄阳似火,热浪扑面。坐落在市区中心的黄河防汛总指挥部防洪调度大厅内,中国新一代治河者正以探险家的胆识和一系列精心预筹的方案,准备启动酝酿已久的黄河首次调水调沙试验。对于许许多多治河者和关注母亲河的人们来说,能够亲身参加或目睹这场空前的尝试,无疑是一种莫大的荣幸。

许多年来,自从人们发觉来自黄土高原源源不断的泥沙对下游河道的致命影响之后,在黄河泥沙的去向上,古今治河人便一直被困扰在两个近乎呈直角的方向之间:垂直淀落与水平前进。如果说,前者宣示着自然界普遍的地球引力作用的话,那么,后者则代表了推动泥沙向前运行挟沙人海的复合力量。而当这种水平方向的矢量借靠外力奏效甚微的时候,对于治河者而言,他们的选择就只有一个:堡垒从内部攻起。

于是,调水调沙治理黄河的思想就此应运而生。所谓调水调沙,就是统一调度大型水库,对来水来沙进行控制与调节,改善水沙组合关系,变水沙不平衡为相适应的配置关系,把河道内的泥沙更多地输送入海。

作为当今世界上最大规模的水工原型试验,这条举世闻名的万里巨川给予了新一代治河人得天独厚的探索空间。小浪底工程全面完工和库内43亿立方米的蓄水，为实施该项壮举提供了最基本的条件；GPS全球定位系统、天气雷达、卫星遥感、地理信息系统、双频回声测深仪、图像数据网络实时传输技术等现代化设备，为全面观测与科学分析调水调沙过程及效果，创造了先进的物质基础；此前通过众多组合计算与物理模型试验确定的“花园口站2600立方米每秒”的基本控制流量，更从理论上为试验奠定了基石。

因此，7月4日9时整，当黄河首次调水调沙试验总指挥、黄河水利委员会主任李国英通过远程监控系统郑重宣布试验正式开始的时候，只见130公里之外的小浪底水库徐徐开启闸门，冲天的水流喷薄而出，继而腾空落下，直向下游奔腾而来。那一刻，人类的挑战精神和水工建筑物的控制能力结合得如此壮美，而当今的现代化治河水平也在那一刻初露风韵。因此，无论是在震撼人心的开闸现场，还是在通过直播收看的电视屏幕前，人们都不由自主地为此发出了欢呼与惊叹。

不过，对于一次世界上最大规模的调水调沙原型人工试验来说，这一刻，不管怎么激动亢奋，都只能是一个普通的起点。就在“人造洪峰”向着东方奔涌而去的时候，根据总指挥部的统一部署，900公里河段上的几百个测验断面与水文观测点，很快投入紧张的调度、观测……

7月5日12时，“人造洪峰”以2950立方米每秒的最大流量抵达花园口水文站，洪峰超高设定值13.5%，波澜不惊，继往东行；

6日凌晨，黄河下游最险要的工程——兰考东坝头以坚固的堤防“拒绝”了来势不善的“客人”，洪峰在此转一大弯后向北冲去；

当日，小浪底库区突现“异重流”，预计下泄“超标”的沙量，极易导致下游河道严重淤积，总指挥部及时决定调整水沙比量，试验正常运行；

8日上午，调水调沙大流量水头进入山东，鄄城县苏泗庄水文站水位高达60.04米，距历史最高水位仅有0.34米，局部河段水位表现异常；

9日，“人造洪峰”到达艾山水文站，在这从“大肚子”变为“窄肠子”的卡口之处，调水调沙试验顶住了又一场新的考验；

10日上午，试验水头安全通过黄河最后一个“瞭望哨”——利津水文站，距此约140公里的目标极地已经遥遥在望；

11日凌晨2时，汹涌的“人造洪峰”顺利进入浩瀚渤海，1880立方米每秒的入海流量，使黄河河口重现久违的澎湃身姿；

15日9时，伴随小浪底水库停止大流量放水，飞腾多日的“黄龙”渐渐隐去。11天内，该水库平均下泄流量2740立方米每秒，下泄总水量26.1亿立方米。21日，从小浪底水库奔涌东流的试验水量全部归于大海。至此，这场大规模调水调沙试验的过程宣告结束……

事后有人作过这样一种有趣的虚拟计算：如果将每秒钟从小浪底水库单孔闸门中激射出的洪峰水量比作一条“龙”，那么在11天调水调沙试验期间，总共有300多万条“玉龙”在黄河上腾空而起。“横空出世，莽昆仑，阅尽人间春色。飞起玉龙三百万，搅得周天寒彻……”(毛泽东《念奴娇·昆仑》)一种在伟人笔下寄寓的壮景，如今，在黄河上突兀展现。

的确，整个试验规模之巨大，洪流演绎之壮美，都不啻是一部雄沉激昂的交响曲。

被称为黄河防汛“排头兵”的水文工作者，在极度紧张与焦心中度过了试验的前前后后。多日后，黄河水利委员会水文局副局长张红月熬红的双眼还一直未退，他说：“本次试验，任务强度之大，难度之高，超过了一次实战大洪水。所幸的是，近年来水文测验预报的现代化水平有了很大的提高……我永远忘不了那些充满挑战的日日夜夜。”伴随“人造洪峰”的演进，负责全线水情预报与水沙测验的1000多名水文将士，共进行470多次流量及输沙率测验，9000多个沙样的取样、处理与分析。在“后试验”阶段，完成了400多个淤积断面、4500公里长度的地形测量工作。

谈到试验伊始那次“意外遭遇”，作为“参谋部”的负责人，黄河水利委员会防汛办公室主任张金良依然余惊未消：“7月4日试验开始当天，黄河中游普降暴雨，龙门水文站出现4600立方米每秒的洪峰，最大含沙量达790千克每立方米，小北干流局部河段发生‘揭河底’现象，高含沙量洪水顺河而下，直奔小浪底水库。当时我们面临的形势十分紧急。一是不能靠三门峡水库拦沙，否则将造成三门峡淤积；二是不能淤积在小浪底水库尾部，不然将有损该库库容；三是不能让这部分泥沙冲往下游，因为一旦下游洪水含沙量高于20千克每立方米，将意味着这场调水调沙试验的失败……最后，经反复研究，提出了‘异重流方案’，就是通过反复调控三门峡水库闸门，让水流把泥沙推送到小浪底水库坝前而又不至于出库。就这样，最后达到了调度的预定目标。”

然而，河道冲沙减淤效果究竟如何？会不会冲河南，淤山东？几十亿立方米黄河水，是用来灌溉几百万亩耕地，开采几千万吨石油，还是冲刷几千万吨泥沙？不仅试验过程隐伏着许多悬念和疑问，而且有关方面对这次试验本身也存在着不同认识。

“学院派”专家一向惯于以理性思维分析问题。清华大学水利系教授张仁说：“有一利必有一弊，‘人造洪峰’也是有代价的。”他从3个方面提出了思辨：第一，为了一次调水调沙，小浪底水库泄水26亿立方米，在黄河水资源极为缺乏的现状下，经济上是否合算，值得掂量；第二，“人造洪峰”大冲大淤，不仅给游荡型河道整治造成困难，也会给沿线带来防洪安全问题；第三，为了制造洪峰蓄水拦沙，可能连粗沙细沙一块拦在小浪底水库里，将使水库的设计寿命受到影响。

同为该校水利系教授的吴保生博士，则对山东河段能否冲刷表示了谨慎态度。他说，艾山河段落水时比涨水时水位还上升了些，可能淤积有所加大，最终是淤是冲，尚需进一步的测验资料来验证。

对此，黄河水利委员会的专家则表示了另一种预测。试验期间，山东黄河河务局总工程师杜玉海分析认为：由于试验之前运用多种模型手段对水沙配置作了精心测算，从目前观测的情况看，不会出现“冲河南，淤山东”的现象。

黄委勘测规划设计院副总工程师洪尚池说得更为明了：“人为调节水沙平衡，减少河道淤积，这是用大自然的力量处理泥沙的一个重要手段。治理黄河没有现成的经验可以照搬，必须从黄河自身寻找答案……”

如果只是就事论事对此作出回答，也许可以成就出色的经济学家，却很难说能够产生出卓越的治河思想家。看来，这个持有争议的命题，也只有让黄河自己来评判了。

2003年9月第二次黄河调水调沙试验期间作者在小浪底水利枢纽拦河大坝处

而评判需要数据。

于是,全方位的测验查勘从水上、地面、空中同时展开,一组组试验参数被输入现代信息技术构建的“数字黄河”通道,一场场洪水被“克隆”于浓缩600倍的“模型黄河”试验厅……3个月后,在520多万组海量数据的支撑下,黄河首次调水调沙试验的“谜底”终于浮出水面。

结果表明:试验期间,黄河下游共冲刷泥沙3620万吨,加上小浪底出库泥沙,总计入海泥沙达6640万吨。除夹河滩至高村河段有所淤积外,其余河段均表现为冲刷,没有出现人们担心的“冲河南,淤山东”的现象,河道状况整体上有了明显改善。同时,原有实体模型、数学模型和河道整治工程的效用也得以检验。

事前,黄河水利委员会曾为这一大型调水调沙试验立下三大目标:一、寻找下游泥沙不淤积的临界流量和临界时间;二、让河床泥沙尽可能冲刷入海;三、通过验证演算,深化黄河水沙规律的认识,掌握小浪底水库的科学运行方式。

如今,这三大目标已盘存入账。

对于这次试验,许多著名水利专家给予了高度评价,试验结束之后,中国科学院、中国工程院资深院士张光斗在致李国英的一封信中写道:

“这次调水调沙试验,获得原型黄河的冲淤资料,是很宝贵的,能与数学模型分析和模型试验成果验证,很有意义。实践是第一性,要找出那些与计算和模型试验结果不同的问题。”

同时,专家们也提出了许多意见和建议。还是在这封信中,张光斗指出:“上下游都冲刷,夹河滩至高村河段淤积,有何办法使这河段不淤积?河南段冲刷量少于山东段,原因何在?还有河口改善,是否河道延长了?……小浪底调水调沙的目的是冲刷水库淤积,加大下游河道冲刷,调水调沙的情况与这次试验大不相同。这次试验的结论和建议是否适用于年平均来沙量13亿吨的调水调沙情况,数学模型分析和模型试验的规律是否与年来沙量13亿吨的调水调沙有所不同？……总之，要尽量延长小浪底水库防洪减淤寿命，力争超过20年。小浪底水库的主要任务是防洪减淤，兼顾发电和供水，在不影响防洪减淤的情况下，可照顾用水要求。”

的确，任何一种效益的背后都有成本。

“一夜之间，俺村变成一片汪洋，道路被冲毁，村庄被围困……”叙说起村里试验期间遭受的灾情，黄河北岸濮阳县杜寨村党支部书记杜同喜话未说完便哽咽起来。在南岸，东明县高村71岁的梁道方老人也道出了同样的忧虑：“新中国成立后，大堤加高了几次，现在不怕决口了，就怕淹地。”

从有关媒体的报道中，人们还得知：试验过程中，濮阳全县共有5个乡镇洪水漫滩，17.8万亩庄稼被淹，140多个村庄被大水围困，12.5万人受灾。更为令人惊异的是，由于历史长期形成的原因，像杜同喜、梁道方这样居住在大堤内的群众，全下游多达179万人！这种独特复杂的人文河相关系，在世界所有河流中，绝无仅有。

作为黄河首席河官与本次试验的总指挥，李国英心弦紧系，寝食难安。一年多来，他从预筹方案到组织实施，从部署勘测到成果分析，从悉心盘点水账，到应对情况突变，精心链接着这场超大型试验的每一个环节。如今，面对试验的诸多启示和老一辈水利专家的谆谆告诫，他与其说是试验如释重负，倒不如说更感到了黄河问题的复杂和肩上责任的沉重。

他说：“本次试验前无古人，是一次人与自然和谐相处的开拓性探索。这决定了试验充满悬念，但它蕴藏着很高的科技含量，也将是由传统治黄走向现代治黄、被动治黄走向主动治黄的里程碑。千万年来，黄河养育了中华民族，哺育了中华民族的成长。然而，随着经济的发展，灌溉面积逐渐扩大，用水量越来越多，河道的输沙用水已被挤之一空。致使下游断流频繁，主河槽淤积严重，河道萎缩加剧，河口生态遭到很大破坏。可以说，母亲河的乳汁已被喝干了，还要再喝她的血。河流是有生命的，母亲河更需要生命。这次调水调沙原型试验的主要目的之一，就是为了把河道中沉积的泥沙冲到海里去，使河槽不再继续淤积，增大其行洪能力，以维持母亲河的生命。这难道不是一个具有十分重大意义的问题吗？”

在李国英看来，虽然这场调水调沙试验已经落下帷幕，尽管今后的道路依然会荆棘丛生，也难免险滩遍布，但治河人对于黄河泥沙的挑战无疑仍将继续。

譬如，近十几年来，黄河年均天然径流量仅为420多亿立方米，目前生产、生活、生态等消耗水量已达400亿立方米。而据测算，目前若靠调水调沙把每年进入下游的泥沙全部输送入海，至少也需要200多亿立方米水量。基于这种“无米之炊”的尴尬局面，如何预筹对策？

又如，因上中游来水持续减少，下游主河槽淤积加剧，“二级悬河”情势已成“切腹之患”。原来洪水流量为5000立方米每秒漫滩的河道，现今2000立方米每秒流量便漫滩外溢。一些“复式悬河”的严重地段，河槽已经高出滩地4米多。一旦发生重大河势变化，将严重威胁黄河大堤安全。对此，应怎样采取有效治理措施，遏制它的发展趋势？

再如，小浪底水库是黄河防洪的一张“王牌”，也是调水调沙的“主机”，本次调水调沙试验只是在多重组合方案中初试牛刀。下一步应怎样优化这座水库的运行方式，使之担当起冲减下游河道淤积的重要使命？它与三门峡以及将来还要建设的其他水库又当怎样进行联袂行动，上演出你唱我随、上下呼应的“群英会”？

……

面对这一连串复杂棘手的难题，李国英和他领导的黄河水利委员会，提出了“三条黄河”建设的新理念。这就是：由研究“原型黄河”找出基本需求，以“数字黄河”模拟分析若干方案，用“模型黄河”进行反演优化，继而回到“原型黄河”实践运用，调整完善。旨在通过这一相互关联、互为作用、具有现代化水平的系统工程，致力推动黄河的治理开发与管理，最终实现黄河长治久安。

在这一基本思路的链接下，黄河近期治理开发规划、“数字黄河”工程规划、“模型黄河”工程规划相继获得批复或编制完成。下游标准化堤防建设正在加快实施，黄土高原淤地坝建设已经启动，小浪底至花园口区间暴雨洪水预报系统、黄河水量调度管理系统等先后投入应用。由疏浚河槽、淤填堤河及淤堵串沟组合而成的下游“二级悬河”治理试验工程，为降低潼关高程而采取的三门峡库区裁弯取直工程，为探索中游泥沙处理而筹划的小北干流河段放淤工程……一项项治河计划都在紧张行动。

是的，以观念战胜观念，用“三条黄河”治理一条黄河。人们从中依稀望见了这条万里巨川日渐清晰的前方之路……

（原载于2003年7月1日《黄河报》）

# 散记·诗歌

SANJI·SHIGE

# 黄河应从控制转向良治

## ——访著名中国国情研究专家胡鞍钢教授

1月31日上午，黄河水利委员会数百人的国际会议厅内，座无虚席，岑寂安静。一位身材颀长、神采激扬的中年学者正在作关于“中国宏观经济与水治理问题”的专场报告。新颖的观点，透彻的阐述，不时引起在场听众的阵阵掌声。他，就是应黄委邀请前来讲学的著名中国国情研究专家胡鞍钢教授。

胡先生在黄委讲学考察期间，我访问了他。

今年49岁的胡鞍钢教授，出生于我国钢铁工业基地之一的辽宁省鞍钢市。他早期研习工学，在中国科学院自动化研究所获博士学位，1991年于美国耶鲁大学进行博士后研究，当年被中国国家教委、国务院学位委员会授予“有突出贡献的博士学者”。1993年至2000年先后在美国、香港和日本多所学府作访问学者和客座研究员。现任中国科学院、清华大学国情研究中心主任、清华大学公共管理学院博士生导师。他多次应国家有关部委邀请参与制定国家长远规划，其研究成果为中央决策提供了重要参考。1995年以来，相继著有《中国下一步》、《中国挑战腐败》、《中国国家能力报告》、《中国地区差距报告》、《中国失业问题与就业战略》、《中国发展前景》等34部著作。在中国国情分析和经济发展研究领域，形成了自己特有的系统理论和学术观点，是一位在国内外享有盛誉的中国国情研究专家。

“黄河是一条具有独特内涵的伟大河流，在治理国家的位置上占有很重的分量。我这次到黄河上来,主要是增加感性认识,是来学习的。"谈起黄河,胡教授谦虚地打开了话题。

进入2000年以后,面对中国水资源问题的日益突出,胡鞍钢教授利用经济学方法,对转型期我国水权、水市场和水管理这一新的课题,进行了深入探讨。特别是在关于黄河治理问题上,他明确提出"要从以'控制'为核心的传统治理模式,转向以'良治'为目标的现代治理模式。"这一新的流域治理理念,更引起了人们的注目。

近年来,黄河的热点莫过于水资源紧缺、河道断流频繁了,我就此问题请他谈谈看法。胡教授认为:20世纪90年代愈演愈烈的黄河断流,只是一个表面现象,其根本原因是上游来水的显著减少与

2001年1月作者和胡鞍钢教授在黄河花园口

黄河水资源配置不当。它表现有三个方面:一是黄河水资源总量控制难以有效落实;二是流域各地用水效率低下,地区之间用水效益很不平衡;三是流域水资源分配与管理矛盾日趋激烈。而在这背后,更深层次的问题,则是黄河流域现行管理体制的失效,或者说是指令性配水模式的失败。在这种主要靠行政手段、高度集权分配资源的模式运作下,用户处于被动接受地位,既无参与权又无表决权,实际上是一种典型的计划经济模式。而在新的社会主义市场经济条件下,对利益主体的约束性已经很差,既不能有效分配稀缺资源,也不能长久维系相关利益集团的矛盾协调。

“那么,实行流域水资源统一管理与调度,是否能从根本上解决这一问题呢?”我紧追不舍进而问道。

“我们已经注意到,近两年黄河水量实行统一调度后,下游断流现象已经大为缓解,这说明统一管理是有效的。但也必须看到,过分倚重统一管理的思路具有很大的局限性。这种局限至少有五个方面。”说话间,胡教授屈指一一细数道,“第一,政府运作有其自身的缺陷和脆弱性。政府自上而下的运作系统,可认为是一个代理系统,但委托人和代理人之间的利益并不完全一致。上级要想实现预定的目标必须付出高昂的成本,这就决定了流域效益最大化难以实现;第二,转轨分权过程中,地方和中央的目标函数存在很大差异,地方水行政主管部门代表的地方利益,和流域机构代表的流域整体利益的冲突,也势必加大代理成本;第三,行政区域水管理体制由来已久,使流域统一管理的反方向制度变革,推进十分困难;第四,我国流域统一管理缺乏有力的法律保障,即使现在立法,保障机制仍很脆弱;第五,仅仅依赖国家所有制的资源管理体制,是不完整的,它有实践中的有效性,但从效益成本的角度而论,国内外尚无成功先例。”

说到这里,也许是胡先生已猜出我要问的下一个问题,他接着给我开出了一个黄河流域水问题的治理“良方”。

这是他最近带领博士生研究出来的最新成果。其中,他指出问题的三个关键,即转变政府职能,重新界定政府与市场的关系,使政府从越位到归位,从缺位到补位;实现所有利益相关者的平等参与,权利相度从自上而下到互动合作;解决好信息和知识问题,打破信息封闭与扭曲,降低委托—代理成本。据此,他提出了一个包括10个方面的综合框架:①流域治理应从单一的工程治理走向包括经济治理、社会治理和生态治理的综合治理;②转变流域治理模式的关键是水公共机构的改革;③水公共机构要政企分开,政社分开,从主要兴建运营工程转向为公共服务;④提高水公共部门的质量,建立有效政府和对市场友好的政府,改革传统的公共水利投资机制;⑤对现行流域管理机构设置作出重大调整,在黄河水利委员会设立由沿黄省区平等参与的全流域水资源协调委员会,形成民主协商机制;⑥流域治理从控制走向合作,逐步实现真正意义上的广泛参与;⑦改革流域管理决策机制,提高政策制定过程中的开放度;⑧更多地引入市场机制,综合利用水权和水市场,优化水资源配置;⑨实行强制性信息披露制度,信息透明公开运作;⑩大力推进流域用水结构调整,建设节水型城市和节水型社会。

这次讲学期间,胡鞍钢教授还与黄委领导进行了座谈,并采用问卷形式,就“你认为50年来黄河治理开发最值得总结的经验和教训是什么”、“黄河断流带来的最大影响是生态问题、水资源问题还是民族感情问题”等尖锐问题,对参与座谈的人员进行调查。

说起同李国英主任关于黄河问题的深入交谈,这位著名中国国情研究专家深有感触。他说:黄河流域几乎凝聚了中国所有的水事矛盾,是中国水问题的缩影。面对世界上一条最为难治的河流,无论是其复杂性还是综合性,都堪称世界级难题。因此必然要依靠复杂的、混合的制度安排。既需要计划,又需要市场;水权有必要明晰,某种程度上又不得不模糊;既需要地方民主参与,又必须有中央权威拍板;流域整体上既需要集权统一管理,在基层又需要分权和自治管理。因此可以说，管理黄河是一门很高深的学问，是一门很了不起的平衡艺术，是整个国民经济和社会生活中一项十分重要的工作、艰巨的任务。多年来，黄河水利委员会为此做了大量卓有成效的工作，有不少都很具有开拓性、独创性和代表性。这是很值得称道的。下一步通过建设水市场，解决水价过低问题，协调好各个方面之间的关系等的探索和实践，有望找到中国水体制改革的突破口，加速推动我国流域治理开发与管理的进行。

“黄河的问题太值得研究了，可以说，我们这次来不虚此行。”

几个小时的采访结束了。最后，胡鞍钢教授将他刚刚完成的一份著作文稿《转型期中国水资源配置机制研究》赠我参阅。

这时，我看到他的助手从包里取出了携带的注射药物，原来胡教授身患糖尿病，随时需要用胰岛素进行控制。两天来的讲学和考察，他都是带病坚持的。我深深为胡教授这种心系国事、奋斗不止的强烈事业心和科学研究精神所感佩，所敬仰。

（原载于2002年2月6日《黄河报》）

# 追思先贤励后生

## ——回忆在王化云身边工作的日子

公元2002年1月7日，河南郑州黄河水利委员会大院内，人民治黄事业的开拓者——王化云的铜像在这里肃然揭幕。我凝望着苍松翠柏衬映中形神兼备的先贤塑像，回忆起当年在王化云身边工作的四度春秋，一种深深的景仰与思念，重又涌上心头。

### 一、初到《人民治黄四十年》编写组

关于对黄河的最初认知，我已很难记起始于何时。只记得还是在上小学时，曾在一本读物里看过一篇题为《毛主席视察黄河记》的文章。作者对领袖的敬重情感、根治黄河的强烈事业心以及文中那朴实流畅的文风，在我幼小心灵里打下了很深的烙印。及至十几年后我大学毕业来到黄河水利委员会工作，才知道原来该文的作者就是这个流域机构的创始人，并且我还听说了几十年间有关他领导治黄事业不断开拓前进的一些波澜壮阔的往事。于是，这更助长了我对这位一代治河宗师的神往。

两个多月后，也就是1982年的9月18日，我和同事们到黄河水利委员会大礼堂聆听传达党的十二大会议精神的报告，报告人正是参加盛会归来的王化云。会场上，座无虚席，人情昂奋。我远远向主席台上望去，只见他精神饱满，不时挥动手势，胸怀激情、深入浅出的讲话，深深地感染着每个听众。特别是那天他讲话中阐述的"正确处理黄河问题的十大关系"，富含哲理，观点新颖，给我留下

了难以磨灭的印象。

也巧，两年后的盛夏，时已退居二线、担任黄河水利委员会顾问的王化云，经过缜密思考，决定在自己人生的最后驿站，写一本反映人民治黄40年经验的著作。为此，中共黄河水利委员会党委（后来改称为党组）决定成立一个专门写作班子——《人民治黄四十年》编写组，由王化云亲任组长。在老、中、青相结合的其他三位成员中，老成持重、笔力深厚的仝琳琅同志负责编写组日常工作；专业知识全面的任德存同志，正值富年韶华；而另一青年人选，要求选一位学水利专业、有一定文笔基础的大学毕业生。我当时正在《黄河报》任编辑、记者，于是有缘入选，从此开始了在王化云领导下著书立说的工作。

那是一个阳光灿烂的日子，我怀着惴惴不安的心情来向新工作报到，同时也是参加王化云主持召开的第一次编写组会议。

这里原是黄河水利委员会的一个会议室，单层建筑，宽畅明亮，靠里边的向阳处，有一张褪了色的黄色办公桌，配有一把藤椅，四周摆着一排旧沙发，看上去十分简朴。这就是王化云办公的地方。办公室进门处放着几张办公桌，我们的一场"写作战事"就将在这里正式拉开序幕。

这是我第一次走近王化云。此前凭着对其身份的主观想象，我曾臆测：他会不会是那种仪容威严、令人望而生畏的领导风格呢？一见面，方感到这竟是一位如此平和、慈祥的长者。听了仝琳琅同志介绍我的情况之后，他话语亲切，以对年轻人特有的关怀，勉励我奋发向上，努力进取。

接着，王化云开始谈编写这本书的重要意义、酝酿过程及其初步框架。三个月前，他在北戴河期间便无意疗养，反复思考著书之事，心里已有一个基本设想。此时一经打开话题的"闸门"，敏捷的思路，丰富的经历，就如同这条大河随时便能在充满智慧的大脑中流动一样。

2002年1月作者在王化云铜像前

王化云强调指出:“从人民治黄开始提出‘确保临黄，固守金堤,不准决口’,到新中国成立后采取的宽河固堤、蓄水拦沙、上拦下排等治黄方略,反映了整个人民治黄思想的发展过程。其中一部分实践过了,一部分还没有实践。我们写这本书,要通过总结当代和古代的经验教训,体现‘人民治黄为人民’的思想,提出今后的治黄方策。该书要客观全面反映人民治黄斗争史,但不是史料;要体现科技在治黄中的发展历程,但不是纯科技性专著。我们说,长江是灰色的河,黄河是黄色的河,长江推移质多,黄河悬移质多。要认识黄河的特点,研究黄河的治理方法。因此,这里要有自己的思想、观点,写出融治黄战略思想与治黄实践为一体的特点。一是要以精取胜,不求多,求有用;二是要通俗易懂,使黄河职工和关心黄河的人们一看就明白；三是书中各个章节根据内容可长可短，不求一律。整个思想体系，要紧密相连，前后呼应。体例上，采用第一人称，夹叙夹议，文字要流畅，写得就像‘且听下回分解’那样引人入胜。同时，还要安排几个科研项目来进一步深化我们的治黄观点。譬如，下游淤滩刷槽的作用与采取什么方式？河口治理怎样才能最有利于排沙？小北干流与下游温孟滩、长垣东平滩河道整治的排沙作用如何？水土保持怎样才能取得最佳减沙效益？如何优化水库拦粗排细的运用方式？等等。

“当然，也不能回避缺点和失误，不能把人写成高、大、全，神机妙算。譬如，战争年代治黄一开始，我们提出‘少花钱，少决口’的目标，就欠妥；三门峡出现问题，还有炸掉位山坝，都有考虑不周的地方……关于写作的具体安排，先研究确定大纲，制定计划，进行分工，而后搜集资料，着手编写，力争用二至三年时间完成。”

最后，王化云用充满信任的目光望着我们，意味深长地说：“在写作中，大家都要解放思想，不要带框框。我的思想也要解放。总之，要忠于历史，从实际出发，写出一部人民治黄的经验总结，提出值得后人借鉴的治黄指导思想。”

这天，77岁的王化云一连讲了两个多小时。听着他提起黄河如数家珍的谈话，我们都陷入了沉思。特别是对于我来说，更是觉得既兴奋又有压力。是的，作为刚刚步入黄河之门的青年人，能够有缘直接就教一位权威的治黄老前辈，这是一件多么令人感到荣幸的事情啊！但同时，突然面对一项如此重要而艰巨的任务，一下子接触到这么多前所未闻的新鲜事儿，心里又总不免觉得沉甸甸的。

……

此后，王化云数十次主持编写会，给我们讲述几十年间的风雨沧桑。其间既有治黄成就与经验的总结分析，也有对成败得失的深刻反思；有告勉后人的叮嘱，也有对未来黄河的展望……这些，都在无形中向这本黄河专著里汇聚。四载同室办公，时时耳提面命，他那志存高远的战略思想、奋斗不止的坚韧毅力和严谨求实的治学精神，极大地激发了我们奋笔耕耘的工作热情。

再后来，一部鸿篇巨著的写作任务完成，出版面世，这就是后来定名为《我的治河实践》（王化云著）一书。这部著作，不仅是王化云为后人留下的一份宝贵遗产，而且被公认为是代表黄河水利委员会治黄观点的专著。记得任务完成后，当时我们都如释重负，深深地松了一口气。王化云的心情也格外高兴，不久，他从外地发给我们一封信，写道："我仔细阅读了一遍全书，认为能够把我们40年的治河经验，系统、全面地表达出来，符合我们写这本书的目的。我祝贺在同志们的共同努力下，完成这一工程。"

## 二、悉心研读王化云的"打油诗"

几年间，我在完成王化云专著《我的治河实践》的写作任务、感受这位治黄老人壮志千里的一腔心怀的同时，还看到他在各个时期内用心吟咏的一些诗作。这些诗，或寄托作者的思想情感，或反映治黄的重大史事，内容深刻，清新可读，别有情致，当属王化云人生的另一种精华。

从时序上分，王化云的诗作以50年代居多，这主要是由当时黄河治理开发进入一个崭新的历史阶段所决定的。根治河患的强烈愿望，治黄高潮的蓬勃兴起，现场考察的切身感受，使这位首席河官深觉责任重大，也唤起了他早年修炼于身的文学潜质。

从形式上看，王化云的诗作均为古体五言和七言。诚然，如果严格讲究平仄对仗，其诗作并不算严谨。也许正是如此，王化云从来不为之加"律"、"绝"之类的冠名，甚至还常以"打油诗"相称。这从另一侧面，也反映了他为人处事谦和求实的风范。

这里，我们先读一下1954年春王化云参加第一期治黄工程坝址比选座谈会之后写下的一首长诗："异地讨论会，吟诗寄征人。地质乃弱点，愧我无经验。为防千年水，修库救燃急。淹多效益小，诸君不满意。提出新要求，重新再设计。防洪要彻底，灌溉须满足。发电应兼顾,泥沙拦库里。长期能使用,如此才经济。回头一算账,库容几百亿。迁人花钱多,目前办不起。就此不前进,依旧修补堤。如来千年水,怎么能抵御?万一一改道,谁能担得起!复至回头路,莫若修小之。如此小再大,循环而已矣。吾辈步后尘,其理必然的。”

其时,他在参加国家编制第一部全面治理开发黄河的流域规划中,主要分工负责组织编写技经报告。而当时苏联方面的意见对中国水电建设的决策影响很大,特别是在否定邙山、肯定三门峡方案的问题上,苏方专家简直是就有决断权。对此,王化云深有感触,这首诗即反映了他当时的复杂心怀。

作为一位治黄主要领导人,王化云十分注重深入实际调查研究,这时候,每当激动起来,他也常常即景吟句,直抒胸臆。1955年7月,他作为全国人大代表参加了第一届全国人民代表大会第二次会议,这次盛会通过了《关于根治黄河水害和开发黄河水利的综合规划的决议》,使他备受鼓舞。会议一结束,王化云即奔赴黄土高原晋西、陕北地区进行水土保持考察。途中,他深为一些典型经验所感怀。当时他的几首写实诗,可谓这类诗风的代表之作。

两个僧人四座山,柴草不生窑被淹。
大雨毁田小雨旱,糠菜不饱度日难。
深山人们庆解放,参加合作闹生产。
社会改变思想变,抛却僧衣换新衫。
辛勤劳动十八年,大泉穷山变富山。
治水方法靠蓄水,挖坑堵沟培埂田。
水土不失免干旱,树木禾稼绿遍山。
转害为利真妙策,群众智慧胜自然。

——记高进才、张凤林改造大泉山

王化云在这首诗中记述的大泉山,是50年代晋西北地区阳高县一个水土流失综合治理的典型。张凤林、高进才原是两位僧人,后还俗务农，在二人辛勤劳作下，昔日的荒山秃岭如今林果葱茏，山坡沟道里，农田一片生机盎然。这一治理经验，曾给予王化云深刻的启示。

此行考察中，其他几个各有特色的不同典型，在王化云诗中，也都得到了形象直观的反映。

沟中崎岖行路难，登上坝首疑平原。
仰望群峁皆低首，回首长沟如深渊。
坝地肥润苗茁壮，峁坡苦旱苗不完。
老翁摘桃迎远客，合作社员忙秋翻。
社长方话生产事，老翁忆旧诉辛酸。
此坝原来属地主，年年丰收粮积山。
光绪三年大荒旱，三十九家断炊烟。
地主凶狠甚狼虎，有钱买借一粒难。
前门坚闭恶奴守，众怒奔登山窑颠。
山高院深皆束手，一人跳下死阶前。
官吏一气冤难诉，土地改革晴了天。
大坝屹立二百年，封建势力化灰烦。

——访贾家塬坝堰沟

孟秋来访浑河源，四周土山夹小川。
远眺封山草木绿，新修梯田芋如拳。
埂顶牛蒿待收割，堰边插杨已茁然。
谷坊拦泥诚有效，排水小渠护农田。
男女社员忙三秋，儿童结伴放牧还。

——《访荞麦川》

县县都有南北山，两山夹着东西川。
川旁沟壑数不尽，峁梁断续连天边。

峭壁山羊觅短草，陡坡牛驴正耕田。
溪水潺潺流不息，峁顶苦旱禾枯干。
最怕夏季大雹雨，陡坡泥浆滚下山。
难怪河名“黄糊涂”，上冲下淤灾频繁。
查清祸源是对策，蓄水保土胜自然。
——《咏黄土丘陵沟壑区》

不过，客观地说，王化云也有着与常人一般的悲欢愁情。特别是在日常生活中，有关个人的一些情愫苦衷，既不便向人倾吐，更不能将其带入工作，于是寄意笔墨，也许就是最好的方式。

50年代初期，他一次外出治病归来，就有过这样的感受。当时，他的夫人亦患病出外治疗，幼儿寄居邻里。家里，庭院寂寥，家猫悲鸣，不禁顿生几分凄楚之感。一首《沪杭归来》真实记录了王化云惆怅而又感激的多重心绪：

“老妻卧病在北京，幼儿寄居孟家中。庭院冷落三槐树，猫儿秃尾自悲鸣。自身染疾不知晓，沪杭归来体又轻。幸感同志多关照，车站迎候显挚诚。”

再如，1983年5月他75岁时题写的《自嘲》：“今年比去年，顿觉不一般。阅读觉目倦，听讲入耳难。笔筷不伏手，路途举步难。谁说人不老？夕照有青山。”此间，作者感发的大致也是一种思接古今、回眸人生的思想感情。

当然，在王化云的诸多诗篇中，最强烈的还是与治黄重大事件息息相关的激越旋律。尤其是到了晚年，他生命不息依然为治黄事业奋斗不止，那顽强拼搏、忘我奉献的精神，常令后人感佩至极，泪湿衣襟。

1984年4月11日，当王化云获悉位于黄河上游的龙羊峡大坝即将建成的消息后，他不禁喜从怀生，当即仿宋代文学家朱熹的诗韵以记之，正可谓：“万里黄河一线开，挟沙入海不复回。借问河治时几许,为有源头清水来。”

1985年6月,为推动南水北调西线工程深入研究,年已 78岁高龄的王化云率队亲往黄河源,后因身体不适,改赴黄河上中游别处考察。尽管王化云本人未能抵达终点,但毫无疑问,以78岁老人之身,立志造访高寒缺氧的黄河源,并促成考察队最终实施成功,绝不啻是一次惊世骇俗之壮举。是时,他有一首记载此行的《西征纪实》,奔放腾越,晚霞高映,深为人们所称道:

三线不偷闲,“七八”访河源。借来长江水,建设半边天。屠柳皆鼓励,会师两湖间。心雄力不足,高山不可攀。医院坚叮嘱,不能过三千。青壮继西征,分兵日月山。我等向东望,回访青甘陕。龙李峡谷走,上游好能源。水丰泥沙少,库大调不难。拜访省地县,参观水保点。走马看千花,胜读书十年。来去逾一月,实践胜空谈。座谈治黄策,获益实非浅。感谢诸领导,马董送西安。

这次西行,王化云先后考察了青海、甘肃境内黄河干流上的龙羊峡、李家峡、拉西瓦、刘家峡等水库和陇东地区的水土保持工作。在南小河沟水土保持试验场,当年栽种的树苗,时已长成参天大树,他望着山上山下满目葱绿,不顾长途跋涉劳累,即兴吟诗曰:

“七八“老人忆旧游①,满目荒凉一山沟。

三十年来众努力,山上山下披锦绣②。

女娲补天我造地③,何日推广到九州④。

三中全会增活力⑤,火炬引导出幽谷。

一往无前奋勇进,小康目标要追求⑥。

事后,他还给这首诗作了自注,现一并载录于此。注①:1957年我就曾到此考察。②:山上山下遍布各种树木和菜园。③:此处“我”指水保站职工。造地是说改变了荒沟的面貌。④:希望能加强水保科技推广。⑤:水土保持取得的显著成绩应归功于党的三中全会的正确政策。⑥:今后应注意水土保持与当地经济效益的结合,使水土流失沟壑变为富裕之沟。

读王化云的诗作，既可透视这位治黄先贤昂扬奋发的宏大理想，又能感受其源于生活实践的现实主义风格，同时，对于研究人民治黄的发展史绩，也多有参鉴作用。许久以来，我每每读及，总能从中受益良多。

## 三、关于几篇代笔文稿

在王化云身边工作的日子里，他带给我的影响是多方面的。其间，为其代笔各种文稿时感受的直接教诲，记忆尤为深刻。

记得第一次为王化云代笔，是1986年冬撰写的《回忆黄河归故谈判》一文。当时全国各地正值编史修志高潮，为了记述20世纪40年代中期，围绕黄河归故问题，中国共产党领导的解放区一面同国

2002年1月在王化云铜像揭幕仪式上，作者与王化云的三个儿子王振伦（左2）、王振岳（左1）、王和平（右1）合影

民党政府展开针锋相对的谈判斗争，一面发动沿河群众和治河员工，抢修下游故道堤防，在极其艰苦的环境中保证黄河安澜的重大斗争，山东省冀鲁豫党史办公室决定编纂一部《黄河归故谈判》，特约请当年首任冀鲁豫黄河水利委员会主任的王化云为该书撰写一篇重要文章，反映黄河上的那场重大历史事件。

人民治理黄河事业开创时期，是黄河上编史修志的一个重点。当时经过几年研究，黄河水利委员会已编出一些初步成果，如《河南黄河志》、《山东黄河志长编》（初稿）等，《黄河史志资料》杂志也出版三年，其中反映这方面的内容刊载不少。

接到这个任务后，我首先请王化云讲了当时这段历史的详细经过，同时，广泛参阅现有文章和黄河档案馆的大量原始档案资料。经过一番准备，很快拿出了初稿。正在这时，黄河志总编室主任徐福龄、副主任王质彬两位老专家审阅此稿后，指出两个疑点：一、王化云作为首席代表赴开封谈判，同行者应是赵明甫和管大同，而非杨公素，这有当时王化云和赵明甫在开封联名写给解放区领导的信件为证。二、关于王化云赴东明谈判，王化云本人记的为刘邓大军渡黄河之前，而根据刚从南京第二历史档案馆复制的国民党政府留下的原始记录记载，应是在大军渡河之后的7月7日。

根据两位老同志的意见，我按新的历史档案资料进行修改后，转交正在外地的王老审定，并附上我的一封信。没想到，时隔两天，王化云即作了回复。他在信中写到："全亮同志，稿件看过，很好。所提修改意见我同意。不过，杨公素参加谈判之事确是事实，他是我方唯一的英语翻译，没有他，我们又不能用国民党的翻译，如何同联合国救济总署的外国人对话？我认为是记录上把杨公素漏掉了。另外，文中有个别错字，如'转嫁与人'误为'转假与人'等，我已改过，请再看一遍。"

这时，年迈的王化云写起字来手已明显有些颤抖。但从中，我却强烈感受到一位老治黄功臣对历史负责、对工作认真的严谨态度。随后根据王老的记忆和历史档案记载，我作了综合修改，《回忆黄河归故谈判》最后定了稿。这篇文章发表后，对于总结人民治黄初创阶段的历史经验，发挥了很好的作用，后来曾被多家史志刊物引用。

第二次代笔，是为黄河流域“九兄弟” 联手创作的《黄河》一书写序。

这是1987年的初春。一年前，为了系统宣传母亲河的古今变迁，歌颂大河两岸的豪放风光，反映新中国的黄河治理开发成就，黄河流域九家省级广播电台商定联合制作一套大型文艺联播节目《黄河》，特请王化云担任顾问。该节目播出历时长达一年多，从黄河流域的万千景观，浩如烟海的文化典籍，到饱经沧桑的黄河一改千年旧颜，取得岁岁安澜、除害兴利的伟大业绩，进行了多方面、全方位的反映。播出之后，在社会上轰动很大。后来九省（区）广播电台决定把这套节目结集出版，由王化云作序。于是，代写此序的任务也交给了我。

我在起草中，首先从古往今来黄河的重要地位，肯定了这套大型节目对于激发人们热爱黄河、热爱祖国的重要意义。继而重点概述了新中国成立后黄河治理开发的巨大成就：“上拦下排，两岸分滞”防洪工程体系的初步形成，黄土高原治山治水、增产拦沙的显著效益，上游峡谷颗颗耀眼“明珠”的能源之光，江河携手的宏伟蓝图……当时，王化云在一些讲话中，曾提出开展“黄河学”的倡议，即从水利、历史、地理、人文、文学、艺术等学科的角度，用研究边缘学科的方法，考察黄河的古今变迁，分析黄河的发展趋向。因此，我在序稿里还特别强调了他的这一提议，希望社会各界从不同的角度关心黄河、研究黄河，有更多门类的反映黄河的作品问世。

王老对这个代拟稿比较满意，他在审定时，仅在一处添了“反映了社会主义的优越性”一句，便批示：“同意”并签署了名字。

由于对王化云的一生研究较为广泛，直到他逝世后，一些文字任务，有关方面也往往委托我来完成。

1993年9月，王化云已逝世一年多，一天，全国政协副主席钱正英同志批转来一封信件，内有王老的一篇题为《说黄河》的手稿和初步整理稿，要求黄委进行校阅核定。这是王老1989年在病床写下的最后一篇文稿，当时他已病卧床榻，行动不便，文稿是用颤颤巍巍的手迹坚持完成的。接过这篇遗作手稿，我从那长达十余页、熟悉而又显得有些模糊的字里行间，强烈感受到了一位治河老人生命不息、奋斗不止的黄河情结，自己的心灵也受到了很大触动。我很快进行了校核，对原整理稿中的一些漏误之处作了订正处理，正式打印后，以原黄河水利委员会主任袁隆同志的名义给钱正英副主席复信呈示。几天后，钱副主席批示道："由你们核定即可发表。"后来这篇文章刊登在《黄河报》。

1996年，中国共产党领导下的人民治理黄河事业50周年纪念活动期间，王化云的几位老战友，原中共中央顾问委员会常委、北京市委第一书记段君毅，原山东省省长赵健民，原上海市委副书记韩哲一，原北京市副市长王笑一，一起商定要在《人民日报》发表一篇怀念王化云的纪念文章。早在1946年人民治黄初创时期，他们和王化云就共同度过了不平凡的战斗岁月，结下了深情厚谊。新中国成立后，他们在不同的领导岗位上，对王化云和他从事的治黄事业，又给予过热情关注和多方面的支持。因此,王化云去世后，写一篇回忆他的文章，一直是几位老同志的共同心愿。

后来他们通过组织安排委托我来执笔，为此还专门在中共北京市委会议室召开了一个座谈会。座谈中，几位老领导深情回忆了它们与王化云一起参加国共黄河谈判斗争、组织指挥防洪抢险的往事，对王化云坚定的政治立场、高度的事业心、一生献身治黄事业的精神，作了高度评价，称誉王化云是"人民治黄事业的功臣"，指示我一定要把这篇回忆文章写好。起草过程中，他们和中共北京市委的有关负责同志或当面给予指导，或以书信形式提出修改意见。经过几个月的反复修改，一篇6000余字的文章最终定稿，经段君毅同志审签后发给人民日报社社长邵华泽同志，刊登在该报1996年12月20日回忆录专版。

## 四、我写《一代河官王化云》

在王化云身边工作的几年间，通过系统聆听往事的回顾，反复研阅有关历史文献，奔赴各地座谈调研，在研究王化云治河思想、感受其风雨人生的过程中，随着生活素材的不断积累，一个“立体的王化云形象”渐渐呈现在我的面前。

出生于20世纪初期的王化云，演绎着一条既与时代同步但又别具特色的生涯轨迹。

早年岁月，他出身一个优裕家庭，从一位初具叛逆性格的“捣乱”学生，到悉心攻读法律、立志治国救民的北大学子和中学校长，又从一位穿梭“绿林”、收编土匪的国军少校，到投身抗日救国、历经战火洗礼的共产党员，政治上逐步成熟，人生道路的取向趋于定型。

人到中年，王化云临危受命担任中共首席河官，在解放战争中开创人民治黄事业。为了保护解放区人民生命财产的安全，发动沿河群众和治河员工，抢修下游故道堤防，在极其艰苦的环境中，完成了黄河回归故道后不决口的艰巨任务。新中国成立后，他长期担任黄河水利委员会主任，为了寻求根治黄河的道路，他多次组织大规模全流域查勘，广泛搜集地形、地质、水文、气象、植被、水土流失和社会经济等方面的资料。同时自己率先垂范，走遍大河上下，深入调查研究，注重向专家学习，向实践学习，研究总结古今治黄经验，先后提出了“除害兴利、综合利用”，“宽河固堤”，“蓄水拦沙”，“上拦下排”，“调水调沙”等治黄方略。1958年提出“不分洪”方案，夺取防洪全面胜利。60年代三门峡水库出现严重淤积，在深刻反思中调整完善治黄思想。逐步成为一位卓有建树的著名治黄专家。

桑榆晚秋，王化云依然矢志不渝地追求防御黄河大洪水方策，积极主张兴建小浪底工程。为了推动工程尽快上马，他多方奔走呼吁，实地考察研究，组织科技攻关，反复优化方案，直到晚年生命垂危，依然对此魂萦梦绕。心倾调水调沙体系，谋求黄河长治久安。王化云的奋斗一生，充满了波澜起伏的传奇色彩，渗透着他热爱祖国、追求理想、献身黄河的一腔赤子之情……

因此，写一部反映王化云生平传记的念头，遂在我心中隐约萌生。

1987年之后，王化云移居北京，不久因心脏病发作并患脑血栓，虽经全力抢救，但半边肢体却由此瘫痪，从此久卧床榻。1988年春，我和时已升任黄河水利委员会副主任的仝琳琅同志赴京探望王化云，只见他形体愈加消瘦，转侧、进食、言语都极为不便。见了我们，他伤心地落下了眼泪。我们一边帮其翻身缓解褥疮之痛，一边强忍泪水祝愿王老康复。谁知，这次床前相见，竟然成了我与这位治黄先贤的最后诀别。

1992年2月18日，王化云在京与世长辞。噩耗传来，我同大河上下的黄河职工一样，哀思绵绵，悲伤至极。当时我正在河南省孟津县人民政府挂职，负责该县小浪底工程移民等方面的工作。而这里已被世界银行确认为整个库区的移民试点，正值紧张实施新村建设的“三通一平”、移民实物复核等任务。因而，未能抽身前往京城参加王化云遗体告别仪式，这使我常常引以为疚。

结束挂职回归黄委工作之后，我旧念复萌，决计将王化云立传之事尽快付诸实施。书名就定为《一代河官王化云》。

然而，一旦动笔，才觉得写好一部传记竟是如此不易！王化云长达80多年的人生历程，与他所处的不同时代息息相关，色彩斑斓而又布满坎坷。该传记，既要真实反映其成长过程和事业成就，又要着力刻画他的情感变化与精神世界，还要交代历史对其影响与作用；既要全面记述他的成功美点，又要确当表达他的局限与不足。尤其是晚年的一些历史事件,许多当事人都还健在,观点的评述,人物的评价,更需审慎从事。

这使我常常感到力不从心。从酝酿构思、消化原料、推敲史实,到走访座谈、夜半笔耕，我牺牲许多休息时间,度过了无数不眠之夜……其间,我曾几欲掩卷辍笔,过一把潇洒生活,但是王化云那种坚韧不拔、一往无前的精神又总是在时时鼓舞着我:战胜艰难险阻,继续跋涉行进。许多治黄老前辈也及时给予我热切的鼓励和鞭策,并不时忆起一些新的史料素材,供以充实书稿……这些,深深浸透着人们对于王化云这位治理黄河先贤的敬重之情，同时也无不为我坚持写完这本传记,增添了新的动力。

长篇传记《一代河官王化云》终于驶达“终点站”。其中的部分章节,以《青年王化云》和《一代河官王化云》为题在《黄河报》上进行连载，累计历时长达一年多，引起了读者的广泛关注和强烈反响。再后,1997年12月,黄河水利出版社正式出版该书。段君毅、赵健民、韩哲一、王笑一几位老领导欣然联名为该书作序。

至此，承载着一位后来者对已故著名治黄专家王化云之敬意的一份夙愿,终然得偿。

(原载于2002年1月9日《黄河报》)

# 几度风雨，几度春秋

## ——我与《黄河报》的廿载情缘

时光荏苒，岁月如歌。转眼之间，《黄河报》走过了20年的风雨历程，当年的稚芽幼苗已成长为一株参天大树。作为她的创刊者之一和忠实朋友，回首与之相濡以沫的深情交往，那一幕幕浮云流水的往事，顿时又展现在眼前……

### 一、激情燃烧的岁月

1982年7月我大学毕业来到黄河水利委员会从事治黄宣传工作，次年即赶上孕育《黄河报》的创刊。当时，筹办一张传播大河信息的报纸，既是治黄事业的迫切要求和全河职工的共同愿望，也强烈地撩拨着我等几位年轻人的心。在宣传处老同志的率领下，我们踌躇满志，激情似火，很快投入了《黄河报》试刊的筹备工作。

然而，一旦起步，我们才深深感到了"万事开头难"的现实内涵：编报业务很不熟悉，作者队伍尚未建立，摄影器材空空如也，印刷设备更是白纸一张……也就是说，所有的条件几乎都是从零开始。面对接踵而来的"拦路虎"，赵保合处长、岳代成副处长等宣传处领导深恐挫伤了我们几位创刊者的热情，多次组织学习讨论，统一认识，树立信心，并尽可能创造条件，克服眼前的困难，指导大家努力走出这关键的第一步。其实，任何事情都是这样，不管障碍再多、困难再大，只要你积极主动地去认真应对，就可能走出困境，获得成功。缺乏办报经验，走出去取经借鉴；作者来稿不足，实施记者自己采写带动战略；新闻图片匮乏，充分挖掘现有资源以应急需；没有印刷条件，先“跑版”在其他报社印刷……就这样，创刊思路很快理清了，我们的信心也愈加坚定起来。

1983年11月23 日，在黄委领导高度重视和各方面的共同努力下，《黄河报》试刊号面世了！尽管版面和文章都还飘散着稚嫩的气息，但她却寄寓着一条大河的深切期望，透射着一代人的创新思维。那一刻，我宛如看到一座连接全河上下治黄信息的桥梁横空出世，仿佛觉得一条维系黄河职工生息情感的纽带飘然降生，不禁心潮澎湃，豪情满怀。

当时《黄河报》编辑部的人手很紧，领导让我负责二版（治河业务版）和四版（副刊）两个版面的编辑工作。由于我大学学的是水利工程专业，对于文科特别是新闻业务，深觉根基浅薄。为了弥补这种知识结构的先天不足，组织上先后批准我参加了徐铸成教授主讲的“新闻艺术讲座”短期培训和《人民日报》新闻业务函授学习，使我在工作之余及时补上了新闻基础这一课。尤为感激的是叶其扬、王质彬、邓修身、林观海等几位老同志，对我们年轻人的帮助，几乎是手把手地倾囊传教。在他们身上，完全没有传统艺人那种“怕夺了自己饭碗”的保守思想，而是唯恐我们学得慢、视野窄，影响编报业务开展和年轻人自身的成长。在他们身上，那种高度责任感、事业心和无私提携后人的宽宏胸怀，给我留下了十分深刻的记忆。

那确是一段激情燃烧的岁月。组稿，采写，划版，通宵达旦，彻夜不眠，几乎成了我们的家常便饭。尽管办报条件较差，工作也很劳累，但是由于新老同志相互协作，亲密无间，因此深觉其乐融融。记得当时报纸版样划好之后，要到十几公里外的郑州晚报社去印刷。从送稿、校对到对红，每期都要跑三四个来回，有时天晚了赶不上公共汽车，就步行返回。一路上，沐浴着商城暮色，调侃着逸情趣事，憧憬着美好未来，我们欢歌笑语，思绪飞扬……

后来，我因另有任务离开了黄河报社，但对这张报纸一直情缘如初，关注非常。

二、黄河胜却天河水

2004年8月23日，在我文学创作的道路上，是一个特殊的日子。这一天，中国作家协会书记处正式批准我为中国作家协会会员。然而，此时此刻，我想到首先应该致谢的一位良师益友，那就是《黄河报》。是她，为我新闻采访实践奠定了宝贵的基石；是她，为我文学创作之路提供了得天独厚的“试验田”；是她，在我写作遇到困难的时候为我增添了无穷的推动力。

每个人值得记忆的“第一次”，都是不可多得的。而20年来，黄河报却帮助我实现了许多“第一次”。

《黄河报》试刊第一期，发表了我的两首新体诗《当她……》和《第一行脚印》，前者抒发了对黄河治理开发成就的最初理解，后者表达了对《黄河报》这棵幼苗的深情祝福。还是在这期试刊号上，我的第一篇专访《大河泼墨写春秋——访著名画家周韶华》，也得以面世，由于“处女作”积累的经验，使我对这类体裁的掌握信心顿增，此后接连采写了《到民族摇篮里探索——访著名电影艺术家达奇》、《黄河何必要改道——访著名黄河专家王化云》等专访文章。当然，还远不止这些。通讯、特写、散文、科学小品、文学评论、报告文学……当我每一种新闻与文学体裁的文章起步前行的时候，又有哪一次不是黄河报的承载传播之功呢？尤其难忘的是，在长篇人物传记《一代河官王化云》的创作过程中，《黄河报》给我注入的源源动力。这是我的第一部长篇文学著作。书中的主人公，是中共领导的人民治理黄河事业的开拓者，黄河水利委员会第一任主任。这位深受人们敬仰的老领导，其人生历程色彩斑斓而又布满坎坷。传记既要真实准确反映其成长过程、事业成就，又要着力刻画他的情感世界；既要全面记述他的成功美点，又要确当交代在特定历史条件下他的局限与不足。特别是许多当事人都还健在，其中的观点评述，尺度把握，更是难度很大。为此，我多有顾虑，踌躇不定，几曾掩卷辍笔。正在这时，《黄河报》再次向我伸出援助之手，先后用长达一年半的时间专门开辟版面，对这部长篇传记进行了连载。从而，既为该书正式出版前"投石问路"、征求读者反响争取了空间，同时，由于连续刊登的要求，也为未完书稿的加速完成，增添了跋涉前进的后续动力。

随着文学创作实践的不断延伸，后来不少报刊约稿，要我写一些反映黄河的文章。而我却似乎已形成一种情有独钟的思维定式，不写便罢，如有感而发首先想到的是供稿给《黄河报》。虽然她发行范围并不算广，稿酬也较微薄，但我认为，既然笔者是一名黄河人，写的题材是黄河，面对的是与自己贴得很近的黄河职工，因此我有责任、有义务把黄河治理开发与管理的最新成就与深刻感受，在第一机会传播于斯，与大家共同分享和交流。

正是这种思想的驱使，近年，我创作的《江河携手前奏曲——西线南水北调考察纪实》、《美利坚掠影》、《中国新大陆传奇——写在黄河首次断流30年之际》、《直言疾书亦爱河——追忆黄万里先生》、《敢问路在何方——为黄河首次调水调沙一周年而作》、《天生一条黄河》等著文，都是率先在《黄河报》上刊载的，而她也伴随我一起度过了艰苦跋涉的文学成长之路。

"不必长漂玉洞花，曲中偏爱浪淘沙。黄河却胜天河水，万里索纡入汉家。"唐代诗人司空图的这首诗，借来表达我对《黄河报》的钟爱之情，应是很为恰当的。

三、路漫漫其修远兮

星转斗移，寒来暑往。

20年来，《黄河报》从四开小报到对开大报，由周报到每周三期，走过了一条不寻常的艰苦创业之路。作为黄委的喉舌，她始终坚持正确舆论导向，唱响主旋律，打好主动仗，不断提升办报水平，逐步成长为一张在水利系统和黄河流域很具影响力的报纸，有力地推动了治黄工作的发展。

特别是近年来，"维持黄河健康生命"治河新体系的创立，"三条黄河"建设迅速推进，黄河调水调沙试验取得圆满成功，黄河首届国际论坛引起国际社会强烈共鸣，小北干流放淤试验首战告捷，黄河水量实施统一调度连年不断流……黄河治理开发与管理在现代化建设道路上，不断开拓前进，成就显著。面对十分繁重的宣传任务，《黄河报》正确把握黄河治理开发与管理的指导方针，紧紧围绕治黄中心工作，充分发挥委属主流媒体的优势，以强大的舆论声势，准确及时地传播重大治黄信息，宣传治河新理念，探索治河新观点，报道科技发展新动态，展现黄河人的时代风采，为新时期治黄工作做出了新的突出贡献，为此，多次得到委主要领导同志的高度评价和重要批示。在一系列重大新闻事件的宣传过程中，《黄河报》的记者们和通讯员们为确证在第一时间采访报道出黄河最新动态，常常昼夜兼程，千里奔波，不畏艰险，赶赴万家寨水库、三门峡枢纽、小浪底大坝和下游河道抢险现场；后方编校人员则夜以继日，呕心沥血，精心构制富有视觉冲击力的版面组合……每当看到《黄河报》的这些新发展和新成绩，我便由衷地感到欣慰，并深为他们那吃苦耐劳的奉献精神而感佩不已。

展望未来，治黄事业任重而道远。以"维持黄河健康生命"治河新体系为标志，黄河治理开发与管理已经进入了一个新的历史发展时期。面对这种深刻的变化，《黄河报》肩负的宣传任务将更加繁重。同时，随着国家各项改革的持续深化，诸如新闻管理体制、媒体运行机制以及正确处理行业性与社会性的关系等，也使其面临许多新的重大课题。值此《黄河报》创刊20年之际，衷心祝愿她深深植根于丰厚的黄河沃土，继往开来，历精图志，突出特点，博采众长，更好地为新时期的黄河治理开发与管理鼓与呼。

4年前，《黄河报》创刊1000期之时，我曾填词一首表示祝贺，今步韵赋新，载录于此，藉以与之共勉：

《水龙吟·贺黄河报创刊20年》

瞬间廿辰已至，良师益友添新岁。几度寒暑，笔耕夜半，红颜渐退。今成正果，春染枝头，更生妩媚。追春风万里，寻她去处，争先阅，纸已贵。

颙望前途无穷，怎容人就此沉醉？大河生命，与人共存，百端争锐。展我歌喉，激浊扬清，双肩欲坠。奔极目山顶，快鞭催马，把盏相会。

（原载于2004年12月9日《黄河报》）

# 世界著名坝工大师萨凡奇的黄河梦

自从20世纪初中国沉重地进入世界之门以后，许多外国人对黄河都曾有过神往之梦。其中，美国著名坝工大师萨凡奇博士的“黄河梦”,可谓“一枕黄粱”的超短之梦。

萨凡奇(JohnLucianSovage),于1879年圣诞之夜降生于美国威斯康星州克斯维尔附近的一个农民家庭。19岁考入威斯康星大学工程系水工专业，四年后学成毕业只身来到美国中部的大城市丹佛,在美国内务部垦务局就职。凭着他广博的学识、杰出的才干和不知疲倦的工作精神,得到同行的赞佩和上司的赏识,担任设计总工程师职务。特别是他在20世纪30年代提出并设计在美国西部哥伦比亚河上建造的当时世界上最大的大古力水坝，令界内人士刮目相看。之后,他相继又设计了60多座水工大坝,成为誉满全球的著名坝工专家和学术权威。

作为一个幅员辽阔、水力资源极为丰富的东方大国,中国对于萨凡奇有着强烈的吸引力。而一场旷日持久的反法西斯战争的行将结束，给这位世界著名水工专家来华带来了天赐良机。1944年秋,应中国国民政府资源委员会的正式聘请,美国垦务局高坝总设计师萨凡奇首次来华。接着,在中国筹备战后建设的形势下,他于1945年3月和1946年春来到中国。从大渡河到岷江,从重庆到宜昌,对长江上游的水资源和三峡工程进行了全面的实地考察、测量与调查。他在那份题为《扬子江三峡计划初步报告》的著名考察报告中,提出在南津关至石牌之间修建坝高为225米的三峡工程,总装机容量1056万千瓦,将兼有防洪、航运、灌溉的功能。这一综合利用方案,被视为当时水利工程的一大创举。一时间,在中国掀起了一阵“萨凡奇旋风”。

就在萨凡奇饶有兴致地反复勘察长江三峡的同时，中国的另一条著名的万里巨川也在感召着这位世界坝工巨子。

1946年4月27日,中国政府行政院院长宋子文致函美国马里森克努生公司总工程师杜德先生，要求代为组织一个由美国有关方面专家组成的黄河治理开发顾问团，来华就黄河流域的多目标开发进行深入研究。这年7月,该顾问团在美国科罗拉多州的丹佛市成立。顾问团中,除67岁的萨凡奇之外,美国工程师团总工程师(中将军衔)雷巴德,美国铝业公司水力总工程师(中校军衔)葛罗同,秘书欧索司等其他成员亦名列其中，并由先期已来华担任国民政府全国水力发电工程处总工程师的柯登作为该顾问团的顾问。经过一番准备,萨凡奇、雷巴德一行于当年12月启程来到黄河岸边。

此时,黄河花园口堵口工程正在加快施工,国共两党围绕黄河回归故道的谈判斗争,亦正紧张进行。正像萨凡奇钟情于长江三峡水力资源的浓厚热望一样，顾问团成员们也深为能参与研究这项宏伟的黄河治理开发计划,而倍感欣幸。萨凡奇等人一到黄河,便立即投入了工作。他们首先考察了蒙受8年洪水灾害的黄泛区,接着自1938年以前下游河道的河口溯流而上,或空中视察,或实地查勘,沿途考察了悬河故道,八里胡同、三门峡、龙门坝址,鄂尔多斯高原,宁夏引黄灌区,黄土高原水土保持,陕西关中灌溉工程等,一直行至青海的黄河源山区。根据考察的结果,他们在编制的《黄河规划初步报告》、《开发黄河流域基本工作纲要及预算》中,对华北平原防御黄河洪灾应开展的河道治理,灌溉、水力发电、航运开发工程,以及当年日本人拟定的综合开发黄河计划评价等,均作了较为详尽的论述,并就测绘黄河流域地形图、坝址地质勘探、水文实测标准和气象观测站的建立、增设水土流失防止试验站等,提出了具体建议。

历经连年烽火硝烟,人们对和平建设翘首以盼。美国顾问团的到来,预示着一种战后重建的图景与希望,此举令中国水利电力专家们深受鼓舞,遂给予了通力配合。

在首府南京,中央气象局、经济研究所、中央地质研究所、中央水力试验处、全国水力发电处等十几家权威机构组成了工作班子,水利专家、时任国民政府公共工程委员会主任兼南京市市长的沈怡专负其责,谭葆泰、张瑞瑾、谢家泽、方宗岱、叶永毅、严恺等60多位中国水利精英,通宵达旦,日夜兼程,翻译资料,绘图测算,为美国顾问团的黄河之行,做着充分的前期准备。

在古都开封,由张含英、刘德润先后领衔率领的黄河治本研究团,也在紧张地查勘于大河两岸。张伯声、李赋都等年富力强的水利专家,穿行龙羊峡谷,查勘龙门、壶口及兰州上下各主要坝址,奔走宁绥引黄灌区。满怀希望,辛勤劳作,追赶着被战争耽误的时间。

在这场黄河治理开发研究行动中,三门峡筑坝计划再度成为人们关注的焦点。

事实上,早在10年前,应聘来华受任国民政府黄河水利委员会测绘组主任的美国人安立森,就曾在一份《用拦洪水库控制黄河洪水的可能性》的报告中提出过修建三门峡拦洪水库的建议。日军侵华期间的东亚研究所第二调查(黄河)委员会研究编写的黄河治理开发综合性梯级方案中,更提出了三门峡水电站的完整开发方案。

然而,萨凡奇等美国专家此次提出的《黄河规划初步报告》中,却对三门峡建坝表示了迥然不同的观点。他们认为:"从防洪、发电、蓄水、泥沙等问题综合考虑,三门峡坝址并不理想,防洪以及发电计划实施之结果,将淹没大片农田。三门峡水库无法防止泥沙之淤积,水库寿命将甚短。建议改移至其下游百余公里处干流上的八里胡同修建。对八里胡同一带最有可能选作坝址的三处地点,应作详细地质实测,分别设计作出估价,每一方案做出多种坝型设计,制造若干适当比例尺的水工模型，对高坝及排沙设备和互相配合下水库的所有性能进行试验，以便从中作出选择。”

应该说，萨凡奇等人的黄河考察，还是具有一定成效的。他们建议的八里胡同坝址就位于小浪底上游20多公里处，50年后小浪底工程的修建，从某种程度上验证了当时美国顾问团的这种观点。特别是，萨凡奇对于黄河泥沙问题还明确表示了谨慎的估计。他说：“黄土高原的水土保持即使采用良好的治理措施，亦非数百年不可，因此修建黄河干流水库应当排沙而不是拦沙。”这一认识，即使用今天的眼光审视，也不啻为一种真知灼见。

但是接下来的事情，却给这场跨国黄河热望浇了一盆无情的冷水。是时，一场国内战争的风云正在骤集，国民党政府当局已无心致力于民生实业。1947年2月的一天，蒋介石在总统府接见了美国顾问团成员。谈话间，萨凡奇等专家们从黄河地理形势，到工程建议方案，滔滔不绝，表示了十分浓厚的兴趣。但作为中国政府的最高领导人，蒋介石却无论是对新提出的“八里胡同方案”，还是对持异议的“三门峡筑坝计划”，都看不出太多的关切。陪同在座的中国水利界精英们敏感地默察于心，隆冬季节裹含着辛酸的泪水与悲伤的叹息……

不久，萨凡奇、雷巴德一行即打点行装离华回国。临行时他们还动情地表示“希望在不久的将来，能再来中国”。

但历史没再给他们机会。随着扑朔迷离的国际形势和他们“黄河计划”的胎死腹中，这些美国专家们终然成为大河岸边的匆匆过客，萨凡奇的黄河梦也因之破灭。

1963年，84岁高龄的萨凡奇会见一位中国专家时还深情地谈起他当年的中国之行：“你们中国有许多聪明人，不会把巨大的财富长期搁着不用。只是对于我，已是一个失落的美好而痛苦的梦境了。”

后来，萨凡奇患了老年痴呆症，一副曾独领世界坝工之风骚的大脑,从此失去了才思飞扬的风韵。1967年,他带着无穷的痴迷与遗憾,溘然长逝。

(原载于2003年3月29日《黄河报》)

# 斯德哥尔摩日记

2004年8月13日　晴

上午10时，我们参加第十四届国际水研讨会的黄河代表团离开北京，开始了瑞典首都斯德哥尔摩之行。

迄今为止，创办于1991年的斯德哥尔摩国际水研讨会已经举行了14届。创办这一国际会议的主旨，在于为世界各国的水资源专家和决策者提供一个交流平台，共同寻求对水资源进行有效、长期和可持续管理的方法。

本次国际会议，水利部派出由部水资源司、农水司和黄委、长江委、海委、珠委、松辽委、太湖局、中国水科院、南京水科院等单位共19人组成的中国水利代表团。近年来，中国黄河的治理开发与管理相继推出了一系列新理念、新措施，引起了国际同仁的密切关注。为了进一步增进国际水利界对黄河调水调沙、"三条黄河"建设等重大科学实践的了解，及时跟踪当今世界水问题及其治理的发展方向，黄委决定在水利部代表团中专门组成黄河代表团前往出席这次盛会，并设立黄河分会场。这是继2003年成功举办黄河首次国际论坛之后，实施"让黄河走向世界，让世界了解黄河"战略构想的又一重要举措。

黄河代表团由朱庆平、尚宏琦、孙凤、薛云鹏、岳德军和我6人组成，朱庆平副总工程师担任团长。会议期间，我们将通过举办黄河专题会议，开展一系列宣传活动，并就有关国际合作项目与有关方面进行广泛交流与洽谈。此前,我们进行了认真准备,从制订方案、制作宣传资料,到注册联系、编写主题报告以及筹谋技术交流等,做了大量前期工作。

对于此行,黄委领导十分重视。筹备期间,李国英主任多次听取汇报,就此次的宣传主题、实施效果提出了明确要求。临行之前,他又特别嘱咐:你们就是黄河的使者,要通过此次活动,让国际水利界更多地了解黄河,引起对黄河问题的关注,参与黄河的治理与研究。

领导的厚望和重托,使我们感到肩上沉甸甸的。

8月14日　雨后初晴

当地时间8月13日21时,刚刚抵达斯德哥尔摩驻地,全体代表团成员即不顾旅途劳顿和时差反应,召开了预备会议,对此后几天有关会场布置、主题报告、业务洽谈、宣传资料等进行了全面安排和详细分工。

朱总强调说,我们代表团要努力克服异国他乡开展工作的不便,集中精力开好会议,积极参加其他分会场的学术活动,以开放的姿态欢迎国际同行参与黄河的治理与研究。我们也都表示,要以全新的理念、丰富的实践、良好的效果、宽宏的举止,展现黄河人的风采。

8月15日　晴

上午9时,位于斯德哥尔摩市中心的国际会议中心406会议室座无虚席,第十四届国际水研讨会黄河专题会议正式拉开帷幕。

来自联合国环境计划组织、世界水议会、国际水资源研究所、亚洲开发银行、荷兰德尔福特水力学研究所、英国减灾研究中心、美国国家能源部、埃及国家研究中心以及德国、瑞典、印度、孟加拉国、加纳等20多个国家和国际组织的65位专家、官员踊跃注册,参加了本次黄河专题会议，英国《新科学家》杂志也专门派员前来采访。十余位代表刚下飞机即赶到会场，因会议室爆满只好以“站票”列席聆听。

此次黄河专题会议分为两个部分，中心议题是黄河治理的新理念及其实践，先后由国际水资源研究所所长弗朗克，荷兰德尔福特水力学研究所原所长冯·贝克，黄河水利委员会尚宏琦教授主持。

朱庆平教授在题为“黄河调水调沙试验”的发言中，概要地介绍了黄河调水调沙试验的产生背景、必要性，连续三年试验的主要过程及显著效果。重点阐述了通过不同条件下的调水调沙试验，在

出席第十四届斯德哥尔摩国际水研讨会的黄河代表团成员合影，右1为作者

寻求临界流量、实施大空间尺度水沙精确对接、有效改善水库淤积形态和成功塑造人工异重流等方面的关键成果与科技含量，揭示了调水调沙试验在探索解决多泥沙河流泥沙淤积问题上的深刻认识和重要启示，把人类历史上这一最新的重大科学硕果推向了国际舞台。

尚宏琦教授所作的“维持黄河健康生命”发言，系统介绍了黄河水利委员会确立的新时期治河新理念的基本思路与“1493”总体构架，并通过对维持河流健康生命与流域一体化管理等治水战略模式的比较，揭示了将“维持黄河健康生命”作为黄河治理终极目标的客观要求和重要战略意义。其发言图文并茂，直观生动，博得了与会代表的热情的掌声。

我的主题发言是“建设三条黄河，实现黄河长治久安”，主要介绍了“原型黄河”、“数字黄河”与“模型黄河”的基本内涵、总体结构和建设进程，论述了“三条黄河”工程在防汛减灾、水量调度、水质监控、水土流失治理与监测、水利工程运行与管理等方面三位一体、实现整体联动的应用实践，展示了黄河治理开发与管理现代化的广阔前景。

孙凤副译审在“黄河水资源统一管理与水量调度系统”的主题发言中，从黄河水资源现状及下游断流带来的一系列问题入手，介绍了黄河水量调度系统的基本功能、主要特点和近年来实施水量调度监控所取得的成就，描述了下一步黄河水资源管理的发展方向。

黄河专题会上，国际水资源研究所的戴维·莫顿教授、项目主管乔治·帕米拉女士、项目专题负责人弗兰西斯·N·G先生，分别就“挑战计划”项目黄河专题的实施、管理及其成果进行了介绍。长期从事流域一体化管理研究的荷兰德尔福特水力学研究所冯·贝克教授，也展示了近年来自己对黄河水资源管理的最新研究成果。

发言结束后，各国专家意犹未尽，纷纷对制定黄河法、南水北调工程、调水调沙关键技术、节水效率、黄河分水方案与水量调度等所关注的问题进行提问和讨论，交流气氛十分热烈，整个专题会议一直持续到午后13时。

中国驻瑞典大使馆一等秘书王建族处长代表使馆出席了黄河专题会议，对会议的成功举行表示祝贺。大使馆同志的到来，使我们倍感亲切。

8月16日　晴

上午10时，第14届国际水研讨会暨世界水周在斯德哥尔摩市国际会议中心的半圆拱形会议大厅隆重举行。

这次大会的主题是，以有效的流域管理，为粮食与城市安全提供支持。来自亚洲、欧洲、美洲、非洲、大洋洲97个国家和地区及有关国际组织与社会团体的1300余名代表参加了会议。我们中国水利代表团的21位成员，由黄委副总工朱庆平率团出席了会议。

大会在具有北欧风情的轻歌曼舞中拉开帷幕，瑞典国际水研究院院长安德森·本特尔先生致欢迎词。瑞典王国开发合作部部长亚廷女士发表了热情洋溢的讲话，她指出：水是一切生命的基础，当前全球范围内面临着严重的水危机，世界各国都在努力探索解决这一重大问题的有效途径和目标，瑞典王国真诚期望各国持续关注水问题，积极开展新的合作，一起维护人类共有的家园。

南非国际水联盟主席恩斯·戴维女士，联合国安居组织卡居那尔·梯海卡博士，本届国际水奖获得者、丹麦大学教授斯温·约更森和美国俄亥俄大学教授维尔姆·米斯奇先后作了主题为“水和贫困”、“非洲水危机”、“湖泊模拟”、“湿地保护与恢复”的报告。

8月16日　晴

连日来，我们充分利用参加第十四届国际水研讨会的机会，积极同有关国家和国际组织进行技术合作洽谈，取得了一些明显成

2004年8月作者在第十四届斯德哥尔摩国际水研讨会主会场

效。

这天下午,我们一行来到瑞典王国国际发展署,与该署负责国际合作事务的官员希娜依达夫人进行了亲切会谈。

对于黄河代表团的到来,希娜依达夫人十分热情。近年来,瑞典王国每年都拿出占本国GDP1%的资金约190亿美元,对亚洲、中东、东欧等地区的发展中国家在消除贫困人口、改善水环境等方面予以项目合作与资金扶持,并派出150多人在世界各地专门设立办事机构。中国也以软贷款等方式,与瑞方多次进行过此类项目合作。就在最近几天,希娜依达的丈夫还在中国对黄河水利委员会亚洲开发银行工程项目进行咨询,因此她对黄河的情况多有所闻。

交谈中,希娜依达对中国政府在黄河治理开发与管理上取得的显著成就给予了高度赞赏，并详细介绍了瑞典国际发展署的管理职能与组织机构网络。她说，该署最近将公布一个关于自然资源与水环境的战略投资计划，出台相应的战略政策，征集一批新的资助项目。本次国际水研讨会期间，他们将专门设立“卫生与水”和“居民供水与工业污水排放”两个分会场，通过展示水问题的挑战，请会议代表就改革投资与水价等问题展开讨论，寻求解决水危机的可能性，以推动环境与社会经济的可持续发展。为此，她希望黄河代表团积极了解项目内容与有关政策，力争申请合作成功。

最后希娜依达夫人深情地表示：有机会，她一定去亲眼看看“Yellow River”这条伟大的河流。

**8月17日　晴**

上午，斯德哥尔摩国际会议中心508室。伴随着“Yes”、“Ok”和阵阵爽朗笑声，朱庆平团长率领我们与荷兰朋友在友好气氛中进行着技术商谈。

曾任荷兰德尔福特水力学研究所所长的冯·贝克教授，是黄河水利委员会的一位老朋友。近年在黄河下游河道二维数学模型、高含沙河流水流运动规律研究等亚行项目实施过程中，他与黄河水利委员会有过非常成功的合作，并与不少黄河科学家结下了深厚情谊。几年来，黄委在“数字黄河”工程建设方面的显著成就和科学水平，深深吸引着这位资深专家，因此得知这次第十四届国际水研讨会上黄委将设立分会场，冯·贝克教授专程飞来参加，并约请荷兰国际咨询公司总裁凡·普拉格先生一同前往，与黄河代表团共商再度合作问题。

对高新技术的孜孜追求，彼此之间的信任与理解，跨越了国界。通过深入交谈，双方一致认为，面对全球范围内严重的水问题，中荷水利科学家应该在“数字化发展+流域一体化”建设方面做出应有的贡献。据此，黄河代表团与荷兰国际咨询公司初步达成意向:运用新的IT和通信技术,共同打造下一代"流域一体化管理系统",使之上升为一种具有世界标准水平的新名牌,为维持河流健康生命提供技术支持。双方一致同意,将这一合作意向提交将于当年9月初召开的中荷合作联合指导委员会审议。

**8月18日　阴转小雨**

"Bye,bye! we will meet at Yellow River in September!"上午11时30分,经过两个多小时的"黄河牵手挑战计划会谈",我们与"挑战计划"负责人乔纳森·乌利先生的手紧紧地握在了一起。

"挑战计划"是一个国际农业咨询联盟研究中心组织协调,由世界银行贷款和有关国家政府赠款赞助的大型国际合作项目。其研究主题为:在环境可持续、社会可接受原则下,有效提高农业和生活用水的利用效益。为此,该组织在世界范围内选定中国黄河、埃及尼罗河、巴西弗兰斯克河、伊朗卡和河、南非里姆泊泊河、印度甘基河等6个流域为研究对象。实施中,将实行独立审查制度,通过公开申请、专家评估、严格审查等程序,优化遴选合作项目,今年10月将征集新一轮项目建议书。

近年来,"挑战计划"组织通过与黄河水利委员会的密切接触,越来越感到,黄河作为一条非常独特的河流,从河源到河口,从农业节水、生态环境,到流域水资源综合管理,都具有重要的示范意义。因此,这次国际水研讨会期间,乔纳森·乌利先生担负的一个重要任务,就是与黄河代表团商谈下一步如何优化项目问题。

热烈的讨论,亲切的会谈,把这项科技合作进一步推向了深入。为了推动黄河流域的"挑战计划"立项工作,双方商定,"挑战计划"组织将选派5名专家于今年9月到黄河考察咨询,细化研究课题,举办编写项目建议书培训班,以提高项目入选成功率。

会谈中,乔纳森·乌利先生还表示:"挑战计划"组织已确定参加黄河水利委员会明年举办的第二届黄河国际论坛,并设立专题分会场。同时在论坛期间,召开全球“挑战计划”管理会议,让世界各大流域的领导人都来感受黄河的神韵与风采。

8月19日上午 晴

为了让黄河融入“水世界”,今天,我们一行与世界水理事会理事长葛诺索夫先生、高级顾问保罗·豪夫维亨先生,就有关黄河国际论坛与世界水论坛的相互参与问题进行了深入会谈。

世界水理事会是一个由各国政府水行政主管部门参加的高层次国际组织,总部设在法国巴黎。迄今为止,由其主办的世界水论坛已经举办了三届,每届参加会议者多达8000余人。2003年在日本东京召开的第三届世界水论坛会议上,中国水利部部长汪恕诚率团出席会议并发表重要讲话,引起了各国代表团的广泛共鸣。

会谈中,两位世界水理事会官员对黄河水利委员会2003年成功举办黄河国际论坛和这次组团参加国际水研讨会并设立分会场,给予了高度评价。他们认为,这是黄河水利委员会也是中国的流域机构首次以代表团的名义走进国际水舞台,通过主题鲜明的发言和成功的展台显示,各国代表对于黄河的最新变化有了深入了解。黄河的问题与治理经验具有很强的示范意义。最后他们表示,2006年第四届世界水论坛将在墨西哥举行,欢迎黄河水利委员会届时组团参加。会谈结束时,我们诚挚地邀请葛诺索夫先生担任2005年召开的第二届黄河国际论坛顾问委员会成员,这位著名的水利专家欣然接受了邀请。

8月20日 晴

为期6天的斯德哥尔摩第十四届国际水研讨会,今天上午10时30分举行闭幕大会。

闭幕大会分颁奖和会议总结两个部分。会议首先向“波罗的海”水奖获得者丹麦菲英岛自然和水环境管理局颁发了奖状和奖杯,并公布了本次大会最佳场外张贴论文评选结果,向获奖者颁发了证书。

之后,大会组委会对各分会场、专题会议报告及讨论情况进行总结,各分会场主席集体上台对总结进行简短评论,并回答会议代表的疑问。青年论坛主席、瑞典灵科平大学博士生斯乔曼德·曼哥纽森小姐介绍了青年论坛讨论结果,反映新一代水工作者对全球水问题的看法和希望。国际著名水资源及环境专家、瑞典水研究院资深教授弗肯马克女士从技术角度对会议的各个专题进行了系统的分析和点评,指出了进一步研究的方向。

世界水理事会理事长葛诺索夫先生作了“通向墨西哥的道路——瞩目第四届世界水论坛”的报告,提示了全球水问题的严重性和急迫性。他指出,过去100年世界人口增加了3倍,但用水量增加了6倍。目前,全世界有14亿人口饮水安全不能保证,23亿人口缺乏足够的卫生设施,每年有700万人死于与水相关的疾病;由于人口增加,今后20年,人均可供水量减少三分之一,水资源紧缺问题进一步加剧。

闭幕大会一直持续到下午13时。最后,本次大会秘书长、瑞典国际水研究院院长安德森·本特尔先生宣布大会圆满结束,同时宣告2005年第十五届斯德哥尔摩水研讨会的主题为:维持流域安全,促进区域发展的软硬措施。为此他呼吁大家继续为保护世界水安全而努力。

8月21日　晴

第十四届国际水研讨会落下了帷幕,然而,我们的激动与兴奋却仍在继续。总结此次斯德哥尔摩之行,深感收获颇多。

讨论中,我们感受最深的是,通过参加这次国际会议,进一步坚定了树立“维持黄河健康生命”治水新理念的信心。会议期间,各国代表密切关注中国的黄河问题,高度评价黄河治理开发与管理的巨大成就，对“维持黄河健康生命”治水新理念产生强烈共鸣，认为黄河的问题与治理经验对于世界河流具有很好的示范意义，黄河应在世界水舞台上占有更重要的位置。会议交谈中，有不少国家和地区的代表明确表示要参加将于2005年举行的第二届黄河国际论坛。这些使我们深深为祖国的富强与黄河的伟大而感到自豪，同时也证明了黄委提出的“让黄河走向世界，让世界了解黄河”这一战略构想的重要性。

会议期间，我们通过参加其他分会场的学术活动，听取各国代表发表的“水和贫困”、“非洲水危机”、“湖泊模拟”、“湿地保护与恢复”等主题发言，进一步了解了其他国家和地区的治水经验，加深了对当今世界水问题及其治理发展趋势的认识。

事先我们完全没有想到，黄河代表团也引起了世界重要媒体的极大关注。这次斯德哥尔摩国际水研讨会期间，英国《新科学家》杂志对黄河调水调沙试验作了这样的报道：

黄河调水调沙试验是世界水利史上最大规模的试验，涉及了2000公里的河道，10亿立方米水和30000人。试验成功冲刷了下游河床的大量泥沙，使得下游主河道过流能力从1800立方米每秒提高到3000立方米每秒。试验中近6000个观测点，收集了大量的各类数据，并且试验也冲走了水库中的大量泥沙，将延长水库的使用寿命。

BBC英国广播公司几经周折，通过远程电话采访了黄河代表团团长朱庆平副总工程师。朱庆平团长在接受采访中，阐述了“维持黄河健康生命”理论产生的背景、基本框架以及目前的实践与重要启示。指出，这些具有开创性的理论探索与实践经验，为世界水利史增添了新的内容。对于其他河流，特别是多泥沙河流，无疑将具有很重要的借鉴意义。并表示相信，只要我们坚持国家确立的科学发展观，按照“维持黄河健康生命”的新理念，矢志不渝地推进黄河治理的各项工作，中华民族的母亲河——黄河一定能生生不息，万古奔流，为中国经济建设和社会发展做出更大的贡献。

BBC英国广播公司在当天晚上的《当日国际新闻》栏目播出了这篇报道，其每周一期的《科学发现与探索》栏目，也随后播出了这次采访。

8月21日上午　晴

几天紧张的工作之后，我们这时才有机会仔细打量斯德哥尔摩这座美丽的城市。

坐落在辽阔的波罗的海西岸、梅拉伦湖入海处的斯德哥尔摩，是瑞典第一大城市，面积186平方公里，人口76万。市区分布在14座岛屿和一个半岛上，70多座大小桥梁把这些岛屿联为一体，犹如要好的朋友勾肩搭背，非常亲密。整个城市在北极光的映衬下，仿佛是一座漂浮的海市蜃楼，难怪人们都赞美地誉称它为“北方威尼斯”。

斯德哥尔摩意为“木头岛”，始建于公元13世纪中叶。那时，当地居民为抵御海盗侵扰，在这里的小岛上用巨木修建了一座城堡，并在水中设置木桩障碍。后来，这种木屋在小岛上形成了一条街，外国船只开到这里进行商贸活动，看见如此模样的房屋，不禁感到好笑，随口喊出“斯德哥尔摩”。“斯德哥”意为木头，“尔摩”则是岛的意思，合起来为“木头岛”，该城即因此得名。由于斯德哥尔摩地理位置适中，气候温和，环境优美，1436年被定为都城，逐渐发展成为斯堪的纳维亚半岛上的最大城市。

斯德哥尔摩既有典雅古香的历史韵质，又有现代化城市的繁荣风貌。坐落在斯塔丹岛的老城区，我们看到大街小巷均采用石头铺筑，金碧辉煌的宫殿、气势不凡的教堂、高耸入云的尖塔，显示出中世纪的街道风采。瑞典王宫、皇家歌剧院、皇家话剧院、议会大厦以及斯德哥尔摩市政厅等都聚集在这里。而在新城区，映入眼帘的则是高楼林立，街道整齐，苍翠的树木与粼粼的波光交相映衬。而远方那些星罗棋布的卫星城,更给人们带来一抹如烟如梦的感觉。

瑞典王宫建于公元17世纪,为一座方形小城堡。王宫正面大门前,两只张牙舞爪的石狮子分立两旁,门口站着数名头戴一尺多高的红缨军帽、身穿中世纪军服的卫兵,显得威严逼人。每天中午时分,卫兵们要举行隆重的换岗仪式。我们去时正赶上换岗,亲眼目睹了这种传承久远的风姿。王宫外边的广场中央有一个巨大的喷水池。池中屹立一根高约40米、由8万多块玻璃组成的大柱,在阳光和灯光交织中放出奇异的色彩。广场四周的国王街,皇后街和斯维亚街是城市的最繁华商业区。广场下面有着庞大的地下商场和地下铁路中心站,地下铁路穿过海底,四通八达,是当地的主要交通工具。中心站分上中下三层,各层可同时上下乘客,被人们称为"世界最长的地下艺术长廊"。

市中心西南国王岛东端,便是市政厅所在地。它高达105米的塔尖上的三个金色皇冠,是斯德哥尔摩的象征。在皇宫附近,还有着"中国宫"和"北海草堂"。北海草堂则是一片中国式园林,是我国清代维新派领袖康有为在"戊戌变法"失败后流亡国外时构筑的。这里的建筑高耸挺拔、辉煌壮丽、浪漫别致,如同一个个凝固的音符,奏鸣着这座城市的的历史交响曲。

在市区古老教堂前的广场上,我们看到一大片和平鸽飞来飞去,有的甚至歇落在人们头上或肩上,人们友好地向鸽子喂面包渣,人与自然和谐相处,犹如一幅安详恬静的画卷。自1809年以来,瑞典一直没有卷入各种战争之中,在两次世界大战中,因瑞典宣布为中立国,居民照常过着平静安宁的生活,斯德哥尔摩因此被人们称为"和平的城市"。

斯德哥尔摩是诺贝尔的故乡。从未上过大学的诺贝尔,刻苦自学,虚心求教,以发明黄色炸药和无烟火药闻名于世。他捐献全部遗产,设立了诺贝尔奖金。从1901年开始,每年评发奖金一次,届时在斯德哥尔摩音乐厅举行隆重仪式,瑞典国王亲自给获奖者颁发奖金。

典雅、文明、和平的斯德哥尔摩给我们留下了十分美好的印象。在这里,自然景观与人文景观融为一体,令人流连忘返,叹为观止。

8月21日下午　晴

当地时间13时,黄河水利委员会的老朋友,瑞典王国国际发展署的希娜依达夫人专门安排我们乘船游览波罗的海海湾。

位于欧州东北部的波罗的海,长1600多公里,平均宽度190公里,面积约40万平方公里,平均深度55米,最深处哥特兰沟深达459米,位于瑞典东南海岸与哥特兰岛间。

这是地球上最大的半咸水水域,由于地处温带海洋性气候区,降水多,蒸发少,周围河川径流量丰富,波罗的海的海水含盐度只有7‰~8‰,大大低于全世界35‰的海水平均含盐度,属于世界上盐度最低的海域。

波罗的海的海岸线十分曲折,有波的尼亚湾、芬兰湾、里加湾等著名海湾。周围分布着挪威、丹麦、瑞典、芬兰、俄罗斯、波兰、德国、爱沙尼亚、拉脱维亚、立陶宛等国家。其中,瑞典首都斯德哥尔摩是波罗的海沿岸的名城。行进中,我们看到随着游轮的快速驰行,碧蓝的海面上被划出一道雪白的浪花,举目远眺,沿途海岸树木茂密,别墅点点,不时有条条河流汇入,真是一派婀娜多姿的海湾风光。

游轮上,同时应邀参加观光的还有不少其他国家的会议代表。看到我们,他们也都友好地向我们致意,有的还主动与我们攀谈。一位特别热情的巴勒斯坦朋友,看上去年近七旬。交流中得知,他曾任巴勒斯坦解放运动组织水利部长,是当时最年轻的解放运动组织官员,1960年曾随团到中国访问,受到毛泽东主席的接见,多年来他十分关注中国的发展,有着深厚的中国情结。这次斯德哥尔

第十四届斯德哥尔摩国际水研讨会期间，作者（中）在游轮上与国际友人亲切交谈

摩会议中，他了解到中国水利和黄河治理开发取得的新成就，不禁十分感叹，翘起大拇指连连称赞。伴随游轮的继续前进，我们又结识了巴基斯坦、埃及、肯尼亚等国家的会议代表……虽然语言并不十分畅通，但从大家的一阵阵谈笑风生中，都感受到了一种暖意融融的友好气氛。

此时此刻，我记起了一首歌颂波罗的海的诗歌，它很能表达我对美丽的斯德哥尔摩以及波罗的海海湾的依恋之情：

心一直向往/波罗的海/日思夜想/梦系魂牵/极地风光/多么期待/亲眼见到/她美丽的风采。

翱翔北欧/神秘国度/碧波荡漾/绿茵葱翠/海豹腾跃/白浪翻卷/孕

育神奇/魅力无穷/遐思不断/啊,美丽的波罗的海!

8月22日 阴天

今天,我们登机离开斯德哥尔摩,开始了挪威、丹麦等北欧国家之行。

(2004年8月记于瑞典斯德哥尔摩,其中的主要内容陆续发表于当年的《黄河报》与"黄河网")

# 谁持彩练当空舞

## ——黄河古今桥梁寻踪

黄河，中华民族的母亲河，华夏文化的发祥地。千万年来，它以丰美的乳汁哺育了我们这个民族的成长，以它奔腾向前、一泻千里的豪壮气势塑造了中华民族百折不挠的精神和性格。

在中华5000年的历史长河中，很长时期内，黄河流域一直是中国政治、经济、文化的中心。在这里，一脉相承的黄河文化如同奔腾不息的黄河水一样源远流长，为我们留下了引以为荣的科技成果、浩若烟海的文物古迹和博大精深的文化底蕴。与政治、经济发展相适应，黄河的古今桥梁也充分昭示了它的灿烂与辉煌。一座座形如彩练、美如彩虹的大河纽带，以其位居要冲、横跨天堑的独特交通功能，闪耀着璀璨夺目的光芒，见证了劳动人民的勤劳与智慧，并在中国乃至世界桥梁发展史中占有十分重要的地位。

### 一、中国古代桥梁的摇篮

桥梁是社会发展的产物，既受着所处时代经济社会发展的影响，也伴随科学技术水平的提高而进步。我国有文字记载最早的简支木梁桥，为商代在黄河重要支流漳水上修建的钜桥。据记载，公元前1066年周武王伐纣王，攻克商都朝歌(今河南淇县)，曾发钜桥头积粟，以赈济贫民。

战国时期，单跨和多跨的木、石梁桥已普遍在黄河流域建造。秦汉之后，大河两岸古都首府众多，物资运输多赖骡马大车、手推板车，出于经济和军事的需要，修建了更多的桥梁。这些古桥不仅在建桥构造处理、平面布局以及施工方法上有不少独特创造，而且艺术造型上也表现出鲜明的民族风格。

中国历史上规模宏大的木梁石柱桥当属修建在黄河最大支流——渭水上的渭桥。据《三辅黄图》记载，这座桥始建于战国时期的秦昭王。秦始皇统一中国(公元前221年)建都咸阳后，为了把渭河南北的兴乐宫和咸阳宫联为一体，又作了改建和加固。该桥共有68孔，桥墩由750根木柱桩组成，总长约544米，桥宽达19.4米。到了汉代，此桥得以重修，并增建了东渭桥和西渭桥，史称“渭水三桥”，成为汉唐时期朝廷迎来送往的重要场所。据20世纪70年代对其遗址发掘，该桥桥梁基础由青石砌成，青石之间由用铁水浇铸的铁栓板相连，石缝中灌以铁水，石头之间打有松木桩，规模之大，施工之精细，在古桥梁史上确属罕见。

黄河古代桥梁的另一个高峰是浮桥的出现。这种桥梁的构架，一般是用几十或几百只大船或筏子代替桥墩，横排于河中，上铺梁板作桥面，桥与河岸之间用挑板、栈桥等连接，以适应河水的涨落，因此，浮桥也有“浮航”和“舟梁”之称。建桥所用木船有的挂在锚于两岸的竹索或铁索上，桥随水流而弯曲，故称“曲浮桥”。有的浮桥则将每只木船单独抛锚于河底，桥面比较顺直，因此叫“直浮桥”。我国建造浮桥最早的记录为《诗经·大雅·大明》中的“亲迎于渭，造舟为梁”。说的是周伯姬昌(即后来的周文王)为娶妻而在渭水上架起的浮桥。它比西方历史记载的波斯王入侵希腊在博斯普鲁斯海峡所建造的浮桥还早500多年。

黄河干流上的第一座浮桥为春秋时期建造的夏阳津浮桥。据记载，秦国富豪公子鍼因所储财物过多，恐怕被秦景公杀害，便带着“车重千乘”的财富由今陕西投奔晋国，途中为渡黄河在今山西省临晋附近架起了这座浮桥。不过由于只是一次性使用，不久即被拆除。

当然，若论最为著名的浮桥，还是山西永济的蒲津浮桥。此地为沟通秦晋交通要冲的必经之路，秦昭襄王五十年（公元前257年）秦国为出征河东，用竹索和木船建造了这座“曲浮桥”。该浮桥历尽沧桑，经过多次修固，一直沿用近千年之久。唐玄宗开元十二年（公元724年），朝廷决定将此桥“以铁代竹”，两岸各铸4个几十吨重的铁牛锚住铁链（每牛有一铁人作驱策模样），以锚定约360米跨度的浮桥。明穆宗隆庆年间，因黄河改道，西边的铁牛沉入河底，东边的铁牛也于清末被淤埋失踪。1989年，这一具有1200多年历史的珍贵文物经探测开挖出土。有关专家研究认为，蒲津浮桥的建桥技术和冶炼艺术是中国乃至世界古代桥梁史上的一大奇迹。

浮桥架设简便、成桥迅速的显著优点，使之普遍被用于军事。千百年来，黄河及其支流上建过的浮桥难计其数。隋大业元年（公元605年）在河南洛阳洛水上建成的天津桥，是第一次用铁链联结船只架成的浮桥。晋武帝时期，名将杜预率军南征，在富平津（今河南孟津附近）架设的河阳浮桥经历代重修，直至宋政和七年（公元1117年）再建，前后使用长达800余年。明洪武初年（公元1368年）在今兰州西北建成的镇远黄河浮桥，一直是镇守河西走廊、连通西凉的重要枢纽。

由于黄河浮桥具有重要的国防军事作用，因此历代王朝对其无不倍加维修守护。例如，宋徽宗赵佶曾下诏规定，因失职致使黄河浮桥毁坏的将官被判徒刑2年并发配1000里。宋宣和三年（公元1121年），负责卫护黄河上天成、圣功两座浮桥的官员就是因为对浮桥修整不力而被降职处分，失职人员被各打100大板。由此可见，黄河浮桥在历代政治、军事格局中的重要地位。

在类型众多的黄河古代桥梁中，后来居上的拱桥以其新颖的构造，为祖国河山增添了壮丽的色彩，并为近代桥梁所借鉴。

据历史记载，东汉末年黄河流域就已建有砖石拱桥，如魏都邺地（今河北临漳西南）的石窦桥、晋代洛阳的石拱桥等。规模最为宏大的拱桥，为建于隋文帝开皇二年（公元582年）的灞桥。该桥为40多孔石拱桥，总长约400米，每个桥墩宽2.5米，长9米，桥跨5米。其恢弘气势和壮观景象，为古代桥梁建筑史上所罕见。“灞水东南来，逶迤绕长安。”隋唐时期，该桥作为自东部进入长安的要道咽喉，扼守要冲、济渡往来，发挥了至关重要的作用。可惜，由于后来生态环境不断恶化，大量泥沙流入灞河，致使这座大桥淹埋水下，最终被废弃。

相比之下，北宋名家张择端笔下《清明上河图》中的汴京木拱桥，展现的则是一幅人群熙攘、车马往来、繁华非常的“桥市”景象。这座结构精巧的桥梁坐落在当时京都闹市区的汴河上，桥跨度达19米，宽约8至9米。结构为叠木梁，系用较短木条，纵横交错搭置、互相承托、组成拱骨架受力，上部铺设桥面，设置栏杆而成。因其叠梁架构，形如飞虹，故称“虹桥”，具有很高的技术含量和艺术价值。据传，此桥为北宋一位监狱兵卒发明。后来北宋败于金兵，赵氏王朝偏安杭州。南宋时期这种拱桥技术广泛流行于豫、晋、浙、闽、甘等地，相继诞生了一批结构精巧、规模宏大的桥梁，被誉为“飘舞的世界”。如杭州西湖的苏堤六桥、泉州的安平桥等，成为当时的巅峰之作，在中国桥梁史上写下了浓墨重彩的一笔。

北宋之后，中国的政治中心逐步移离中原。元朝时期，桥梁建设建树甚少。明清时期，修缮和模仿成为主流，桥梁技术、结构和材料也无多少创新。黄河流域的桥梁建设渐渐失去了优势。

综观黄河桥梁的沿革可以看出，从西周开始出现简陋的桥梁，到春秋战国时代建桥初具规模并逐步推广开来；从秦汉时期各种桥梁的建造技术不断取得突破，到隋、唐、宋时期古桥建筑技术达到高峰，这是一笔珍贵的历史遗产。通过这些桥梁建筑，既可以了解历代社会生产力的发展变化，也可以了解它们曾经为当时中国经济发展和社会进步发挥的重要作用。这对于研究整个黄河流域的科学技术和文化发展史都是大有裨益的。

## 二、现代桥梁发展的见证

到了近代，由于政治社会腐朽和科学技术水平的落后，中国桥梁建设被西方国家远远拉开了距离。清代末年，随着铁路建设引入中国，黄河成了外国人建造现代桥梁的“演武场”。1905年竣工、由比利时工程师沙多设计的京汉铁路郑州黄河大桥，以全长3015米、共102孔的规模，成为当时中国最长的钢桥；1907年建成、由美国桥梁公司设计、德国商泰来洋行承建的兰州黄河铁桥，所用桁架构件钢材、水泥及其他各种器材、设备全部从德国购置；1909年开工建设、由德国孟阿恩桥梁公司设计和监造的津浦铁路济南泺口黄河铁路大桥，以其164.7米的悬臂梁跨度，为当时中国跨度最大的悬臂式结构桥。

民国时期，由于时局不稳，战争连绵，中国桥梁建设发展十分缓慢。除了钱塘江大桥和苏州河上的几座钢筋混凝土悬臂梁桥之外，其他桥梁几乎都是洋商的作品。

新中国成立后，伴随着经济建设高潮的兴起和新建铁路与公路的迅速发展，中国桥梁建设开创了新的纪元。

作为中国的一条重要大河，黄河流域幅员辽阔，蕴藏着丰富的水能和矿产资源，战略地位极为重要。同时，干流各个河段地形地质条件复杂多样。从河源到内蒙古自治区托克托县的河口镇为黄河上游，此间峡谷众多，地势险峻，落差较大，峡谷总长近千公里，且呈舒缓相间形态；自河口镇到河南省郑州市附近的桃花峪为黄河中游，穿越著名的晋陕峡谷和豫西山地，特别是流经世界上最大的黄土高原，侵蚀剧烈，水土流失十分严重；桃花峪至黄河入海口为黄河下游，流经广阔的华北平原，河道上宽下窄，比降平缓，河床游荡不定，是世界上著名的“地上悬河”。黄河的这种特性，决定了黄河桥梁在桥型、跨度、材料等方面也都呈现出了鲜明的复合地域特色。

禹门口黄河铁路大桥

新中国成立初期,为改变旧中国铁路布局不合理的局面,中国全面推广苏联经验,重点发展西南、西北地区铁路新线建设。继1955年新中国第一座黄河铁桥——兰新铁路黄河大桥在甘肃兰州建成通车之后,20世纪50年代至60年代,包兰铁路的交通咽喉工程兰州东岗黄河大桥、内蒙古乌海市三道坎黄河铁路大桥、三盛公黄河铁路大桥、焦枝铁路黄河大桥等相继开工。新中国的桥梁建设者们在施工条件比较落后、没有经验可供借鉴的情况下,自力更生,艰苦创业,采用连续T形梁钢板、钢筋混凝土肋拱、下承式钢桁梁和混凝土连续箱梁等结构形式,在黄河上创造了桥梁建设史上的一个个奇迹。这些大桥的建成,沟通了西北、华北广大地区的铁路干线,有力地推动了沿线各地的经济建设,为构建中国交通大动脉、完善全国铁路交通运输网，发挥了至关重要的作用。

譬如，位于陕、晋、豫交通要冲的潼关，南障秦岭，东连函谷关，西拱华山，素有“三秦锁钥”、“四镇咽喉”之称。但因北阻黄河，两岸三省虽近在咫尺却只能隔岸相望，山西太原方向的南运物资也只能转道或用浮桥才能运达陇海干线，很不适应当时经济建设的需要。为了解决这一“梗阻”问题，1958年国家首先在这里建造了一座拆装式军便大桥，1970年6月又建成了全长1194米的潼关黄河铁路大桥。从此，它将“鸡鸣一声闻三省”的两岸三地紧紧地连接在了一起。

与此同时，国家高度重视京汉铁路郑州黄河铁路老桥等传承之作，对其进行了大力维修加固。1952年10月毛泽东主席首次出京视察黄河期间，就曾专程登上郑州邙山，一览黄河铁路老桥全貌，并于渡河后接见了参加大桥加固工程施工的干部职工。1958年黄河花园口发生洪峰流量为22300立方米每秒的大洪水，郑州黄河铁路大桥被冲垮两孔，京广铁路大枢纽运输中断，周恩来总理亲临现场指挥防洪抢险斗争，确定大桥抢修方案，使大桥很快恢复了通车，从而留下了永垂青史的千秋佳话。

60年代以后，随着国外建桥经验的逐步引入，黄河公路桥梁也有了较大发展。如兰（州）青（海）公路的重要枢纽工程——兰州新城黄河大桥、西沙黄河大桥、宁夏吴忠叶盛黄河公路大桥，晋陕峡谷中的府（谷）保（德）黄河公路大桥、壶口黄河公路大桥、禹门口黄河公路大桥，黄河下游河段的山东平阴公路大桥、北镇公路大桥等。大河上下，一座座新建的大桥如彩虹飞架，天堑变成通途。曾经喧闹数千年的古老渡口也沉寂下来，转而由现代桥梁文明所代替。

从地理分布上，这时除了推进主要公路干线黄河桥梁建设之外，也重点考虑了解决民族地区的跨河交通问题。1959年建成通车的吉迈黄河公路大桥，不仅连接了青海省果洛藏族自治州首府达日县和甘德县，甚至成为四川成都至青海公路干线的主要桥梁。

1966年建起的黄河河源地区第一座钢筋混凝土桥梁——玛多黄河公路大桥,是214国道青康公路控制性工程。此后修建的青海省循化县街子黄河公路大桥,贵(德)湟(中)干线公路贵德黄河公路大桥,靖远公路铁路两用桥、甘肃永靖县焦家川黄河公路大桥等,对于改善当地的交通条件,促进边远地区经济发展和文化交流都产生了重要影响。从结构形式上,这一时期的桥梁,开始出现了预应力钢筋混凝土梁、鱼腹式钢桁梁、无铰双曲拱梁、新型大跨径钢桁架、下承式连续钢桁架等先进技术。特别是1967年4月在黄河上游乌金峡由当地群众集资、"民办公助"修建的甘肃靖远平堡吊桥,采用双链柔式钢索斜拉桁架结构,以其轻巧刚劲、外观秀丽的造型,令人耳目一新。

改革开放之后,经济建设复苏,交通建设突飞猛进。从80年代到90年代,在大跨度栓焊钢梁向全焊钢梁迈进等先进技术的推进下,中国桥梁建设进入了高速发展的快车道,继续向世界先进水平攀登。

这一时期,黄河上先后诞生了吴忠大古铁路黄河大桥、洛阳公路大桥、郑州公路大桥、济南公路斜拉大桥、东营胜利公路大桥、东明公路大桥、长东铁路大桥、京九铁路孙口大桥等一批大型桥梁。它们采用不同的结构形式,在大跨径、高强度、轻材质、整体性等方面,全面跨入世界桥梁技术先进行列。其中,位于包(头)至神(木)线交通咽喉的包头黄河铁路大桥和神朔铁路黄河大桥,是两座"西煤东运"专线黄河铁路大桥,也是连接陕蒙与晋陕的重要运输通道。大型预应力混凝土斜拉桥——济南黄河公路大桥,主孔跨径220米,当时位居亚洲同类桥梁之首,世界第七位;紧随其后建成通车的东营胜利大桥,是中国第一座正交异性连续钢箱斜拉结构桥,288米的主孔跨径,成为黄河桥梁主跨的扛鼎之作;位于山东东明与河南濮阳之间、连接国道106线的东明黄河公路大桥,全长4142.14米,宽18.5米,是中国第一座长联大跨径钢构——连续组合体系梁桥，其结构形式为我国特大公路桥的建设开拓了广阔的前景。位于京沪铁路干线中段的特大型桥梁——济南曹家圈黄河铁路大桥,1981年6月建成通车后，显著扩大了京沪线的运输效率与通车能力，客运和货运密度分别为全国平均水平的5.4倍和3.7倍，成为中国客货运输最繁忙的铁路干线。

万里黄河上一处处横空出世的现代新型桥梁，犹如一座座巨型的丰碑,见证着神州大地阔步前进的足迹。

## 三、飘扬在新世纪的文明纽带

进入21世纪,全面建设小康社会的宏伟蓝图,现代化高速公路的异军突起，给黄河桥梁建设注入了青春活力，插上了腾飞的翅膀。

用“目不暇接”来形容新时期黄河大桥的建设速度,已经不算过分。从甘肃靖远新田黄河特大桥,到内蒙古磴巴高速公路黄河特大桥,从石中高速吴忠黄河公路特大桥,到银古高速公路辅道黄河大桥,从太澳高速公路洛阳黄河特大桥,到阿深高速公路开封黄河特大桥,从京福高速济南黄河特大桥,到滨博高速滨州黄河公路大桥……一条条规模恢弘、结构轻巧、造型优美的铿锵彩虹,遥相呼应,向世人显示着它们的英姿与神韵。尤其是,2004年10月国道主干线京珠高速郑州黄河特大桥(也称“郑州黄河二桥”)的建成通车,为“母亲河”增添了一道亮丽的风景。这是黄河上第一座钢管拱形桥,不仅桥长、桥宽和单拱跨度,创下黄河公路大桥多项之最,而且在桥梁规划设计、制造架设和使用维护等方面,已经广泛运用计算机优化分析系统、自动监测和管理系统,成为知识经济时代黄河桥梁的领军之作。

这是沿河几个地区有关黄河桥梁的建设图景。

自古以来,兰州人就对黄河桥梁格外垂青。如今这座城市有9座黄河桥。根据规划,在2005年到2020年未来15年内,兰州拟再新

兰州雁滩黄河大桥

建桃园、固安、深安、世纪、金安、靖远、雁青等7座跨河大桥。桥梁设计分别采用提篮式连续钢拱桥、中承式钢管混凝土拱桥、独塔双索面异型塔斜拉桥、平行三拱肋钢箱系杆拱桥、双塔双索面斜拉桥、分离式连续钢构桥、双塔单/双索面组合桥,突出一桥一景特色。届时,兰州市的黄河大桥多达16座,金城将成为中国的“桥梁博物馆”。

“隔着黄河对着看,我把妹子渡过岸。”这是古时候宁夏用羊皮筏子渡河载人时流传的歌谣。1980年以前,宁夏黄河段上没有一座跨河大桥。如今沧桑巨变,改革开放以来,这里接连建起了7座黄河公路大桥,平均每66公里就有1座。看到黄河大桥上来往如织的繁忙景象,人们对黄河古渡口和羊皮筏子的记忆,已经恍若隔世。

地处全国交通运输干线枢纽的郑州,近年的黄河桥之恋尤为浓郁。就在郑州"二桥"刚刚面世不久,位于郑州西区的黄河三桥已准备就绪,即将开工建设。该桥采用整体式双塔双索斜拉式设计,全长6700米,双向6车道,为连接郑州与焦作、山西晋城等城市,开拓了一条快捷通道。同时,连接国道107线的郑州黄河四桥与桥址初选中牟段的五桥也在筹划之中。

在黄河流经的最后一个省份山东省,目前已经架起了9座风格各异的黄河桥梁。省会济南,继黄河大桥、二桥之后,最近黄河三桥即将动工。大桥设计方案为独塔斜拉桥,主跨380米,超过目前位居世界第三、亚洲第一的天津海河独塔斜拉桥(主跨310米)。它建成后,将打开省城向北发展的空间,使济南黄河两岸交通局面大为改善。

新中国成立56年来,黄河干流上已经建造了110多座桥梁,整个流域的桥梁更是星罗棋布。作为交流的使者,沟通的象征,它们或锁钥上游峻岭峡谷,或雄峙中游关隘通衢,或盘卧下游大河天堑,不仅牵系着祖国的山河要冲,连接着纵横的交通干线,而且也连接了黄河的昨天、今天和明天。毫无疑问,伴随着中国经济社会发展的快速前进,肩负神圣使命的黄河桥梁,必将以矫健豪迈的步伐,完善的战略发展格局,书写出新的更加灿烂的篇章。

人们常说,河流是孕育人类文明的摇篮。那么,作为承载人类历史的标本,那一座座如丝如虹、飞架南北、横贯东西的桥梁不正是联系人类文明摇篮的纽带吗?

(原载于2005年12月13日《黄河报》)

# 人民治理黄河六十年（梗概）

## 引　言

黄河是一条古老的河流。

在中华民族的发展进程中，她一方面孕育了光辉灿烂的华夏文明，另一方面又始终是一个沉重的命题。由于黄河频繁决溢，历朝历代先后提出过多种治理方案，并为之进行了长期的斗争。但由于社会制度、生产力水平的限制，黄河泛滥依然如故。进入近代，由于外国资本主义的掠夺以及战争的连绵不断，人们所热切期望的"黄河宁，天下平"的局面也一直未能实现。

1946年春，中国共产党领导的人民治理黄河事业拉开了序幕，今年已走过60年的光辉历程。在战争年代，解放区人民和黄河员工艰苦创业，浴血奋战，取得了黄河归故斗争的重大胜利。新中国成立后，黄河伏秋大汛岁岁安澜，扭转了历史上频繁决口改道的险恶局面。水利水电资源得到开发利用，为流域及下游两岸工农业生产提供了宝贵的水源和能源。黄土高原水土流失区经过治理，有效减少了入黄泥沙。进入21世纪，针对黄河出现的新情况，在中央科学发展观的指引下，黄河水利委员会进行了全河水资源统一调度与管理、调水调沙等新的探索。在长期实践中，一代代黄河建设者提出一系列治河方略，为治理黄河事业积累了丰富的经验。

60年的峥嵘岁月，波澜壮阔，成就斐然。《人民治理黄河六十年》一书，旨在通过研究总结这一历史时期的重大实践及认识，揭示黄河问题的复杂性及黄河治理开发的长期性、艰巨性，激励人们继往开来，把这一伟大事业持续推向前进。

本书是一部反映当代黄河水利史的研究性文献。全书分为八章，同时配置了大量图片，并附有60年大事年表，力求图文并茂，脉络清晰。

## 第一章　人民治理黄河事业的开端

抗日战争胜利后，中国面临着极好的和平发展机遇，但国民党却坚持独裁、专制政策，妄图以武力消灭中国共产党及其领导的革命力量。所以，抗战一结束，内战的乌云便立即笼罩中国大地。

对于国民党的反动行径，中共进行了针锋相对的斗争。由于坚持正确的抗日民族统一战线政策，中共在抗战期间得到很大的发展。仅在黄河下游地区，中共就创立了晋冀豫、冀鲁豫、山东等5个解放区。这些解放区战略位置非常重要，它们基本上连成一片，横亘在华北、华东大地上，切断了国民政府与华北、东北等地的陆路联系，对国民党军队的战略展开构成严重威胁。日本投降不久，国民党就调集重兵进攻晋冀鲁豫、山东等解放区，试图对这些解放区进行分割占领。在遭到迎头痛击后，国民党当局改变了策略，转而通过迅速堵复花园口决口、导引黄河回归故道，配合军事进攻，达到分割占领黄河下游解放区的战略目的。

黄河花园口口门是国民党军队于1938年5月扒开的，此举虽在一定程度上起到了阻止日军攻势的作用，但却给豫皖苏人民造成了惨重的灾难。为此，黄泛区民众强烈呼吁及早堵复花园口决口，国民政府也在抗战期间制定了堵口工程计划，并进行了模型试验，确定采用抛石平堵方法进行堵口施工。实施这一巨大工程，得到了联合国善后救济总署的资助。

1946年1月，国民政府黄河水利委员会突然派人抵达冀鲁豫解放区,要求对解放区黄河故道进行查勘,声称准备恢复黄河原有河道。这一突发事件,成为国共两党黄河归故重大斗争的起点。

中共中央对于黄河归故问题非常重视,于2月中旬确定了顺应大局、不反对黄河归故的立场,主张先复堤、后堵口,尽力保护解放区人民的利益。周恩来具体指导了这次斗争。

不料国民党当局却在3月1日决定花园口堵口工程开工,遭到解放区政府和民众的强烈抗议。这时,国共双方正处在军事调停阶段,全面内战尚未爆发,国民政府深恐黄河事态扩大引起舆论抨击,对整个政治局势不利,因此对于解放区的强烈反应有所顾忌。双方经过协商,决定通过谈判解决黄河归故问题。

从1946年4月开始,国共双方、联合国善后救济总署等有关方面,围绕堵口复堤程序、工程粮款、河床居民迁移费等事宜,先后进行了开封、菏泽、南京、上海等多次艰难谈判,签订了一系列协议。这些协议迟滞了花园口堵口进程,为解放区赢得了一定的复堤时间,并争取到了一批款项、物资。

但是国民党并无诚意执行这些协议,而是一再违约加快花园口堵口进程,企图配合军事需要,尽早实现堵口合龙。解放区军民、国内舆论对此多次予以强烈抗议。中共中央也一再发表声明,谴责国民党当局的倒行逆施。

由于无论在流量条件,还是工料准备等方面都不具备加速实施合龙的条件,而国民党当局及联总顾问塔德却一意孤行、强行推进,结果使花园口堵口工程接连两次遭受挫折。

为了尽早完成堵口工程,花园口堵口复堤工程局改进了施工方法,决定采用立堵法合龙。1947年3月15日,花园口堵口工程完成合龙,黄河水全部向故道流去。

在国民党着手实施花园口堵口工程之际,为了组织群众进行河床居民迁移救济、开展修堤整险等紧迫工作,1946年2~3月,晋冀鲁豫边区政府和山东省政府先后决定筹建黄河治理机构。2月22

日，冀鲁豫解放区黄河故道管理委员会在菏泽成立，并于5月31日改为冀鲁豫区黄河水利委员会，由王化云任主任。这期间，渤海解放区的治河机构也已组建就绪。1946年3~4月，山东省渤海区修治黄河工程总指挥部成立，由李人凤任指挥。5月14日，山东省政府主席黎玉签署命令，任命江衍坤为山东省河务局局长。之后，山东省河务局与渤海区修治黄河工程总指挥部即联署办公，共同对渤海区治河工作进行指导。

鉴于加紧堵口是国民党的既定方针，南京协议签订后，为了争取主动，保护解放区人民利益，周恩来两次电示解放区政府迅速部署复堤工作。经过紧张有序的动员，1946年5月下旬，冀鲁豫和渤海两解放区的复堤工程开始，当时共动员了39个县的43万民工开展复堤整险工作，经过一个多月的奋战，基本上完成了第一期复堤工程，使昔日残破的大堤得到初步恢复。

在黄河谈判、花园口堵口及解放区抢修黄河故道堤防期间，国共双方的军事斗争也非常激烈。国民党军队多次袭击解放区复堤工地，枪杀复堤员工，犯下了滔天罪行。1946年8月，国民党调集30多万兵力向冀鲁豫解放区猛扑，他们所到之处，疯狂破坏解放区的修堤工程，抢掠解放区的治河物资。

为了延缓花园口堵口进程，粉碎国民党的"以水代兵"阴谋，解放区也加强了军事斗争。1946年5月，解放区地方部队袭击了河南新乡潞王坟石料厂，造成花园口堵口石料供应紧张。当年12月，解放区地方武装再次对该石料场进行大破袭，切断了堵口石料的供应来源。刘邓大军也利用花园口两次合龙受挫的时机，大踏步穿越黄河故道进击陇海路沿线，给国民党军队以沉重打击。

在花园口堵口合龙前夕，冀鲁豫区黄河水利委员会于1947年3月在东阿县召开了黄河治理工作会议，在会上第一次明确提出了"确保临黄，固守金堤，不准决口"的治河方针，对于鼓舞解放区人民投身"反蒋治黄"斗争发挥了巨大的激励作用。

风起云涌、波澜壮阔的黄河归故斗争，是解放战争时期的一个重大事件，为当时全国乃至全世界所瞩目。国共两党在黄河归故问题上的斗争，实际是国内政治、军事斗争在黄河治理领域的反映。在中国共产党的正确领导以及周恩来的具体指导下，黄河归故斗争在政治、军事领域以及促进黄河治理事业发展方面均取得了重大胜利，在中国现代史特别是黄河治理史上写下了浓墨重彩的一页。

## 第二章　解放战争中的黄河治理

黄河回归故道后，解放战争中的黄河治理进入了一个新的更加艰苦的阶段。根据冀鲁豫区党委和行署的部署，首先要全力以赴地做好刘邓大军渡黄河的各项准备工作，按要求完成造船和水兵的组织训练任务。同时，做好滩区群众的迁安救济、修补大堤、整理险工、筹集料物等项工作，“立即行动起来修堤自救”，“一手拿枪，一手拿锨，用血汗粉碎蒋、黄的进攻”，确保黄河“不决口”。

在解放区各级党委、人民政府的领导下，一场轰轰烈烈的修堤整险运动在黄河下游两岸迅速开展起来。冀鲁豫区动员民工30余万，大车3万辆，完成了西起长垣大车集，东至齐河水牛赵300余公里的复堤任务。479道险工埽坝、559段护岸得到了整修加固，完成土方530多万立方米。渤海区出动十几万人，复堤、整险300多公里，完成土方492万立方米。汛期，又克服了国民党军的严重干扰，组织强大的群防队伍，严密防守，取得了黄河归故后迎战第一个伏秋大汛的胜利。这期间，冀鲁豫区黄河水利委员会根据上级指示，还为刘邓大军1947年6月30日横渡黄河做了大量的准备工作，造船140余艘，训练水兵2000多名，有力地配合了大军的渡河，并受到了刘伯承、邓小平首长的嘉奖。

1948年，随着解放战争形势的发展变化，冀鲁豫区黄河水利委员会为确保黄河防洪安全，组织广大群众一次又一次地粉碎了国民党军对黄河大堤的疯狂破坏，进行了惊心动魄的高村抢险，又一次战胜了黄河洪水。这年9月，济南解放，山东省河务局接收了山东修防处。10月，开封解放，华北人民政府冀鲁豫区黄河水利委员会接收了开封、郑州国民政府治河机构，并设立驻汴办事处。同时，按照当时的行政区划，冀鲁豫解放区归华北人民政府领导，冀鲁豫区黄河水利委员会也随之改为华北人民政府冀鲁豫黄河水利委员会。1949年6月，为适应形势的进一步发展和治河的需要，华北、中原、华东三大解放区联合性的治河机构——黄河水利委员会成立，并随之迁入开封办公。

1949年入汛后，由于支流泾河、洛河、渭河流域和三门峡至花园口区间连降暴雨，黄河下游先后7次涨水。7月6日至8月29日，伏汛期产生洪峰4次。进入秋汛，9月6日至10月7日，河水又3次猛涨，尤以9月14日花园口水文站洪峰流量12300立方米每秒为最大。洪峰流量虽然不大，但洪量很大。从9月13日算起，45天洪量达到222亿立方米。洪峰持续时间长，陕县10000立方米每秒以上洪峰流量持续了99小时。

因洪量大，水位高，致使大水偎堤时间长达40余天。漏洞、管涌、塌坡等险情频频发生，形成了“防汛抢险互为更迭，终汛期不得喘息”的局面。平原省堤段产生漏洞险情200多处，山东省堤段出现漏洞580余处，管涌、塌坡等险情2400多处。险工埽坝先后出现下蛰、坝身塌陷等险情2290多处。下游堤防产生漏洞之多，险情之重，在历史上也是少见的。

沿河各级党委、政府高度重视黄河抗洪斗争。7月，首次洪水到来前，华北人民政府向各省、市、行署发出防汛指示，号召沿河各级政府及人民紧急动员起来，充分准备，大力防守，为争取防汛胜利而奋斗。中共河南省委要求沿河党政军民必须以最大的力量完成不决口的任务。中共中央山东分局、山东军区、山东省人民政府联合发出黄河防汛工作的紧急决定，号召沿河党政军民迅速行动起来,坚守河防,保卫济南,保卫渤海平原。黄河水利委员会在濮阳坝头成立前方防汛指挥部。平原省政府副主席韩哲一、省委组织部长刘梁山、黄河水利委员会主任王化云等领导在秋汛到来后分抵濮阳和聊城坐镇指挥。

平原、河南、山东3省党政军民迅速行动起来,组成了40万人的抗洪抢险大军,夜以继日地战斗在堤防线上。沿河地、县的广大干部群众组成一支支运输队,像支援解放军打仗那样,小车推,大车拉,把秸柳料、石料、砖、木桩、麻袋等防汛抢险物资源源不断地运送到防汛抢险第一线,保证了抢险的需要。广大治河职工和群众表现出了高度的自我牺牲精神。济阳工程队员戴令德用身体堵住洞口,大声呼叫,防汛队员及时赶来,堵住了漏洞。郓城义和庄西大堤产生漏洞险情,背河流水已至200米开外,义和庄村民刘登雨及时找到了临河洞口,郓城县委书记邑国华、县长刘子仁迅速带领500多名群众赶到现场,实施抢堵,化险为夷。

经过3个多月的艰苦奋战,终于战胜了这次洪水。据汛后统计,在整个洪水期间,共抢堵漏洞434个,抢护大堤渗水、蛰陷、脱坡150多公里。用石料7.2万立方米,秸柳料2500多万公斤,木桩8.3万根,麻袋17万条,抢修子埝加高堤坝共完成土方66.9万立方米。

当全河上下在积极进行抗洪抢险的时候,正是中华人民共和国成立的日子。防汛斗争的胜利,是广大治河职工和沿河人民,向新中国献上的第一份礼物。

从1947年3月15日黄河归故,到1949年10月1日中华人民共和国成立,是中国共产党领导的人民治理黄河事业的初创阶段。在两年多的时间内,冀鲁豫和渤海解放区各级党委、人民政府在中国共产党领导下,组织人民群众修堤防汛,与黄河洪水搏斗,初步建立了人民治理黄河的组织体系,连续战胜了1947年至1949年的伏秋大汛,粉碎了国民党军队企图以水代兵分割和淹没解放区的阴谋,保卫了解放区人民的胜利果实,为解放战争的胜利提供了有力的支持，同时也为新中国成立后人民治理黄河事业的发展奠定了扎实基础。

## 第三章　新中国成立初期黄河治理的形势和任务

中华人民共和国的成立，揭开了中国历史新的篇章。这时，摆在中国共产党和中国人民面前的还有许多困难和严峻的考验。中国共产党能否解决中国人民的吃饭问题，全世界都在拭目以待。

当时我国大江大河相继发生大洪水，灾情十分严重。因此，新中国刚刚成立一个月，中央人民政府就决定在北京召开各解放区水利联席会议，将水利作为安邦兴国的一项重中之重的工作专门研究部署。

解放区水利联席会议开过不久，黄河水利委员会在河南开封召开了全流域的治理黄河工作会议。会议在总结前几年工作经验的基础上，重点研究确定了1950年的治理黄河方针与任务，并正式提出了“变害河为利河”的指导思想。会上，王化云主任第一次提出“把黄河粘在这里予以治理”的新观点，引起了大家的广泛关注。

随着新的国家政体的建立，统一黄河治理开发管理体制的问题，很快被提上了国家的议事日程。

1949年11月1日，黄河水利委员会改属政务院水利部领导。1950年1月25日，水利部转发了政务院水字1号令，正式明确了黄河水利委员会的机构性质和管理范围。1950年6月6日，政务院发布《关于建立各级防汛指挥机构的决定》，明确指示黄河上游防汛由所在省负责，山东、平原、河南三省设黄河防汛总指挥部，受中央防汛总指挥部领导，正副指挥由河南、平原、山东省人民政府负责人及黄河水利委员会主任担任。黄河防汛总指挥部办公室设在黄河水利委员会。

这一时期，在平原、河南、山东三省成立黄河河务局的基础上，沿河各地区、县根据行政隶属，都设立了修防处、修防段。至此，由黄河水利委员会、省河务局、地区修防处、县修防段组成的黄河防汛四级管理体系，已经基本形成。

1952年10月26日至31日，毛泽东主席第一次出京巡视，就安排了视察黄河，先后到山东济南，江苏徐州，河南兰考、开封、郑州、新乡等地进行了视察，并在离开黄河时发出了“要把黄河的事情办好”的伟大号召。后来，毛泽东又多次听取黄河问题的汇报。

新中国成立初期，针对黄河上宽下窄的河道形态，为保持宽河道的滞洪削峰作用，并充分发挥淤滩刷槽作用，黄河水利委员会提出了“宽河固堤”的治河思想，并首先在陶城铺以上宽河道采取了废除民埝政策。民埝基本废除后，黄河接连来了几场大水，蓄滞洪效果显著。

为防御超标准的洪水，确保黄河安全，黄河水利委员会又相继修建了石头庄溢洪堰、东平湖分洪工程，增加了黄河防洪的主动性，后来经过逐步完善，成为“上拦下排，两岸分滞”黄河下游防洪工程体系的重要组成部分。

按照“宽河固堤”防御洪水的方针，从1950年到1957年，国家对黄河下游堤防开展了第一次大修堤。对险工进行了石化改造；涌现出人工锥探灌浆的办法，使黄河大堤堤身内部的隐患大大减少；植树种草、保护堤防的措施也得到了较快发展。通过这一系列措施的实施，黄河下游的河道行洪能力、堤防抗洪能力都有了显著增强。

新中国成立初期，在黄河河口地区发生过两次凌汛堤防决口，造成了严重的损失。此后，当地政府和黄河管理机构加强了对冰凌演变规律的观测、研究和分析，防凌工程措施也有了重大突破，特别是利用水库蓄水防凌的运用，使人们对于黄河凌情的认识产生了质的飞跃。直至2000年小浪底水库的建成投入运行，为黄河下游防凌增添了新的能力，目前通过小浪底、三门峡等水库联合运用，基本上解除了黄河下游的凌汛威胁。

新中国成立后，在“变害河为利河”治河思想的指引下，结束了

"黄河百害，唯富一套"的历史。1952年底，在河南新乡建成了人民胜利渠引黄灌区。经过几十年的建设，黄河下游沿河20多个地（市）、100多个县都建起了引黄工程，引黄灌区得到了大规模发展。黄河两岸地区已经发展成为我国重要的商品粮生产基地。

为了全面收集流域基本情况，为黄河治本作准备，黄河水利委员会还组织了黄河源地区的全面查勘。

为了黄河治理人才队伍的培养，黄河水利委员会50年代初期创办了黄河水利专科学校，王化云主任亲自兼任校长。1952年全国院系调整时，学校改名为黄河水利学校。

20世纪50年代，是黄河的丰水期。1953年、1954年、1957年花园口连续出现了10000立方米每秒以上的洪峰。1958年一进入汛期，黄河流域各地又开始连续降雨。从7月14日开始，三门峡到花园口干支流区间连降暴雨，暴雨区面积达8.6万平方公里。17日夜24时，黄河花园口水文站出现22300立方米每秒洪峰，这是人民治理黄河以来黄河发生的最大的洪水，也是20世纪黄河的第二大洪水，这场洪水把一件天大的难题摆在了黄委的面前，那就是分洪不分洪。按照防洪预案，当花园口水文站以上不远的秦厂水文站发生20000立方米每秒洪水，就可以启用下游左岸的北金堤滞洪区，在长垣县石头庄溢洪堰分洪。所以，如果黄委决定分洪，也属顺理成章。但是当时的北金堤滞洪区内已有100万人口，200多万亩耕地，运用一次国家经济损失要达4亿多元。可如果不分洪，万一堤防失守，黄河决口，会给国家带来惨重的损失。在这一发千钧之际，王化云根据对十余年来黄河堤防抗洪能力增强情况的掌握，根据对下游豫鲁两省人民抗洪抢险士气和决心的了解，根据对后续洪水和雨情趋势的分析判断，作出了"不分洪，靠严密防守战胜洪水"的决策建议，上报了豫鲁两省省委、中央防汛总指挥部和国务院，并得到周恩来总理的亲自批准。战胜1958年特大洪水的事实证明，不分洪的决策是正确的，避免了淹没北金堤滞洪区的巨大损失。

按照黄河防汛总指挥部的部署,豫鲁两省组织了200多万人的防汛抢险大军,在全国人民的支援下,在千里堤防上与特大洪水展开了殊死的搏斗,最终战胜了这场特大洪水,在治河史上留下了光辉灿烂的一页。

## 第四章　除害兴利　综合开发

新中国社会主义建设,提出了不仅要根治黄河水害,而且还要综合开发,全面兴利的新的要求。为了实现这个伟大目标,人民治理黄河必须探索出一条新路来。

20世纪50年代初期，黄河水利委员会会同有关单位进行了多次黄河干、支流综合大规模查勘。收集了各方面的基本资料。这个时期根据"除害兴利,蓄水拦沙"治理黄河的设想,开展了黄河治本的各项基础工作。

在苏联专家的帮助下,1954年10月《黄河综合利用规划技术经济报告》编制完成并经第一届全国人民代表大会第二次会议讨论通过。这是中国历史上第一部全面、系统、完整的黄河综合规划,它的实施,标志着人民治理黄河事业将从此进入一个全面治理、综合开发的历史新阶段。

1957至1959年3年时间内，在黄河干流上相继开工修建三门峡、刘家峡、盐锅峡、青铜峡、三盛公、花园口、位山7座枢纽工程。其中三门峡水利枢纽工程建设得到全国人民的大力支援,建设期间,党和国家领导人相继到三门峡工地视察。周恩来总理先后两次在工地主持召开现场会,研究解决工程建设的重大问题。三门峡工程是当时中国修建的规模最大、技术最复杂、机械化水平最高的水利水电工程。工程经历了设计争议、两次改建、三次改变运用方式的曲折复杂的过程,取得了正反两方面的丰富经验。

黄土高原水土流失治理,是黄河变害为利的根本所在。新中国成立后,开始有计划的水土保持工作,黄河水利委员会恢复和建立了一批水土保持试验站。各试验站根据各类型区不同的自然和社会经济条件，积极开展科学研究，大力创造推广新经验，为探求黄河治本发挥了重要作用。

这一时期，黄河流域对宁、蒙、汾、渭等一批老灌区进行恢复、整修、配套和扩建，特别是加强了排水系统的建设。同时在一些条件较好的河谷川地修建渠道，发展灌溉。到1957年，全河新增灌溉面积约1000万亩，接近新中国成立前灌溉面积的总和。

20世纪50年代末期，全国范围内“大跃进”的兴起，使黄河治理的指导思想出现了偏差，不切实际地提出了一些规划指标。在黄河下游，不尊重科学，违背平原地区发展水利的客观规律，使沿黄地区农业发展遭受了严重挫折。1962年国务院在范县召开会议，作出停止下游盲目引黄灌溉、破除阻水工程的决定。随着花园口、位山等壅水拦河大坝的破除，加上第二次大修堤的完成，下游河道排洪排沙能力得到了恢复。

经长期研究论证，南水北调工程确定为西线、中线、东线三条引水线路。各有关方面组织查勘、研究论证，进行了长期艰苦的工作，积累了大量宝贵的资料。1958年，毛泽东提出了骑马考察黄河、长江全过程的计划，并做了各种准备。这个特殊的考察计划，对于南水北调工程规划各项前期工作的进行，起到了重要的推动作用。

1964年12月，周恩来在北京主持召开治理黄河会议，这是中国治河史上一次重要的思想解放、百家争鸣的会议。会议进行了一场各种治河思想的大争论。周恩来在会议上作的重要讲话，对人们认识黄河的客观规律起到了重要的促进作用。会议作出了对三门峡大坝进行第一次改建的决定。会议之后，水电部党组向中央写了《关于黄河治理和三门峡问题的报告》，对新中国成立以来治理黄河的经验教训，主要是围绕三门峡工程展开的黄河问题大讨论的情况，作了系统的总结。通过三门峡工程的实践，以王化云为代表的黄河水利委员会对黄河问题及其治理方略的认识，有了新的变化和发展，提出了“上拦下排”新的治黄方略。

三门峡水利枢纽作为在黄河上修建的第一座水利工程，经过近半个世纪曲折发展的历程，它涉及黄河治理开发的一系列重大问题，大大深化了对整个黄河乃至中外多泥沙河流客观规律性的认识：

1.黄河治理开发方略必须建立在黄河不清的基础上，以积极的态度探索处理和利用泥沙的有效途径。

2.黄河下游防洪是一项长期的任务。必须不断完善下游防洪工程体系，同时加强非工程措施建设，把确保黄河下游防洪安全放在黄河治理的首位，切实抓好。

3.以淹没大量良田换取库容进行“蓄水拦沙”的思想，不符合当时的中国国情。实践证明是行不通的。

4.水土保持工作是改造黄土高原面貌和治理黄河的一项根本措施，但要达到显著效果，需要一个长期艰苦奋斗的过程。解决黄河泥沙问题，不能单纯依靠水土保持，必须通过多种途径，采取综合措施。

5.三门峡水利枢纽经过改建和改变运用方式的实践，为多泥沙河流上的水库探索出了一条保持长期有效库容的新路。证明在黄河上修建水库不仅能调节水量，而且也能对泥沙进行调节。这是黄河治理认识上的一个重大进步。它为此后小浪底水利枢纽的上马，为多泥沙河流水库采用“蓄清排浑”运用方式进行调水调沙，提供了宝贵的借鉴经验，丰富和发展了泥沙科学理论。

6.三门峡水利枢纽经过改建，成为黄河下游防洪工程体系的重要组成部分，几十年来，在防洪、防凌、灌溉、供水和发电中，发挥了显著的综合效益。

7.多年实践表明，降低潼关高程要靠改善来水来沙条件、科学调度三门峡水库等综合措施。所谓破除三门峡大坝、绝对停止三门峡水库蓄水等极端主张，并不能解决潼关高程问题，也将严重影响三门峡水利枢纽在下游防洪工程体系的优化调度与联合运用的作用。同时，会打破三门峡水库运行40多年来与周边相关地区形成的新的生态平衡系统，可能由此引发新的经济与社会问题。

自20世纪50年代中期到60年代中期，是黄河治理开发迅速发展的重要历史时期。

## 第五章 “文化大革命”中的黄河治理

1966年5月16日，“文化大革命”开始。随即卷入这场动乱，遍布大河上下的黄河水利委员会下属各级机关几乎同时瘫痪。

动乱使治理黄河工作进入一个非常困难的时期，治理黄河方针被诬为修正主义治河路线而给予全盘否定，各项治理黄河工作被罗织以种种“罪名”横遭批判。一大批热爱党、热爱社会主义祖国，为黄河治理开发事业做出卓越贡献的专家、领导干部及工程技术人员，被扣上“资产阶级反动学术权威”、“走白专道路”、“三反分子”等帽子，有的被迫中断了苦心研究多年的科研项目，有的被下放进行劳动改造，更有的被当做专政对象遭到残酷迫害，水土保持专家陶克、黄河水利委员会办公室主任仪顺江、水文专家陈本善等人含冤去世。

长期担任黄河水利委员会主任的王化云，也在动乱中被打成“走资本主义道路的当权派”，和江衍坤、赵明甫两位副主任一起被罢了官，受到残酷批斗。机关其他干部则大批下放。

“文化大革命”前，黄河水利委员会为解决黄河泥沙问题，正致力于“上拦”工程的探索，一边把位于甘肃泾河支流蒲河上的巴家嘴水库改建为拦泥试验坝进行拦泥试验，一边计划在黄河干流碛口、支流泾河东庄、北洛河南城里等地修建拦泥工程，可一场动乱使这些计划付诸东流。

黄河修防、水文、水土保持、勘测设计以及黄河水电等战线都受到严重影响，给各项工作造成巨大损失。

国务院非常关心黄河防洪的安全，周恩来总理指示水电部军管会主任张文碧召集黄河水利委员会两派群众组织的代表到北京协商解决黄河安全度汛问题，并达成六点协议，基本维持了黄河防汛秩序，保证了防汛抢险工作的进行。

1967年12月起黄河水利委员会及所属单位相继成立革命委员会，黄河治理工作动乱继续。

1969年1月，王化云等人随河南省直机关赴淮阳等县进行“斗批改”运动，到3月份告一段落。王化云回到郑州，恢复了工作，后又在周恩来的关怀下重新进入黄河水利委员会领导班子。

1971年黄河防汛会议出台的《黄河下游修防工作试行办法（草案）》，决定对黄河下游修防工作体制作出重大变动，将原属黄河水利委员会建制的山东、河南两个河务局及下属修防处、段改归地方建制，实行以地方为主，黄河水利委员会为辅的双重领导。水电部给予批复。后因形势变化，仅山东河务局、河南河务局下放两省成为现实，其余修防处、段下放计划未及实施便搁置。

在长期动乱的局面下，黄河治理战线上的广大干部职工始终没有忘记自己肩负的神圣使命，他们顶着压力坚守岗位，为黄河的防洪安全和治理开发尽职尽责。此间黄河不但继续保证了安澜，而且有一些重要的工作得到了推动。

1965年1月，国家计委和水电部批准了三门峡水利枢纽改建工程。随后相继进行了两次改建，增加了泄流排沙设施，降低了泄水孔高程，加大了泄流排沙能力。1973年11月，三门峡水库开始按“蓄清排浑”方式运用，变水沙不平衡为水沙相适应，使库区泥沙冲淤基本平衡，渭河下游淤积速度减缓，土地盐碱化有所减轻，同时加大了下游河道的排沙入海能力。

20世纪60年代末至70年代初，黄河下游河道出现了严重的淤积，堤防安全受到严重威胁，国家决定对黄河下游两岸大堤进行第三次大规模修复。第三次大修堤从1974年11月开始。

黄土高原水土保持工作也开始恢复，此时召开的黄河中游水土保持工作会议，确定将黄河中游水土流失重点县由原来的100个增加到115个。各地普遍开展了农田水利基本建设运动，以改土治水为中心，实行山、水、林、田、路综合治理，同时恢复了一批水土保持机构。水坠坝、定向爆破筑坝、机修梯田、飞播造林种草等一批新的水土保持措施进入兴盛阶段。

于1964年复工的刘家峡水电站也加快了施工步伐。1968年10月15日下闸蓄水；1974年12月18日最后一台机组投入运行，标志着刘家峡水电站建成。

龙羊峡水电站于1976年1月28日由国务院正式批准兴建。经过两年多的前期准备，1978年7月，龙羊峡水电站正式开工，到1989年6月4台机组全部投产发电，1992年枢纽工程竣工。龙羊峡水电站是国内自行设计、自制设备、自己组织施工的大型水电工程，其大坝最大高度、水库总库容、电站单机容量均为当时全国水电站之首，体现了20世纪80年代国内水电工程建设的能力和水平。

1970年开始建设的天桥水电站，工程技术施工设计、地质勘探等工作全由黄河水利委员会规划大队负责，于1978年8月之前陆续投入发电运行。天桥水电站为开发黄河多泥沙河段的水电资源提供了重要的参考价值。

1975年8月淮河发生特大洪水，迫使人们对黄河洪水进行重新审视。同年12月，水电部和河南、山东两省联合向国务院报送了《关于防御黄河下游特大洪水意见的报告》，提出“上拦下排，两岸分滞”的方针。在得到国务院的批复之后，开始进行防御下游特大洪水的规划和重大工程的研究。

1976年，在进行了长达9年的精心准备之后，黄河河口实施了第三次人工改道。入海流路由沿用了12年多的钓口河改道清水沟流路，将入海流程缩短了37公里，对于改善河道排洪能力、保护油田生产起到了显著作用。

20世纪70年代初期，华北连年干旱，黄河干流出现断流，位于海河流域的天津也发生了严重的水危机。党中央，国务院决定从黄河引水接济天津，并于1972年、1973年、1975年三次从河南省人民胜利渠引黄济津。

## 第六章　改革开放推动黄河治理全面发展

拨乱反正时期的治黄事业，呈现出良好的发展形势。

1978年2月，黄河水利委员会提出了“除害兴利，变害为利，综合利用黄河水资源，为实现四个现代化做贡献”的治黄指导思想。这一指导思想，为新形势下的治黄工作指明了方向，给广大黄河职工重新点燃起了旺盛的工作热情。

1978年6月，在黄河防汛会议期间，李先念针对当时黄河防洪急需解决的突出问题，作出了重要指示。1979年5月，水利部与豫、鲁、陕、晋四省联名向中共中央、国务院写了《关于黄河防洪问题的报告》，对解决黄河防洪问题提出了意见和建议。

1979年10月，中国水利学会组织召开黄河中下游治理规划学术讨论会。会上，专家们对拟建枢纽工程进行了认真分析比较，其中，小浪底水库和桃花峪工程，是大家争论热烈的议题之一。

1981年5月，国务院决定在1981~1983年对黄河下游最急需的防洪工程每年安排1亿元，3年投资3亿元。1981年所需投资，决定动用国家预备费5000万元，用于增拨黄河下游治理工程的基建投资。这充分体现了党和国家对黄河防洪问题的高度重视。

艰巨而紧迫的防洪工程建设任务，迫切要求组建机械化专业施工队伍。1978年的防汛会议上，黄河水利委员会提出组建机械化施工队伍，经过几番酝酿推动，1979年进入实施阶段。到1980年底，共招收8053名职工，大部分被充实到机械化施工队伍中。这支队伍，包括多个工种，拥有1000余台(辆)机械设备。机械化施工在降低成本，提高效率与工程质量等方面，成绩显著。

始于1974年的第三次大修堤，在这一时期，得到了突飞猛进的发展。到1985年修堤加高培厚工程全部完成，同时，还进行了其他工程的建设，并完善了防汛非工程措施。对于解决黄河下游防洪问题，增强堤防抗洪能力，完善下游防洪工程体系发挥了重要作用。

1981年3月，沁河杨庄改道工程开工。1982年6月，改道工程主体工程完工。完工后仅2个月，黄河发生了“82·8”大洪水，花园口水文站出现15300立方米每秒的洪峰流量，沁河小董水文站洪峰流量达到4130立方米每秒，经过军民的团结奋战，战胜了这次大洪水，确保了黄河防洪安全。杨庄改道工程在这次洪水中发挥了重要作用。同时，这次洪水暴露的防洪工程体系的弱点，使人们意识到，要尽快兴建小浪底工程。

在黄河水利委员会与有关方面的推动下，兴建小浪底工程的问题逐步提上了国家的议事日程。1983年2月，国家计委和中国农村发展研究中心组织召开小浪底水库论证会。会议对小浪底工程的必要性、可行性进行了深入探讨。1985年10月，经过中美双方的共同努力，完成了小浪底工程轮廓设计，并顺利通过审查。

1991年4月9日，七届全国人大四次会议批准小浪底工程正式列入国家“八五”计划。1994年9月12日，小浪底水利枢纽主体工程开工，终于从蓝图走向实施。

在小浪底工程开工后的1996年8月，黄河发生了一场类型奇特的洪水，水位之高，演进速度之慢，漫滩范围之广，偎水堤段之长，都是多年来所罕见的，使人们又一次认识到黄河防洪问题的严峻性。

经过中外建设者协同作战，小浪底工程建设不断取得突破。2001年12月27日最后一台机组开始发电，6台发电机组全部具备运行条件。标志着小浪底水利枢纽主体工程全部完工，开始全面发挥巨大的综合效益。

随着小浪底工程建成投入运用，黄河下游防洪工程体系基本形成。按照“上拦下排，两岸分滞”方略，经过几十年的建设，下游基本建成了由堤防、河道整治工程、分滞洪工程及中游干支流水库组成的防洪工程体系。在战胜历年洪水，取得黄河岁岁安澜的伟大胜利中发挥了重要作用。

在改革开放的推动下，黄河流域水土保持工作也进入了一个新的发展阶段。

户包小流域治理是这一时期的亮点，这种新的水土流失治理形式，显示了旺盛的生命力。据统计，到1989年底，晋、陕、蒙、甘、宁、青6省(区)小流域治理承包户达248.95万户，共治理3522万亩。对于促进黄土高原水土保持、使山区人民脱贫致富，具有重要的意义。同时，黄河中游地区多沙支流治理速度不断加快。至1999年底，共开展小流域试点164条，综合治理水土流失面积1872平方公里。对于当地群众脱贫致富、减少黄河泥沙发挥了重要效益。水土流失重点治理区的探索研究也取得新进展，在20世纪70年代末确定中游多沙粗沙区10万平方公里的基础上，2000年确定将7.86万平方公里多沙粗沙区作为水土流失治理的重点地区。

黄河规划修订工作也在有条不紊地进行。1984~1997年，历时13年，编制完成了《黄河治理开发规划纲要》。尽管这次规划未能进入国家审批程序，但规划中的许多重要成果，在此后的治黄工作中已被广泛引用。如该规划第一次提出了“拦、排、放、调、挖，综合治理”的思路等。

河口治理是黄河治理的一个重要组成部分，80年代以后，为了稳定清水沟流路，先后进行了疏浚、改汊等治理措施。编制了《黄河入海流路规划报告》，并完成了一期治理工程，对河口地区的防洪安全及经济社会发展起到了重要作用。

这一时期，黄河水利委员会在原有职能的基础上，又被国家赋予了新的管理职责和任务，管理体制得到不断完善与延伸。

总之，在改革开放的推动下，20年间，治黄事业得到了迅猛发展，取得了可喜的成绩，为21世纪的治黄工作奠定了坚实的基础。同时，出现的新情况、新问题也给世纪之交的治黄工作提出了严峻的挑战和思考。

## 第七章 21世纪初期黄河治理开发与管理的探索与实践

进入21世纪，国家经济社会的快速发展，为黄河治理开发与管理提供了难得的机遇，同时也提出了更高的要求。但是，黄河仍面临洪水威胁依然严重、水资源供需矛盾日益尖锐、水土流失尚未得到有效遏制、水污染不断加剧四个重大问题。

其中，解决黄河断流危机显得尤其迫切。20世纪90年代，黄河已呈现年年断流的局面，而且断流的时间一年比一年提前，每年断流的天数也在持续增多。日趋严重的黄河断流，给黄河防洪、下游沿岸的经济社会发展以及生态环境带来了巨大威胁。于是，一场“拯救母亲河”的行动，在海内外迅速开展起来。

黄河治理开发面临的严峻形势，引起了党和国家新一代领导集体的高度重视和深刻思考。中央领导同志多次视察黄河，就治黄问题作出一系列重要指示。遵照中央领导的指示精神，黄河水利委员会组织有关专家开始了黄河重大问题及其对策的研究。2002年1月，《黄河近期重点治理开发规划》(以下简称《规划》)编制完成。7月14日，国务院正式批复了这一规划。该规划是21世纪初国家制定的一部重要的黄河规划，对于促进治黄事业的快速发展具有重大意义。

对于黄河下游防洪工程建设，《规划》选定放淤固堤作为堤防加固的主要措施，要求用10年左右时间初步建成黄河防洪减淤体系。为了落实这一要求，黄河水利委员会提出建设黄河下游标准化堤防体系的目标。到2005年汛前，黄河下游标准化堤防一期工程已如期建成。

为了缓解日益尖锐的水资源供需矛盾，解决黄河断流危机，

1998年底，经国务院批准,《黄河可供水量年度分配及干流水量调度方案》和《黄河水量调度管理办法》颁布实施,为进行全河水量统一调度提供了执法依据。1999年3月1日,根据国家授权,黄河干流水量统一调度正式拉开帷幕。至2006年,黄河已实现了连续7年不断流,产生了巨大的经济、社会和生态效益。

在黄河水资源极其紧张的情况下,按照国家的要求,还多次实施跨流域应急供水,缓解天津、青岛等地的燃眉之急。

解决黄河流域缺水问题,一靠建设节水性社会,二靠从外流域调水。《规划》提出,南水北调西线工程是从根本上解决黄河流域乃至西北地区干旱缺水问题的重大战略措施，近期要加快第一期工程前期工作步伐。此后,南水北调西线工程加快了工作进度,进入了一个新阶段。

关于黄土高原水土保持工作,《规划》提出:要以多沙粗沙区为重点,以小流域为单元,采取工程、生物等综合措施,促进植被恢复和生态系统的改善。根据这一要求,从2002年起,西北地区以"退耕还林"为标志的大规模生态工程建设全面启动。不久,淤地坝工程建设也迈开了新的步伐。

为了推进依法治黄,20世纪末,黄河水利委员会着手《黄河法》的立法前期工作,目前已正式向全国人大提出了立法议案。于2003年启动的《黄河水量调度条例》研究与起草,经过几年的努力工作,2006年7月,通过国务院常务会议审议,8月1日正式颁布实施。这是在国家层面第一次专门为黄河制定的行政法规，在黄河治理史上具有重大意义。

世纪之交,面对水利事业发展中存在的突出问题,探索治水新思路成为一项紧迫的任务。根据中央的指示精神,水利部党组提出了中国水利发展的新思路。对于黄河治理,水利部也提出了"堤防不决口、河道不断流、污染不超标、河床不抬高"的治理目标。这对于促使黄委转变观念、创新思维,形成新的治黄方略,具有重要的指导意义。

2001年11月，黄河水利委员会提出了建设“三条黄河”，即“原型黄河”、“数字黄河”、“模型黄河”的重大治黄设想，随后即进行了一系列建设。伴随着“三条黄河”科技治黄体系的逐步建成运用，治黄工作逐步迈向现代化。

从2002年到2006年，连续5年开展了调水调沙，将约4亿吨泥沙送入大海，使下游河道主河槽得到全面冲刷，过流能力有了一定提高。作为21世纪黄河治理的一项关键技术，调水调沙正在治黄实践中发挥着重要作用。

在黄河下游河道中，大量淤积的是粒径在0.05毫米以上的粗泥沙，因此，处理粗泥沙成为现阶段治理黄河泥沙的突破口。经过研究，黄河水利委员会提出了建设拦截黄河粗泥沙的三道防线的战略设想。

新世纪之初，黄河水文为治黄工作提供服务的能力进一步加强，水文事业的科技含量增加，传统水文向现代水文转变的步伐加快，黄河水文在治黄事业发展中的重要基础作用愈加凸现。

黄河水资源保护的总体能力明显增强，在治黄工作中扮演着日益重要的角色。水资源保护监督管理工作取得突破，实施了入河污染物总量限制排放，建立了重大水污染事件快速反应机制，建成了较为完整的多功能水质监测网络体系。

在探索和实践的基础上，2004年1月，黄河水利委员会党组提出了“维持黄河健康生命”的治河新理念。这一治河理念是中央科学发展观和水利部治水新思路在治黄工作中的具体体现，是治河思想的一次重大创新，为治黄事业的发展指明了方向。

2003年和2005年，黄河水利委员会成功举办了两届黄河国际论坛，为各国水利专家构建了一个交流对话的平台，为中外水利同仁铺架了一座友谊桥梁，也为治黄职工创立了一个吸取国内外先进治河经验和技术的窗口。

## 第八章　沿着科学发展观指引的道路阔步前进

60年来，人民治理黄河事业，波澜壮阔，取得了举世瞩目的辉煌成就，为中国人民的解放事业、新中国社会主义建设和各个时期国家经济社会的发展做出了巨大贡献。

防御洪水，实现了黄河伏秋大汛岁岁安澜，彻底扭转了历史上黄河“三年两决口，百年一改道”的险恶局面，有力地保障了黄淮海大平原人民生命财产的安全和国家经济社会的顺利发展。

黄河水利资源得到合理开发利用，流域及下游引黄地区灌溉面积发展到1.1亿亩；城市供水获得了快速发展，取得了显著的综合效益。

黄河干流已建、在建水电站25座，装机总容量达1724.54万千瓦。据2004年统计，黄河干流水电站已累计发电4544亿千瓦时，直接发电效益达2000多亿元。

黄土高原水土流失综合治理面积累计达到21.5万平方公里，年均减少入黄泥沙3亿吨左右，减缓了下游河床的淤积抬高速度，黄土高原生态建设效益显现。

多措并举、综合治理，泥沙处理与利用取得了重大突破。

全河水量实行统一调度，连续7年实现了全年不断流，初步扭转了20世纪90年代以来黄河下游连年断流的不利局面。

开展河口治理，相对稳定入海流路。清水沟流路目前已经安全行水30年，且流路河道情况良好。

人民治理黄河60年，具有以下基本特征：一是党和国家始终把黄河治理作为事关安民兴邦的重大问题予以高度重视；二是人民群众真正成为黄河治理事业的主体；三是坚持科学规划，在正确的治河方略指导下前进；四是以基础研究与科技创新推动黄河治理开发不断发展；五是努力吸收国际先进科学技术，提高黄河治理开发水平；六是不断完善流域管理体制，为治河事业发展提供保证。

在人民治理黄河60年的过程中，取得了以下基本经验与认识：

一是充分认识黄河问题的复杂性和艰巨性。牢固树立起长远、战略、全局的观点，深入研究、不断探索，持之以恒、艰苦奋斗，搞好黄河的治理开发与管理。

二是黄河治理开发与管理必须遵循黄河的自然规律。只有充分认识黄河的河情，尊重并遵循黄河存在和发展的规律去治理开发与管理黄河，才能收到事半功倍的治理开发效果。

三是立足全局，统筹兼顾，坚持系统性原则，把黄河治理开发与管理的每一个方略、每一项举措都放到流域这个系统中去思考和实施，保证黄河的全面、协调、可持续发展。

四是必须坚持实践—认识—再实践—再认识的认识路线，在实践中不断探索，不断前进，努力把黄河的事情办得更好。

五是坚持以科学发展观统揽全局，实现人与河流和谐相处。维持黄河健康生命，当好河流代言人，以黄河水资源的可持续利用支持流域及其有关地区的可持续发展。

2002年7月国务院批复的《黄河近期重点治理开发规划》，明确提出了黄河治理开发的目标：通过长期不懈的努力，到本世纪中叶，建成完善的黄河防洪减淤体系，有效控制黄河洪水泥沙，初步形成“相对地下河”，谋求黄河长治久安。形成节水型社会，实现南水北调西线工程向黄河流域调水170亿立方米左右，供需矛盾基本解决；黄河流域地表水恢复良好状态。黄河流域适宜治理的水土流失区基本得到治理，平均每年减少入黄泥沙达到8亿吨，生态环境实现良性循环。

为了实现黄河治理开发的目标，谋求黄河长治久安，黄河水利委员会提出了建设防洪减淤体系，水资源管理、利用和保护，水土保持，科学研究与技术进步，构建水沙调控体系，黄河下游河道治理等方面的重点工作。

展望未来，黄河治理开发与管理的远景蓝图已经绘就。我们坚信，在党中央科学发展观的指引下，经过长期努力，黄河一定能实现长治久安，更好地造福中华民族。人与河流和谐相处的时代一定会到来。

（本文系作者主编的《人民治理黄河六十年》一书的缩写，原载于2006年10月24日《黄河报》，发表时署名本书编写组。该书的研究与编著获黄河水利委员会2006年创新奖特别奖。）

# 巨龙伏波写春秋

## ——记《人民治理黄河六十年》的研究与编著

从1946年到2006年，中国共产党领导的人民治理黄河事业走过了60年光辉历程。人民治理黄河60年的历史，是一部黄河沧桑巨变、恩泽华夏的变迁史，也是一部岁月峥嵘、成就斐然的当代治理黄河史。60年的历程，饱含着着党和国家的高度重视与殷切关怀，镌刻着老一辈创业者前赴后继、浴血奋战的不朽业绩，凝聚着一代又一代黄河建设者的青春与奉献，见证着人民治理黄河事业不断开拓前进、从胜利走向胜利的坚实足迹。为了纪念这一伟大事业走过的光辉历程，2006年年初黄河水利委员会党组决定组织编写《人民治理黄河六十年》一书。旨在以史为鉴，永远铭记老一代黄河建设者的丰功伟绩，深刻认识黄河问题的复杂性及黄河治理的长期性、艰巨性，激励人们继往开来，把黄河治理开发与管理事业继续推向前进。

经过8个月的努力工作，《人民治理黄河六十年》一书编著完成，近日已由黄河水利出版社出版。该书是一部断代史体例的历史文献，基本以时间顺序和重大事件为脉络，以国家战略发展全局与黄河的关系为主线，史论结合，图文并茂，真实记述了人民治理黄河60年的全过程。读来如春秋再现，引人深思，令人感奋。

一、艰巨的任务，神圣的使命

按照黄委党组的要求，《人民治理黄河六十年》，要写成一部系统反映人民治理黄河60年的大型历史文献，从历史学的角度而言，也就是要在对当代黄河水利史研究的基础上，写出一部人民治理黄河事业发展历程的断代史。从时间上，要求今年10月编著完成正式出版，为纪念人民治理黄河60年献礼。

显然，这是一项十分艰巨的任务。

黄河是中华民族的摇篮，在中国历史发展的进程中占有十分重要的地位。但由于其河情特殊、极其复杂难治，历史上洪水决口泛滥频繁，也给人民造成了深重的灾害，被称为“中华民族之忧患”。

1946年，在围绕黄河回归故道的重大斗争中，中国共产党领导的人民治理黄河事业揭开了历史新篇章。在战火硝烟中，黄河两岸解放区人民群众和黄河员工，一手拿枪，一手拿锨，艰苦创业，浴血奋战，经过艰苦卓绝的英勇斗争，胜利完成了黄河回归故道后堤防不决口、支援刘邓大军过黄河等重大的艰巨任务，为中国人民的解放事业做出了突出的贡献。

《人民治理黄河六十年》编写组成员合影(2006年11月)

新中国成立后，党和国家高度重视黄河在我国社会主义现代化建设中的重要地位。历届中央领导多次视察黄河，发表一系列重要讲话，主持研究决策治理黄河的重大问题，对于黄河治理与开发给予了亲切的关怀。1955年全国一届人大二次会议审议通过了《黄河治理开发综合规划》。2002年国务院批复了《黄河近期重点治理开发规划》。这些，都有力地推动了黄河治理开发事业的不断发展。

60年来，在党和国家的领导下，经过广大人民群众与黄河建设者的艰苦奋斗，古老的黄河沧桑巨变。下游初步形成由两岸堤防、分滞洪区和控制性枢纽工程组成的“上拦下排、两岸分滞”的防洪工程体系，依靠这一工程体系和防洪非工程措施，加上沿河军民与黄河职工的严密防守，战胜了包括1958年22300立方米每秒、1982年15300立方米每秒等历次洪水，彻底扭转了历史上频繁决口改道的险恶局面，黄河的岁岁安澜，保障了国家社会主义建设的顺利进行。黄河水资源得到开发利用，流域及下游引黄灌溉面积从新中国成立前的1200万亩增长到1.1亿多亩，同时为沿河50多座大中城市和重要工业基地提供了宝贵的水源。黄河干流上建成了18座水电站，水力发电装机总容量达1000多万千瓦，成为国家重要的水电能源基地，有力地促进了沿河两岸及相关地区经济社会的发展。黄土高原地区水土流失初步治理面积18万平方公里，有效减少了入黄泥沙，改善了当地的生态环境和生产生活条件。在长期的实践中，一代代黄河专家和科技工作者不断探索新的治河道路，先后提出“宽河固堤”、“蓄水拦沙”、“除害兴利”、“上拦下排”、“调水调沙”等治河方略，引导了各个时期黄河事业的发展和跨越。

进入21世纪，针对黄河水资源供需矛盾尖锐、下游河道频繁断流、水质污染严重等新的问题，黄河水利委员会贯彻中央的科学发展观，努力践行水利部治水新思路，确立了“维持黄河健康生命”的治河新理念。根据国家授权，对全河水量实施统一调度，统筹各方面的用水需求，确保了黄河连年不断流。开展调水调沙试验、下游标准化堤防建设、黄土高原粗沙来源区集中治理等探索和实践，为人民治理黄河事业积累了新的经验。人民治理黄河60年的历程，波澜壮阔，成就巨大，举世瞩目，这是历史上任何一个朝代都无法比拟的。

因此，如何认真研究和总结这一彪炳千秋的光辉历程，把人民治理黄河60年优良的传统、丰富的历史经验和宝贵的精神财富，书之于史，载之于道，使之继承发扬光大，的确具有十分重要的意义。

对于本书的编著，黄委领导给予了高度重视。李国英主任明确提出了"厚远薄近、注重纪实"的编写原则，从修改编写大纲，到完善反映内容，给予了高度关注和多方面的指导。分管此项工作的黄委党组成员郭国顺同志，推动工作部署、组建编写班子，抓紧了关键环节的落实。

本书由侯全亮同志担任主编，全面负责编写组的日常工作与全书统稿。鉴于这项工作要求高、难度大、时间紧，为了确保任务按时完成，黄委决定采取集中力量研究编写的方式。从委属单位和机关部门抽调11名同志组成写作组；聘请6位熟悉情况并长期从事文字工作的退休同志作为研究编写顾问，分别指导各个章节的研究编写工作，同时设立了图片组和工作组，负责图片收集、设计与编务工作。

《人民治理黄河六十年》一书的编著，主要把握了以下几个环节：

(1)理论武装，准确定位。按照本书的编写宗旨，首先组织全体编写人员认真学习马克思主义唯物史观，深刻领会中央提出的以人为本、全面、协调、可持续的科学发展观。通过认真研阅《中国共产党的七十年》、《我的治河实践》、《黄河志》系列丛书，《黄河水利史述要》、《维持黄河健康生命》、《天生一条黄河》等有关文献和著作，广泛吸取其著述内涵，增强了运用唯物史观与科学发展观理论武器的能力，初步掌握了写史原则与技法。同时，确定了本书的功能与体例定位。据此,由远及近,严格筛选入书史事,编制了详细的写作提纲。

(2)广收史料,悉心研究。根据制定的写作提纲、工作计划和分工,各章执笔人通过查阅历史档案、走访健在的当事人等途径,很快掌握了较为详细的资料。同时,深入研究分析各历史阶段黄河治理的时代背景、工作特点以及重大历史事件,进行篇章构架。对现有著述互有出入的资料,通过综合考证,予以甄别、归纳、整合,并对一些明显过时的观点、不够全面的提法或晦涩难懂的表述,进行了重新审视和现代语言处理。力求做到史实准确,大事不漏,既尊重历史的真实性、史料的严谨性,又注重文字的可读性。

(3)协同攻关,日臻完善。为圆满完成这项光荣而艰巨的任务,写作过程中,各位执笔人员夜以继日,勤奋笔耕,及时切磋交流,倾注了全部心智。各位顾问不顾年高体弱,从把握重点、考据史实、同步指导,到遣词用句、修改文稿,做了大量严谨细致的工作。侯全亮主编就研究路线、章节结构、史料运用、统一文风、前后逻辑关系等,逐章逐节进行修改。其间,编写组多次召开研讨会,针对各章内容的详略布局、交叉重复、观点立论等问题,研究会商,融合调整,先后进行了4次大的修改。经过大家的努力工作,8月中旬完成初稿,分送黄委领导、离退休老同志、老专家及委属单位、机关有关部门广泛征求意见。在此过程中,许多老领导、老专家以极其高涨的热情和认真负责的态度,仔细审阅了全部书稿,充分肯定了初步编写成果,并提出了许多富有价值的意见和建议。黄委原副主任刘连铭、陈先德,山东黄河河务局原副局长张学信、黄委原副总工程师温存德、水文局原总工程师李良年、河南黄河河务局原总工程师程致道、原黄河勘测规划设计院教授级高级工程师温善章等同志,从有关历史事件的核实到基本技术数据的采用,条理清晰地提出了100多条可供操作的修改建议和书面意见。据统计,各方面反馈的修改意见,大大小小累计达800多条,充分体现了黄河人对这项工作的热情支持及其认真严谨的工作作风。经过反复修改完善,全书于9月下旬定稿。

(4)环环相扣,如期付梓。进入出版阶段,黄河水利出版社把该书列为重中之重的创品牌图书。从报送国家主管部门审查批准,到后期审读、校对、装帧设计,直至送厂印刷、跟踪监理,抓紧了每道工序的运行。经过多方的共同努力,《人民治理黄河六十年》于2006年10月底按计划如期出版,为纪念人民治理黄河60年献上了一份厚礼。

二、创新的理念,鲜明的特色

《人民治理黄河六十年》一书,共分为9个部分,依次为:"前言"、"人民治理黄河的开端"、"解放战争中的黄河治理"、"新中国成立初期黄河治理的形势和任务"、"除害兴利,综合开发"、"文化大革命中的黄河"、"改革开放推动黄河治理全面发展"、"21世纪初期黄河治理开发与管理的探索与实践"、"沿着科学发展观指引的道路阔步前进",书中随文配有260多幅珍贵的历史图片,最后附有人民治理黄河60年大事年表和参考文献目录,总计59万字。综观全书,基本体现了记述全面、史料丰富、重点突出、观点准确、文风平实的编写宗旨与要求。具体说来,有以下几个方面的明显特色。

(一)理论指导的探索与创新

历史的研究与写作,必须有正确的理论作指导。作为当代黄河水利史的研究,《人民治理黄河六十年》编著伊始即开宗明义,以唯物史观和科学发展观为指导,这在理论指导思想上是一项很重要的创新。

唯物史观的核心是人民群众创造历史。历史上各个朝代虽然也将黄河治理视作安邦治国之策,但由于社会制度的局限,人民群众常常是作为"奴隶"、"劳役"被迫参与。而中国共产党所领导的人民治理黄河事业,代表了最广大人民群众的根本利益,立足动员群众、依靠群众、尊重群众的首创精神，人民群众焕发出了前所未有的巨大热情，自觉地把治理黄河的事情当作自己的神圣职责，主动参与到黄河治理开发之中，从而在中国历史上使人民群众第一次真正成为黄河治理事业的主体。本书在编写过程，紧紧把握唯物史观的基本内涵，揭示了60年黄河治理开发事业的"人民性"这一深刻主题。同时，既坚持历史的本然、把真实性放在第一位，又注重揭示历史的所以然，努力挖掘历史事件的背景及其规律性，力求获得历史规律性的认识。

以科学发展观为指导研究编著当代人民治理黄河史，是本书指导思想上的又一重要突破。科学发展观是中共中央在新的历史条件下提出的一种重要的发展论。它不仅是今后相当长一个时期国家经济社会发展的最高纲领，而且对于研究新中国发展史，总结以往成功的经验，鉴戒失误的教训，也具有极其重要的指导意义。《人民治理黄河六十年》的研究与编著，在全面记述60年来黄河防洪工程建设、防汛抢险、黄土高原水土保持、泥沙处理和利用、水资源开发利用等巨大成就的同时，注重运用以科学发展观为指导，深刻反思与剖析黄河水资源开发过度、下游"二级悬河"形势加剧、水污染严重等问题，对黄河水利委员会提出的"维持黄河健康生命"治河新理念及其科学内涵，进行了系统阐述，强调了全面、协调、可持续的科学发展观对于黄河治理开发与管理的重要指导作用。

综上所述，可以说，运用唯物史观和科学发展观总结人民治理黄河60年的基本经验，研究分析当代黄河水利史，是一次较为成功的探索与创新。

（二）研究视角的放大与延伸

黄河安危，事关国家大局。因此，就视角上来说，研究黄河治理开发与管理的历史，必须坚持站在国家和民族的高度，注重分析黄河变迁对于中国历史、中华民族的重大影响，揭示黄河治理开发各项重大举措在国家经济社会发展中的重要地位和作用。《人民治理黄河六十年》的研究与编著，较好地把握住了这一点。例如，关于人民治理黄河初期黄河回归故道的斗争、20世纪50年代黄河规划通过国家最高权力机构批准、80年代小浪底工程建设的决策、90年代黄河频繁断流、黄河水利委员会对全河水资源统一管理与调度等记述，就是将黄河上发生的每一个重大事件与中国人民的解放事业、国家战略发展全局和民族根本利益的大背景紧密联系起来，这样去分析、去思考，就使得其因果关系更加清晰，黄河的重要地位更加突出，大大增加了整个研究成果的价值。

此外，《人民治理黄河六十年》的研究与编著，在详略取舍和述史比重上，还遵循了“厚远薄近”的原则。其原因在于，在漫漫历史长河中，不同的历史阶段对于同一史实的认识各有不同，甚至差异很大。根据“实践是检验真理的标准”的认识论，一般来讲，年代越久远，经过历史的沉淀和检验，事情就会越清楚，结论也越符合实际。因此，本书对于人民治理黄河初期、20世纪50年代、60年代的黄河史事，记述得较为详细，花的笔墨较重，有关评价也比较透彻。而对年代较近、距今时间还比较短的事件，就比较简略，为的是给历史留有余地，为接受实践的检验腾出足够的空间。

（三）关于正确处理继承与发展的关系

在当代黄河水利史的研究过程中，如何正确处理继承和发展的关系，始终是一个极为重要的问题。它不仅涉及到古今治河方略的传承与发展，也涉及到大量当代治河理论与技术中前后不同观点的评述。对此，《人民治理黄河六十年》的著述，在三门峡、小浪底枢纽工程建设、调水调沙试验与运行、黄土高原多沙粗沙区界定等重大理论和实践问题上，都注意了在继承基础上的发展这一重大关系的把握和处理，以便读者能够从中辨析当代治河方略的演变轨迹与创新所在。

正确处理继承与发展的关系，还包括通过研究分析，对一些黄河重大历史事件的重新审视和评价。客观地讲，既往历史是已经发生过的事情，其本然是不能改变的。但是，人们对于历史事件的认识则随着时间的推移、时代的发展而不断深化。《人民治理黄河六十年》的编著，突出了以史为主、史论结合的基本特点，各章最后都有一个立足今日角度对各个历史阶段的综合评述，其中也包括对黄河治理开发一些重大事件的反思。当然，这种反思与认识不应是执笔人的个人观点，而应是人们与时俱进的广泛共识。如本书第一次较为全面地记述了“文革”中黄河治理的历史，客观反映了“黄河治理在艰难中前进”取得的新进展，并分析认为，这不是“文革”的功劳，而是多种因素共同作用的结果。这与以往其他有关著作相比，应视为一个新的突破。再如，对于三门峡水利枢纽工程风风雨雨几十年的功过是非，也在深入研究的基础上，提出了较为客观的认识和全面评价。

《人民治理黄河六十年》对于黄河历史事件认识的发展，还表现在有关史料的发现与订正。如对原史料研究中冀鲁豫第一个治河机构的名称，山东黄河河务局成立的确切时间等记述，均在考据、甄别、印证的基础上进行了订正。

(四)对人民治理黄河事业基本特征的揭示

《人民治理黄河六十年》是第一部采用断代史体例反映中国共产党领导下人民治理黄河历史的著作。其特点为以时代为断限，评述有据，脉络清晰，可以使人们从中获得规律性的认识。其中，本书关于人民治理黄河60年基本特征的总结概括，堪称当代黄河断代史的成功范例。

黄河缔造与孕育了五千年的中华文明史。然而，在漫长的历史发展进程中，对于中华民族来说，黄河始终是一个沉重的命题。由于洪水频繁决溢，历代朝野一向关注黄河治理，也陆续提出过多种治河方案。但由于生产力水平低下、社会制度等因素的制约，黄河泛滥依然如故，灾难深重。进入近代，随着科学技术的发展，治河技术有了较大进步。然而，这一时期军阀混战引起的社会动乱，外国资本主义掠夺造成的经济贫困,以及战争的连绵不断,都给黄河治理带来了重重障碍,致使黄河在决口改道中反复徘徊。人们所热切期望的“黄河宁,天下平”的局面一直未能实现。

中国共产党领导的人民治理黄河60年的历史,波澜壮阔,前赴后继,不断开拓进取,创造了前所未有的辉煌。那么,如果要问,综观这一历史阶段,人民治理黄河事业的鲜明特征与基本经验是什么呢?《人民治理黄河六十年》在第八章对此作了系统总结和高度概括。

其鲜明特征具体表现为六个方面:①党和国家始终把黄河治理作为事关安民兴邦的重大问题予以高度重视;②人民群众真正成为黄河治理事业的主体;③坚持科学规划,在正确的治河方略指导下前进;④以基础研究与科技创新推动黄河治理开发发展;⑤努力吸收国际先进科学技术,提高黄河治理开发水平;⑥不断完善流域管理体制,为治河事业提供保证。

其基本经验概括为五个方面:一是充分认识黄河问题的复杂性和艰巨性,牢固树立长远、战略的观点,持之以恒,不断探索,处理好黄河治理开发与管理各方面的关系;二是必须充分认识黄河特殊的河情,遵循黄河的自然规律,去部署黄河治理开发与管理的各项措施,才能收到事半功倍的效果;三是立足全局,统筹兼顾,坚持系统性原则,保证黄河治理开发的全面、协调、可持续发展;四是必须坚持实践—认识—再实践—再认识的认识路线;五是坚持以科学发展观统揽全局,维持黄河健康生命,实现人与河流和谐相处。

## 三、传承伟业,功能多元

作为一部当代黄河水利史,《人民治理黄河六十年》以其史料翔实、真实流畅的内涵与风格,从征求意见稿阶段开始,便受到了人们的广泛好评和期待。

该书具有以下五个方面的功能。

一是求真。本着对历史负责的原则，真实地反映和传承人民治理黄河60年的历史。二是求鉴。立足于为当代黄河治理开发与管理的决策服务，以史为鉴，科学决策。三是求辨。力求为黄河问题研究者和广大科技人员创新思维、科学辨析治河重大问题提供有益的帮助。四是求知。使广大读者通过图文并茂、深刻形象的表述，系统获得黄河多方面的知识。五是求励。激励青年一代继承人民治理黄河的优良传统，使其焕发出热爱黄河、为黄河事业做贡献的极大热情。

一些参与审阅本书书稿和已先睹为快的专家学者，对《人民治理黄河六十年》一书作了这样的评价：

“此书的编著，不仅体例有所创新，而且能运用历史唯物主义观点，辨证、客观地记述黄河重大历史事件，在花园口决口、‘文革’中的黄河等问题的评述上，与以往的黄河读物相比，不仅对现有著作在史料上进行了重要订正和补充，而且在观点上具有新的突破，在纪念人民治理黄河60年之际，该书的编著与出版，具有特殊的意义。”

“该书全面梳理了60年来黄河的演变轨迹，系统总结了人民治理黄河的宝贵经验，初步揭示了黄河的发展规律，全景式地展示了人民治理黄河的光辉成就。用大量有说服力的事实，解读了曾经被称为‘中国之忧患’的黄河，在中国共产党领导下、在人民共和国时代发生巨变的深刻内在原因。从黄河的沧桑巨变，反映了中国共产党的伟大、光荣、正确，揭示了社会主义制度的优越性。此书堪称中国历史上黄河史的‘现代篇’。”

“该书主题鲜明，资料丰富，结构严谨，思维辩证，脉络清晰，重点突出，文笔朴实，编排新颖，装帧精美，生动再现了人民治理黄河60年的光辉历程，为人们了解当代黄河水利史，认识黄河，提供了一部兼具参鉴性、可读性和收藏价值的历史读物。它的问世，是黄河水利委员会推出的一部最新力作。”

应该说，专家们的这些赞誉，在很大程度上反映了黄河治理开发与管理事业持续发展的一种要求，代表了人民群众和黄河职工的需求与期望。然而，作为编写人员，我们也深深感到，面对第一次以断代史体例全面记述人民治理黄河60年光辉历程这项艰巨任务，由于缺乏经验，加之时间紧迫，该书仍然难免有不当或疏漏之处。因此，恳切希望广大读者、研究者和熟悉各个阶段黄河情况的老同志多加批评指正，以便今后进一步修正完善。

（本文系作者为《人民治理黄河六十年》一书所写的综述评论，原载于2006年11月2日《黄河报》，发表时署名本书编写组）

# 黄河人之歌

你要问是谁激动着我，
你去问黄河人奋斗的生活。
绵延长堤挺起了雄伟的新姿，
喷涌沙浪裹挟着艰辛的探索。

你要问是谁激动着我，
你去问母亲河生命的颂歌。
乳汁断绝曾牵动着举国忧虑，
如今儿女们还了她哺育的本色。

你要问是谁激动着我，
你去问孪生的三条黄河。
计算机上穿梭着神奇的水流。
实验室里翻卷起智慧的漩涡。

啊，黄河人，啊，黄河人，
一串串汗水凝聚着你的辛劳，
一行行足迹见证着你的开拓。
神圣自豪，任重道远，
我为你祝福，为你放歌，
为你祝福，为你放歌！

（这首歌词系作者为黄河水利委员会2006年全河工作会议电视专题片所作的插曲，原载于2006年1月10日《黄河报》）

# 写给你，黄河

寒来暑往，红旗猎猎。中国共产党领导的人民治理黄河事业，已走过一轮波澜壮阔的花甲岁月。作为一名黄河人，我——

一

想起了那年的这个时刻，
两行热泪不禁在我的腮边滴落。
我惭愧，
自己心拙口笨，
母亲河的华诞已经翩翩来临，
我却无力，
像白发苍苍的黄河专家，
献上一份科技攻关的厚礼；
也不能，
像当年的老主任王化云，
为大家作一次激动人心的演说；
就是那人挑车推中
挺起的绵延长堤和巍峨险工，
也从不熟悉我的肩膀与胳膊……
是的，在艰苦卓绝的征途中，
作为后来者，我们自惭功绩菲薄，

但，我们跳荡的心，始终和你共鸣，
我们炽烈的情，一直和你同热。
不是吗，在那前赴后继的队伍里，
有各级指挥员，平凡的劳动者，
有他，有她，也有我。
这是黄河的盛大节日啊，
一场场英勇不屈的战斗，
一幕幕荡气回肠的生活，
此时，都竞相在历史长河中穿梭……

## 二

朋友，也许你难以想象，
为了见证
人民治理黄河非凡的足迹，
这里，我要讲述一个惊心动魄的经过。
从黄河归故斗争伊始，
延安窑洞里，发出指路航灯，
到"一手拿锹，一手拿枪"，
虎口狼窝抢修堤防的惊天悲歌；
从支援刘邓大军突破黄河天堑，
似尖刀插进敌人心脏，
到昆山鏖战，高村抢险，保卫江苏坝，
一曲曲血色黄昏的悲壮战歌。
烽火硝烟中，守护家园，
枪林弹雨里，保卫黄河，
从此，人民治黄事业迈开双脚，
经受了一个漫长时代的洗礼与选择。
1949年9月，

那是人民共和国将要诞生的庄严时刻，
一场洪水却突兀而至，
像是赶来参加开国盛典的不速之客。
“绝不能让黄河决口的悲剧重演！”
一种巨大的历史责任感，
顿时，在大河上下，化作钢铁意志的浪波。
一天深夜，山东济阳一处堤岸，
突然发生碗口粗的漏洞，
喷涌的水柱发出狂吼，
顷刻之间，就要把大堤拦腰撕破。
在这万分危险的时候，
黄河职工戴令德巡堤查险从这里经过，
没有片刻犹豫，没有丝毫退缩，
他，纵身跳进浊浪翻卷的河水，
用身躯紧紧堵住汹涌无比的漩涡。
洞口越来越大，
洪水愈加猖狂肆虐，
戴令德，随时有可能
被张着血盆大口的高压激流吞没。
然而，此时，他的信念只有一个，
“宁肯死在洞中，也要守住黄河！”
几十个日日夜夜啊，
数十万抗洪大军，如钢铁般的水上长城，
与洪水殊死搏斗，
同险情短兵争夺。
终于，滔滔河水安澜入海，
又一次投身浩瀚无垠的蔚蓝色。
也就在这时，

天安门广场上，第一面五星红旗冉冉升起，
您的儿女，将一份特别的厚礼，
庄重地，献给了新生的人民共和国……

## 三

黄河宁，天下平。
当历史进入新的纪元，
您承载着人们更多的理想、壮志与寄托：
甩掉“民族忧患”的帽子，
彻底解除洪水泛滥、决口改道的灾祸；
向支离破碎的黄土高原进军，
将亘古不变的“下游悬河定律”打破；
把宝贵的水资源引向两岸，
用丰美的“乳汁”滋润希望的田野；
唤醒沉睡的深山峡谷，
让颗颗璀璨明珠点亮万家灯火……
啊，数不清的跋山涉水，披荆斩棘，
说不尽的殚精竭虑，呕心沥血。
终于，一本治理开发黄河的宏伟蓝图，
步入人民代表大会的神圣殿堂，
成为国家意志的最高决策。
从“宽河固堤”、“蓄水拦沙”、“上拦下排”，
治河方略的渐次嬗变，
到军民携手、众志成城、顽强拼搏，
抗洪抢险的成功之作，
您的儿女无不是饱蘸深情，负重前进，
不停地，不停地进行着艰辛的探索……
诚然，在这匡世伟业之中，

人们也曾感受过
“黄河清，圣人出”的沉重，
也品尝过“人定胜天”思想的苦涩。
然而，面对困难、失误和挫折，
他们没有明哲保身，但求无过，
更没有一蹶不振，让似水年华蹉跎。
深入泥沙的玄奥机理，
探秘河水的演变规律，
总结历史，反思自我，不断探寻新的治河良策……
是的，黄河，你可以作证，
他们，无愧于你的儿女，
那气贯长虹的丰功伟绩，
将和着你的脚步，奔腾向前，永载史册！

## 四

常言说，人生最值得警惕的是
里程碑前的时刻。
的确，当21世纪的钟声敲响，
黄河的事情依然任重道远，
亟待解决的难题还很多很多。
曾几何时，洪水威胁尚未消除，
断流危机又悄然逼近人们的生活，
河槽淤积迅速，
“悬河”形势加剧，
生态严重恶化，
就连您的生命，也遭到了空前的胁迫……
如何让黄河治理开发与管理，
在科学发展观之光的引领下，

走出许久的郁闷和困惑？
迎着时代的发问，带着深沉的思索，
如今，新一代黄河人，
正在承前启后，奋力开拓——
崇尚自然，尊重科学，
维持黄河健康生命，
寻求人与河流永远和谐。
啊，黄河，
恩泽众生，含辛茹苦的母亲河，
您的儿女，将一如既往，脚踏实地，
用全部的睿智和果敢行动，
谱写出一部
黄河生生不息、万古奔流的跨时代壮歌！

（原载于2006年6月24日《黄河报》）

# 一年又一年

我家住在黄河边，
巍巍长堤是我亲密的伙伴。
众志成城，力挽狂澜，
啊，一年又一年，
为人民守卫着美好的家园。

我家住在黄河边，
绿色颂歌是我生活的琴弦。
统一调度，优化资源，
啊，一年又一年，
用心血开掘着奔流的源泉！

我家住在黄河边，
黄土高原是我深深的爱恋。
治沟筑坝，推广示范，
啊，一年又一年，
为大河播种希望的明天。

我家住在黄河边，
母亲河危难是我痛心的忧患。

革新理念，铁肩代言，
啊，一年又一年，
高扬起黄河健康生命的风帆。
啊，一年又一年，一年又一年，
六十道光辉灿烂的年轮，
谱写着一幕幕波澜壮阔的史诗，
凝聚着一辈辈呕心沥血的奉献。
艰巨而光荣，任重而道远。
我们肩负神圣的使命，
承前启后，继往开来，勇往直前！

（这首歌词系作者为黄河水利委员会2007年全河工作会议电视专题片所作的插曲，原载于2007年1月 18日《黄河报》，作曲为中国音乐家协会常务理事、河南省音乐家协会主席周虹）

# 电视片解说词

DIANSHIPIANJIESHUOCI

# 黄河

黄河，中华民族的母亲河，世界闻名的万里巨川。她发源于青藏高原巴颜喀拉山北麓，跨越北中国9个省区，在山东垦利注入渤海。一路携川纳流，奔腾跌宕，景观万千，巍然雄风。

这是一条传承中华文明的伟大河流。她哺育了我们这个民族的成长，孕育了光辉灿烂的华夏文明。源远流长的历史文化，光芒四射的古国声威，血脉维系的民族灵性，印记着龙的传人在这里增殖裂变、交融汇流的沧桑年轮，凝聚着中华民族百折不挠、自强不息的卓然风骨。

这也是一条性情极其独特的河流。年均径流量580亿立方米，仅为南美亚马孙河的百分之一，北美密西西比河的十分之一，但高达16亿吨的年均输沙量，却是这两条世界著名河流的3倍多。黄河水量半数以上来自上游，而九成多的沙量则出于中游。水少沙多，水沙异源，泥沙淤积严重，下游长河高悬。历史上，黄河下游频繁决口改道，北抵天津，南达江淮，纵横25万平方公里。水沙俱下，一泻千里，生灵涂炭，生态环境长久难以恢复。一幕幕洪水泛滥的惨剧，正是黄河这种独特性情的“怪圈”效应。

黄河宁，天下平。

1949年新中国成立后，党和政府十分重视黄河问题，对黄河进行了规模空前的建设。半个多世纪以来，成就斐然，举世瞩目。

然而，作为世界上最复杂难治的河流，黄河仍然有许多未被拉直的巨大问号，亟待人们去探究。

由于水少沙多，冲淤失衡，下游河道主槽淤积加剧，“二级悬河”形势严峻，加之主流游荡多变，“横河”、“斜河”时有发生，直接威胁着两岸堤防，洪水危害依然是高悬在人们头上的一把达摩克利斯之剑。

随着河川径流过度开发与沿河废污水排放量剧增，黄河水资源供需矛盾日益尖锐，水质污染呈持续恶化趋势，居民生活、工农业生产和流域生态系统，已出现新的危机。

拯救母亲河，已成为当代中国人责无旁贷的天职！

堤防不决口，河道不断流，河床不抬高，污染不超标，实现黄河的长治久安，是这一代炎黄子孙对母亲河未来的最高追求和殷切企盼。

新世纪之初，中国政府从可持续发展的战略高度对这条大河给予了高度重视，作出了一系列重大决策。

1999年3月，国家授权黄河水利委员会对黄河水资源实行统一管理和统一调度。2001年12月国务院召开第116次总理办公会议，专题研究解决黄河重大问题。2002年7月国务院正式批复《黄河近期重点治理开发规划》。

肩负神圣使命的黄河儿女，感到了一种无比重大的历史责任，时不我待，意气风发，踏上了新的治河征程。

面对近年全流域连遭特大干旱、水资源形势极为严峻的局面，黄委统筹各方用水需求，强化管理，科学调度，合理配置，保证了黄河连年不断流，谱写了一曲跨世纪的绿色颂歌。

为了加快黄河建设进程，黄委适时提出建设“原型黄河”、“数字黄河”与“模型黄河”的理论构架，一种现代化治河体系，就此应运而生。

原型黄河，即自然界中的黄河。防御洪水，处理泥沙，黄土高原治理，水资源管理与保护，一项项重大而紧迫的任务，正是“三条黄河”建设体系中的需求来源和最终归宿。

数字黄河，就是把黄河装进计算机，借助现代化信息采集、传输和处理手段，快速模拟和研究分析黄河自然现象，探索其内在规律，为黄河治理开发与管理的决策提供技术支持。

模型黄河，就是把黄河建在实验室。在黄土高原、控制性枢纽、重要河段及河口尾闾等建设起系列模型，通过不同的物理条件，模拟自然水沙运动，观测变化要素，提供治河方案。

“三条黄河”，三位一体，互为作用。令人欣慰的是，如今它已从蓝图开始走入现实。

2002年7月4日9时整，世界水利史上最大规模的调水调沙试验在中国黄河上正式启动。

那一刻，随着小浪底水库闸门徐徐开启和黄白相间的“人造洪峰”喷薄而出，整个水利世界为之一震。

在这场调水调沙试验中，共有6640万吨泥沙被送入大海，小浪底水库及下游主河槽全部产生了冲刷，同时520万组基础数据的获取，进一步深化了人们对于黄河水沙运行规律的认识。特别是“三条黄河”在试验中初步实现联动，更加昭示了现代化治河体系的光明前景。

展望未来，黄河治理开发与管理，任重而道远。

在我们居住的蔚蓝色地球上，有着无数的河川溪流。她们或汹涌澎湃或潺潺细流，以其独特的生命方式哺育和滋养了丰富多姿的各类生命。河流所经之处，生灵跳跃，万物丰茂。然而，如今她们自身却正面临着空前的生存危机。当人类重新反思“人与大自然和谐相处”这一古老命题的时候，我们不能不自我警醒：河流也是有生命的，呵护河流生命，就是呵护人类自己。我们必须以全部聪明睿智和果敢行动，为捍卫河流的健康生命而奋斗！

最近，黄河水利委员会提出建立“维持黄河健康生命”的治河新理念。将“维持黄河健康生命”作为黄河治理开发与管理的终极目标。“堤防不决口,河道不断流,水质不超标,河床不抬高”为体现其终极目标的四个主要标志，该标志应通过九条治理途径得以实现,“三条黄河”建设是确保九条治理途径科学有效的基本手段。

啊,黄河,中华民族的生命之河。愿您生生不息,万古奔流!

（本文系作者为电视专题片《黄河》撰写的解说词,作于2003年）

# 见证黑河

2002年7月17日17时，位于内蒙古阿拉善高原的东居延海迎来了久别的弱水。随着源源不断的水量补给，碧波荡漾，群鸟云集，胡杨复苏。在河流的滋润下，饱经沧桑的额济纳大地，重新焕发了生机。

为了这一天，居延海等了十年。

2002年8月作者与黄河水利委员会主任李国英(左2)、副主任苏茂林(左3)、黑河流域管理局局长常炳炎(左1)在黑河正义峡考察

## 一、概况:黑河流过谁门前

弱水,又称黑河,发源于祁连山北麓冰川,流经青海、甘肃、内蒙古三省(区),在狼心山分流为东河、西河,两河蜿蜒淌过内蒙古阿拉善高原的西端,分别汇入中蒙边界的东居延海和西居延海。黑河全长821公里,为中国第二大内陆河。

黑河源头为双源,由东西相向而来两条河汊组成。西汊名叫野牛沟,源于铁里干山的八一冰川,为黑河源主流;东汊名叫八宝河,又称鄂博河,源于俄博滩东的景阳岭。两道雪山融水在青海黄藏寺合流北下,始称黑河。从源头至莺落峡出祁连山,黑河完成了集水汇流长达303公里的上游之旅。

从莺落峡到正义峡为黑河中游,在185公里长的河道两岸,呈现在人们面前的,就是著名的河西走廊灌溉农业区,这也是黑河流域最大的经济区和耗水区。

正义峡以下至居延海为黑河下游,河道长333公里,这里尽管也有鼎新灌区、东风场区和额济纳草原三块绿洲,但更多的还是一望无际的戈壁沙漠。

黑河流域深居河西走廊中心、亚欧大陆腹地,辖青海省祁连县,甘肃省山丹、民乐、张掖、甘州、临泽、高台、肃南、嘉峪关市、酒泉市金塔县和内蒙古自治区额济纳旗共11个县(市、区、旗)和东风场区。

黑河水系共有大小河流36条,多年平均径流量36.3亿立方米,流域面积14.29万平方公里。整个水系由三个子水系形成。东部子水系包括黑河干流、梨园河及其20余条支流,是关系河西走廊和额济纳绿洲生死存亡的唯一水源,最终汇于东、西居延海;中部子水系系浅山短流,为酒泉马营河—丰乐河等小河流水系,归宿于肃南县明花区—高台盐池盆地;西部子水系为酒泉洪水河—讨赖河水系,是支撑酒泉、嘉峪关地区生产、生活、生态的命脉。

## 二、历史:曾经拥有的,正在发生的

“裕固族姑娘就是我,姑娘我心中歌儿多。闪光的珠宝头上戴,细细的毛线我拧过。高山峻岭我上过,哗哗的牛奶我挤过……”

这是一条神秘而沉重的河流。汉武帝时代,年青的骠骑大将军霍去病两度率军西征,击败了匈奴武装,打通河西走廊,从此开辟了中原王朝与中亚乃至欧洲贸易的“丝绸之路”,启动了农业文明向游牧文明持续渗透扩张、农牧业交错发展的历史进程。

作为中华民族碰撞交融、百川归海的一个缩影,黑河流域历来是多民族同胞的共同家园。汉、回、藏、蒙古、裕固等民族长期在这里繁衍生息,共同创造了具有开放、整合特色的河西文化和居延文化,为中原文明西扩以及西域文化东进做出了不可磨灭的历史贡献。

这是一个拥有2000多年开发史的绿洲带。沿着先人们“开河西,通西域”的阳关大道,一条名列全国十大商品粮基地的灌溉农业带错落绵延。充足的光热资源、土地资源加上来自祁连山区的内陆河水,使这里成为发展农业的一方沃土。改革开放以来,它产出了甘肃全省70%的商品粮、99%的棉花、35%的油料以及50%的瓜果蔬菜。

而在大漠深处、弱水两岸,在300多年前土尔扈特蒙古族同胞回归祖国的地方,一座享誉中外的航天城横空出世。我国第一枚近程导弹、第一枚导弹核武器、第一颗人造地球卫星、第一颗返回式卫星、第一枚远程洲际火箭……就在这悠悠古道上发射升空,举世瞩目的载人航天工程在这里谱写着开天辟地的英雄史诗,中华民族强国之梦和飞天理想,正在这里变成活生生的现实。

同时,这也是一个资源性严重缺水的流域。在下游8万多平方公里的极端干旱区,年平均降水量不足50毫米,而蒸发量却高达2500毫米。

地多水少，有水变绿洲，无水成荒漠。这一座座破碎遗弃的城池，正是历史对于未来的无声警告。

黑城，蒙语“哈拉浩特”，位于居延古道的要塞，号称中亚民族迁徙的第一个十字路口。在西夏和元代，这里分别是“黑山威福军司”和“亦集乃路总管府”的首府。

“渠道纵横，田连阡陌”，炊烟袅袅，绿野四合。然而，直到有一天，明代远征军以截流断水的方式拿下城堡，黑河改道，黑城荒废，曾经的风光烟消云散。

因水而兴，水去城亡，古今多少兴亡事，尽在黑水沉浮中。黑城，一座警示后人的千古沉钟。

## 三、危机：已经存在的，正在消失的

随着自然演化和人类活动逐步加剧，至20世纪后半期，黑河水资源承载力终于被突破临界。

冰川退缩，雪线抬升，超载过牧，林草退化，大大削弱了祁连山涵养水源的能力，加剧了全流域生态危机。

在黑河源东岔野牛沟一片干涸的河床上，青海省祁连县水务局局长董耀军说：以前50年代、60年代这河两岸还是绿油油的一片草地，从80年代初开始慢慢退化了。现在这里的河道断流大约有30公里长，断流的时间每年八九个月。

甘肃省金塔县鸳鸯池水库。该县水电局副局长许兆江对大坝下面干涸的讨赖河深感忧虑。他说：这条河原本是黑河的一条支流，由于开发过度，早在50年代它就和黑河失去联系了。

大规模的移民开发，灌溉面积的快速增长，流域人口的膨胀，大量挤占了生态用水。

统计资料表明，至20世纪末，黑河流域人口已达到133.81万人，耕地412.93万亩。仅仅最近50年中，黑河中游地区人口和灌溉面积就分别翻了2番、3番还多。按照这样的垦殖规模和耗水指数，即使把祁连山黑河水系的全部产流量吃光喝尽，也难免入不敷出，捉襟见肘。

人类需求永无止境，水资源总量却有一条不可突破的底线。在传统的产业结构和发展模式的重压下，黑河，再也无力向下游输送足够的活命水了。

伴随河道断流，地下水位下降，天然河岸林大面积枯萎死亡，湿地和绿洲急剧萎缩，土地大面积沙化。

1961年，一度拥有350多平方公里湖面的西居延海悄然消失，其姊妹湖东居延海也于1992年宣告枯竭。它们曾经是贺兰山以西、吐鲁番盆地以东以及祁连山以北和蒙古共和国中戈壁以南唯一仅存的两个大型湖泊。

两湖的终结，意味着维持黑河生命的基本水量消耗殆尽。

黑河流域地处西北内陆核心地带，东有巴丹吉林沙漠、腾格里沙漠，西有库姆塔格沙漠和塔克拉玛干沙漠，北有一望无垠的蒙古大戈壁。由黑河水哺育的两岸带状绿洲，成为连接青藏高原、河西走廊和内蒙古高原的生命纽带，不仅事关西部大开发和民族团结，而且还是维系我国国土安全和生态环境安全的战略屏障。

如果不迅速采取措施，遏制日益严重的荒漠化趋势，今天的额济纳有可能变成第二个古楼兰，第二个罗布泊。接下来，张掖、酒泉绿洲也将步其后尘，直接暴露在万里风沙线上，历史悠久的河西走廊势必沦为风沙走廊。

2000年春天，几场强沙尘暴持续袭击了首都北京和北中国半壁江山，并蔓延到华东地区部分城市，甚至漂洋过海。其主要危害范围达200万平方公里，影响人口1.3亿。

科学调查表明，这些远道而来的不速之客，正是来自西北干旱区相继死亡的河床、湖盆以及严重沙漠化绿洲。

拯救黑河，就是拯救我们赖以生存的家园！

## 四、决策：拯救行动这样开始

党和国家对黑河生态危机及其用水矛盾十分关注。世纪之交，党中央作出西部大开发的重大战略决策，为黑河流域综合治理带来了难得的机遇。1999年1月，国家正式批准成立黄河水利委员会黑河流域管理局，负责对黑河流域水资源实行统一管理，对黑河水量实施统一调度。

2000年5月13日，国务院总理朱镕基在考察北方沙尘暴途中，对随行的水利部部长汪恕诚强调说，西北主要有三河即黄河、塔里木河、黑河，而黑河问题非常严重，非治不可，这些事水利部要抓，应统筹规划，统一管理。西部生态环境极其脆弱，西部大开发水是第一位的任务，要把生态用水放在第一位。保护额济纳生态环境不仅是对额济纳的保护，同时也是对内蒙古、甘肃的保护，对航天事业的发展、边疆稳定意义十分重大。

2001年2月21日，国务院召开第94次总理办公会议，专题研究黑河水资源问题及其对策。

这是摆到国务院总理办公会议上的第一条中国内陆河。根据会议精神，国务院正式批复了《黑河流域近期治理规划》，确立了黑河治理的指导思想和总体目标：以生态系统建设和环境保护为根本，以水资源科学管理、合理配置、高效利用和有效保护为核心，统筹规划，建设灌区节水改造和生态环境应急工程，大力开展节约用水，调整经济结构和农业种植结构，合理安排生态用水，有效遏制流域生态系统恶化，采取多种措施分阶段恢复黑河流域生态系统，实现人口、资源、环境和社会的协调发展。同时决定投资23.6亿元，用3年时间实现阶段性治理目标。

2002年初，水利部确定在甘肃省张掖市建立全国第一个节水型社会试点。这一历史性的重大转机促使“金张掖”痛下决心，大力调整种植结构和经济结构，从此告别传统的农业社会。伴随节水工程的实施和分水任务的落实，以水权为核心、以水票为交易手段的水市场破土而出。

一个政府调控、市场引导、公众参与的节水型社会的诞生，有效提高了流域水资源承载力，为拯救下游绿洲及恢复生态平衡打造了一种长效机制。

关于黑河干流的水量分配，国务院批准颁发的《黑河干流水量分配方案》中作了明确规定：当干流莺落峡多年平均来水15.8亿立方米时，从正义峡进入下游的水量要保持9.5亿立方米。

当然，要把这一分水方案真正落到实处，实在是矛盾重重。

对此，黑河流域管理局局长常炳炎深有感触。他说：黑河调水有两大难题。一是省际分水矛盾很大。水是生命之水，没有水，既没有农业，也没有绿洲。一个省多留了一方水，另外一个省就要少用一方水，这就决定了任何分水预案都会存在争议，产生阻力。二是黑河干流没有控制性水库，不能进行调控，这也给水量调度带来了很大的困难。

为了抓紧落实国务院批复的黑河干流分水方案，水利部领导认真研究部署，多次实地考察，指导工作。在水量调度的关键时刻，黄委领导深入一线，靠前指挥，为完成调水任务提供了有力保证。

黑河流域管理局经过科学分析和综合平衡，以年度水情为参照，采取滚动修正和水账结算的方法，制定了切实可行的技术路线，做到随机调整，实时调度。为了及时掌握调水执行情况，他们穿戈壁沙漠，冒酷暑高温，跟踪水头，督察水事，化解矛盾，现场处理了一起又一起突发事件。

“水从门前过，谁引都没错。”针对这种由来已久的认识误区，中游地区干部群众扭转观念，最终认识到上下游一衣带水、唇齿相依的血肉联系，树立起全流域可持续发展的时代理念，逐步营造出良好的分水环境。

## 五、调水:将黑河进行到底

经过上下互动和刻骨铭心的阵痛，黑河开始跨入一个绿色文明的新时期。

2000年8月21日上午,张掖地区沿黑河干流实施第一次“全线闭口,集中下泄”。它标志着历史上第一次黑河干流省际调水的重大突破！这一年,黑河中游地区共4次实施闭口下泄,断流多年的额济纳河恢复了过流。10月3日18时,首届“金秋胡杨节”开幕前夕,黑河水如期抵达额济纳首府达来库布镇，饱受干旱之苦的边疆各族人民欣喜若狂。

黑河干流首次实现跨省分水,成为一座引人瞩目的世纪丰碑。温家宝批示说,黄河、黑河、塔里木河调水成功,这些都为河流水量统一调度和科学管理提供了宝贵经验。朱镕基批示说,这是一曲绿色的颂歌,值得大书而特书。

肩负神圣使命的黑河儿女没有辜负党中央、国务院的殷切希望。2001年,在黑河遭遇几十年一遇特大干旱的情况下,黄河水利委员会及黑河流域管理局与各级地方政府共同努力，再次将来之不易的黑河水送到了下游绿洲的核心区。

人类的反思与退让,似乎也感动了苍穹。2002年7月中旬,黑河上游连续降雨,莺落峡水文断面出现洪峰过程。

根据黄河水利委员会的部署，黑河流域管理局及时制订了水进东居延海的应急方案,使上游来水快速抵达尾闾,在荒漠中形成24平方公里的水面。

河流的复兴意味着生态的复兴，河流和生态的复兴又推动着本土文化的繁衍生长。

站在碧波荡漾的东居延海边,60多岁的达布哈老牧民悲喜交集。他家祖祖辈辈生活在方圆几十平方公里的湖滨。然而,伴随湖水一天天萎缩,终于在10年前的一天早上,他和嘎查(蒙语:村)里的邻居一起从这里消失了，沦为生态难民。达布哈用蒙语激动地说道：党中央、国务院关怀我们，从上游调水来到这里，流进海子里了，挽救了额济纳，挽救了土尔扈特！

蒙古族土尔扈特部首领第十五代后裔、青年歌唱家哈林说：居延海有10年没进水了。如今，我们的兔子河（当地对黑河的昵称）又回到胡杨林中。对额济纳人民来说，真的比过年还高兴。

此时此刻，正在郑州主持防洪会议的朱镕基总理和温家宝副总理仍牵挂着数千公里之外居延海的命运。讲话中，温家宝副总理关切地询问：居延海已经干涸10多年了，黑河水什么时候能够到达？当得知黑河水已于1个小时前进入东居延海时，两位党和国家领导人倍感欣慰。

9月6日上午，金塔县鼎新黑河大桥。温家宝深入考察了黑河治

2002年8月作者在黑河尾闾东居延海

理情况。他说，中央作出黑河调水的决策，是完全正确的，成果也是显著的。西部大开发要把生态保护放在优先的地位，这一点一定要贯彻到底，丝毫不能动摇。

又是一年芳草绿。

2003年8月14日，黑河水带着绿色的承诺再次来到东居延海。这是国务院规定3年完成分水指标的最后期限。中央和地方主流媒体闻风而动，沿着黑河水头的推进展开了全程报道。

然而，人们没有料到，熙熙攘攘的记者们前脚刚走，黑河给了人们一个更大的惊喜。由于这年雨水丰沛，黑河流域管理局再次抓住有利时机，与有关部门密切协作，精心组织，科学调度，使黑河水顺西河一直挺进，最终注入满目盐碱黄沙的西居延海，干涸42年之久的西北大湖重获新生。

至此，黑河下游沿东、西两河全线过流，首尾贯通。一路奔腾而来的河水，欢快地流入干涸的湖盆。

像是一个勇敢的挑战者，居延海荡漾在一望无际的戈壁滩上，阻挡着荒漠合龙的脚步，遏止着绿洲的退化。

这一奇迹般的生态复苏，标志着国务院确立的黑河流域综合治理第一阶段目标已经实现，人们从中真切感受到了水利部党组“从传统水利向现代水利、可持续发展水利转变，以水资源的可持续利用支持流域经济社会可持续发展，实现人与自然和谐相处”治水新思路的深刻内涵。同时，黑河流域水资源统一规划、统一调度、统一管理初见成效，也为整个西北地区内陆河流域的管理探索出了一条成功之路。

## 六、不是尾声：我们这样重建失落的家园

2002年8月，黄河水利委员会主任李国英在黑河实地考察时，曾经动情地说：黑河与河西地区其他内陆河流域存在一个共同的问题。这就是，上游生态系统急剧恶化，草场退化严重，水源涵养能

力大幅度下降,中游地区绿洲不断扩大,经济用水量迅速增长,导致下游地区水量减少,绿洲萎缩,尾闾湖泊干涸。因此,我们在内陆河治理中,必须正确处理生态环境建设与经济发展的关系,处理好生活、生产、生态用水三者的关系,保证河流有一个足以维持自身生命的基本水量。否则,不仅所有的发展目标要落空,连已经取得的一切也会丧失。

回首来路悠悠,展望前路茫茫。在迈向理想王国的漫长里程上,人类曾经创造了“失乐园”、“复乐园”的神话经典。今天,作为人与自然从对立走向和谐的转折点,黑河的变迁,见证了一个时代!

(本文系作者与张真宇合作撰写的同名电视片解说词,作于2004年)

# 为了母亲河生生不息

## ——黄河水量统一调度纪实

黄河，流淌着中华五千年文明的万里巨川，当它千回百折一路奔腾而来时，你能想象，有一天它会消失在大平原上吗？

1997年，黄河遭遇1972年以来的第21次断流。断流河段从入海口到河南开封，700多公里的漫长水域就这样失踪了。

源远流长的母亲河怎么变成了生命垂危的“干娘”？神州大地，一片哗然。

黄河是中国第二大河，黄河流域也是一个资源性缺水的流域。长期以来，黄河以仅占全国2%的河川径流量，承担着占全国15%的耕地、12%的人口和50多座大中城市的供水任务，并多次跨流域输水，为天津、河北、青岛等地解燃眉之急。

据统计，黄河用水率已逼近70%，远远超越了40%的国际警戒线。黄河频繁断流，警示着人类对河流生命的索取已突破极限。

母亲河的生死存亡，紧紧牵动着中南海的目光。党和国家领导人连年多次考察黄河，明确指出：要加强黄河水资源统一管理与调度，把黄河断流与否上升到中国政府有无能力治理与管理江河的高度。

1999年3月，经国务院批准，黄河水利委员会正式实施对黄河水量统一调度。一部拯救黄河生命的宏伟乐章从此奏响。

2000年，黄河遭遇了少有的流域大旱，下游河道行将枯竭。黄委派出上百个工作组奔赴大河上下，对主要引水口实行24小时人盯人监控，实现了自20世纪90年代以来黄河首次全年不断流。

然而，对于复杂多变的黄河来说，艰巨的水量调度才刚刚开始。

2002年7至9月，黄河上游干流来水比常年同期偏少52%。沿河各地耗水总量居高不下，一份份急如星火的要水电文纷至沓来。千里之外的海滨城市天津，因生活用水难以为继，也向黄河紧急求援。

一场全河大跨度接力式水量调度攻坚战开始了。从上游的龙羊峡到中游的小浪底，从郑州花园口到大河尾闾的利津水文站，黄河水跨越数千公里行程，一路排忧解难，滋润众生，最终以完整的生命形态安然入海，并圆满完成第七次引黄济津的光荣使命。

黄河水调范围涉及11个省（区）和多个地理单元，牵涉众多部门的利益调整和经济运行，人畜吃水，灌溉发电，僧多粥少，水情变幻莫测，黄河水量调度时刻面临两难的选择。由于水量调度时效性强，调水线路极其漫长，黄河每一次从断流的边缘化险为夷，绝地逢生，都承担着极大的决策风险。

黄河急需一种神奇的耳目，能够穿云见月，神机妙算，决胜于千里之外。

危机和挑战，催生了黄河水量调度的一场技术革命。

2001年11月，黄河水利委员会正式提出建设“三条黄河”，即原型黄河、数字黄河和模型黄河。

2002年6月，作为“数字黄河”的一期工程，黄河水量调度管理系统率先开工建设。

按照“先进实用、世界一流”的标准和“分步实施、急用先建”的规划要求，黄委组织力量日夜攻关。黄委主要领导亲自审定技术方案，一抓到底。

仅仅半年时间，黄河水量调度系统一期工程即建成投入使用。

现在，就让我们走进这河流的殿堂，去领略数字调水的无限风光吧！

您现在所在的位置是黄河水量总调度中心，它不但是整个系统的灵魂，而且具有千里眼的功能。全河的水情、雨情、旱情和引水信息，在这里一目了然。下游两岸700多公里之内所有引黄涵闸的一举一动，都能洞察秋毫。

数学模拟系统首先模拟放水和引水过程，当确认不会断流时，才向小浪底水库下达调度指令。它所建议的放水方案，既不会浪费，也不会断流，总是那样恰到好处。

这是一张电子模拟屏。闪亮的色块和数字告诉我们，每处引黄涵闸有几孔闸门，红色表示已经关闭，绿色表示正在引水。旁边的数字是正在引水的流量。同时，您还可以看到某一处控制断面的实时水质情况。

尽管计算机的模拟是准确的，但是在漫长的径流演进过程中，总会有意想不到的突发情况。一旦某控制断面出现流量过小、有断流趋势，电子模拟屏上立刻就会红灯闪烁，警铃声声。值班人员通过密码系统迅速收回该断面上游附近引黄涵闸的操作管理权，并对其实施紧急关闭，在最短的时间内恢复大河正常流量。

当然，种种法力都离不开台前幕后各路“数字黄河”系统的协同支撑。

在信息采集系统里，聚集着引黄涵闸远程自动化监控、低水测验设施、9210气象卫星体系等精兵强将，它们八仙过海，各显神通，揽亿万种实时数据于囊中，组成一个强大的综合数据库。

计算机网络队伍中，部署着信息传输和接收处理两路大军。像是一条宽阔的高速公路，承载着水情、旱情、引水等信息穿梭往来，紧紧维系着总调度中心和有关各方的网络联接。

决策支持系统“参谋部”内，更是强手如林：水量调度分配方案生成与管理系统，春、夏、秋、冬四季枯水调度模拟系统……无不以出神入化的高科技手段，随时为黄河水量调度出谋划策。

数据接收处理,方案编制优化,信息存储查询,虚拟调水演进,中枢神经多功能的组合,加之下游引黄涵闸的远程自动监视、监测和控制系统,组成了一个规模宏大的水调军团,成为黄河水资源实时调度、优化配置的得力助手。

2003年上半年,黄河出现有实测资料以来来水最少的紧急状态,干流各大水库蓄水位均已达最低点,而全流域用水需求呼声四起,黄河又一次面临断流危机。这时,刚刚启用的黄河水量调度系统初露锋芒,精细调度每一立方米水,为饱经忧患的母亲河筑起了一道生命防线。

这是位于黄河入海口的最后一个水文站。2003年5月14日20时,远程监测系统从这里发出预警,警示黄河入海流量将跌破预警限度。千里之外,黄委总调度中心立即启动远程控制系统,几秒钟之内关闭了利津水文站上游的引黄涵闸,泱泱大河顿起波澜,一路欢歌,归槽入海。

在山东省滨州市博兴县东风镇我们采访了村民范占家,他说:“黄河一断流,俺这里地没水浇,人没水喝,这两年可好多了。黄河水真是俺的救命水呀!”

在黄河三角洲自然保护区,大汶流管理站站长朱学德告诉我们:“这几年,黄河不断流,多年不见的鸟儿又回来了,特别是绝迹10年的刀鱼也重现黄河口,黄河不断流重新为湿地带来了希望。”

这是一块神奇的大陆边缘。黄河和海洋融为一体,孕育万物,造化无穷,进行着周而复始的生命循环。

是的,生命是伟大的,生命的世界是绚丽多彩的。然而,在这里,所有生命的兴衰都维系于黄河的健康生命。

(本文为作者与郎毛合作撰写的同名电视片解说词,作于2003年)

# 回眸黄河2002

亘古不息的黄河，载着历史的重托，和着时代的节拍，走过了不平凡的2002年。这一年，是黄河人求实创新、开拓进取的一年，也是治黄事业再创辉煌、硕果累累的一年。

一年来，在黄委党组的领导下，全河上下按照国家新时期的治水方针，努力践行传统水利向现代水利转变的治水新思路，加快“三条黄河”建设步伐，成功实施首次调水调沙试验，积极开展水资源优化配置和科学调度，大力推进黄河治理开发与管理现代化，以黄河人的非凡胆识、聪明才智和辛勤劳动，谱写出又一曲催人奋进的时代壮歌。

现在就让我们透过摄像机的镜头，再次回味一下黄河上那一幕幕激动人心的时刻吧！

## 一、绘就治黄新蓝图

2002年7月14日，在现代治黄史上是个具有特殊意义的日子，这一天，国务院正式批复了《黄河近期重点治理开发规划》。消息传来，大河上下无不欢欣鼓舞。这是新中国成立以来由国家批准的第二部黄河综合治理开发规划，它向人们展示了未来10年黄河治理开发的美好蓝图。

也就在规划批复的第二天，朱镕基总理亲临黄河视察，从上游的兰州、中游的延安，到下游的郑州、济南，直到水天交融的黄河入海口，一路冒着高温酷暑，深入实地考察退耕还林生态建设和各地的防汛工作，并在郑州召开晋陕豫鲁4省防汛工作座谈会，强调指出必须站在战略和全局的高度，大力实施可持续发展战略，统筹规划，标本兼治，进一步把黄河的事情办好。

这是自1999年8月以来，他第二次专程来黄河考察，在日理万机的总理心目中，这条大河有着举足轻重的位置。

黄河是中华民族的母亲河，但也是世界上最为复杂难治的河流。治理黄河历来是治国兴邦的大事。新中国成立以来，党中央、国务院始终关注着黄河的事情。

1955年全国人大一届二次会议通过了《黄河综合利用规划技术经济报告》，从而掀起了大规模治理开发黄河的热潮，有力地推动了治黄事业的发展。同时，在实践—认识—再实践—再认识的探索中，治黄工作者也深化了对黄河规律性、特殊性的认识。

随着经济的发展，人口的增加，人与自然的关系日趋紧张，黄河除了长期存在的洪水威胁、水土流失、泥沙淤积等问题外，近年来又出现了水资源紧缺、断流频繁以及水污染加剧等诸多新矛盾。面对国民经济和社会可持续发展的新形势，黄河的治理开发迫切需要作出新的战略抉择。

1998年11月，遵照温家宝副总理的指示精神，黄委在水利部的领导下，专门成立了阵容强大的工作班子，深入开展《黄河的重大问题及其对策》研究，经过有关各方三年的共同努力，在大量的资料分析和调查论证的基础上，形成了最终成果。

2001年12月5日，国务院召开第116次总理办公会，审议并原则同意了水利部据此提出的《关于加快黄河治理开发若干重大问题的意见》。根据这次会议精神，黄委又抓紧编制了《黄河近期重点治理开发规划》。2002年1月27日，规划在北京通过了水利部的审查。其后，反复三次征求了国务院17个部门和黄河流域8省（区）的意见，进行了多次修改，6月份完成最终稿并上报国务院。7月14日，国务院以国函[2002]61号文，批复了《黄河近期重点治理开发规划》。

至此，凝聚着黄河人汗水、智慧和希望的治黄大规划，终于写在了国民经济发展的蓝本里，这是黄河治理开发史上又一座重要的里程碑，它的批复实施标志着人民治黄将进入一个新的历史阶段。

该规划充分考虑了黄河出现的新情况以及经济社会发展的新要求，吸收了历代治河的经验和成果，在规划思路上，突出了可持续发展的观点，强调以水资源的可持续利用，支持流域及其相关地区经济社会的可持续发展。

按照规划目标，通过10年的努力，就可以初步建成黄河防洪减淤体系，基本控制洪水泥沙和游荡性河道河势；完善水资源统一管理和调度体制，节水初见成效，基本解决黄河断流问题；基本控制污染物排放总量，使干流水质达到功能区标准，支流水质明显改善；水土保持得到加强，基本控制人为因素产生新的水土流失，遏制生态环境恶化的趋势。逐步实现人与自然的和谐相处，让黄河更好地为中华民族造福。

《黄河近期重点治理开发规划》的实施，必将进一步加快黄河治理开发的步伐，为实现黄河堤防不决口、河道不断流、污染不超标、河床不抬高的“四不”目标，谋求黄河的长治久安，奠定坚实的基础。

目前，黄委正以《黄河近期重点治理开发规划》为指导，加大科技治黄的力度，针对黄河存在的突出问题，进一步加强基础研究和关键技术研究，大力推进“三条黄河”建设，把黄河治理开发与管理全面推向现代化。

一个新的的建设热潮在古老而又年轻的黄河上方兴未艾。

## 二、构筑“三条黄河”

2002年是“三条黄河”建设全面推进、初见成效的一年。

“数字黄河”自2001年7月25日提出后，按照黄委党组的要求，各有关部门紧密配合，立即着手编制“数字黄河”工程规划。这项工作向社会公布后，得到了国内外许多科研部门、知名大学及公司的积极响应和参与，其中有20多家机构向黄委提交了“数字黄河”工程规划框架。

在此基础上，有关部门结合黄河治理开发与管理的实际，进行了总体整合。

2002年12月20日，黄委邀请信息产业部、中国水科院、解放军信息工程大学、清华大学、河海大学、武汉大学等单位的专家、院士对《“数字黄河”工程规划》讨论稿进行了审查。

在“数字黄河”工程推进过程中，部分急用先行的项目和基层单位的相关探索已迈出了实质性的步伐，让人们真切地感受到“数字黄河”不再是遥远的梦想，它正在向我们翩翩走来。

2002年11月4日，黄河水量总调度中心建成并正式投入运用，这标志着作为“数字黄河”一期工程的黄河水量调度管理系统建设已经取得阶段性成果。

以实现“无人值守、少人值班、远程控制”为目标的“引黄涵闸远程监控系统”和“水资源调度监控指挥系统”在一些基层单位成功地研制和应用，实现了黄委、省局、市县局和现场的四级授权控制。在黄委总调中心，足不出户，就可以对千里之外的引黄涵闸进行远程控制。

6月15日,在黄河著名的花园口险工，一座初具数字化规模的水文站正式启用。该站在全河水文系统率先实现了水位遥测、视频传输和信息查询等多项现代化功能。

与此同时，对黄河下游防洪有着重大意义的小(浪底)花(园口)间暴雨洪水预警预报系统，经过水文部门一年多的努力和多次专家会商咨询，也完成了总体设计。这意味着在黄河小花间延长暴雨洪水预见期、提高下游防洪主动性的目标可望在未来几年内逐步实现。

黄河水质的不断恶化是近年来治黄面临的一个新问题。2002年，黄河上先后有两座水质自动监测站分别在花园口和潼关建成，其先进的技术手段为改善黄河水质、保护生态环境提供了可靠的技术支持和决策依据。

“模型黄河”与“原型黄河”的建设，作为实现治黄“四不”目标的重要组成部分，也在2002年迈出了开创性的步伐。

按照黄委党组的部署，黄科院等单位组织科研力量，联合攻关，以“科学、系统、先进、便捷”为原则，编制完成了《“模型黄河”工程建设规划》。根据规划的内容，部分建设项目开始启动。三门峡水库模型厅的设计已经完成，小浪底水库模型厅和下游河道下延模型厅的设计也正在进行中。

通过“模型黄河”的建设，能够对“原型黄河”所反映的自然现象进行反演、模拟和试验，从而揭示其内在的自然规律，既可以直接为“原型黄河”提供治理开发方案，也可以为“数字黄河”工程建设提供物理参数。以此为契机，逐步建成国家级重点实验室，使之成为研究黄河重大问题的一个重要基地。

“原型黄河”建设，按计划完成了放淤固堤、险工加高改建、河道整治等各项防洪工程建设任务。

2002年7月9日，亚洲开发银行贷款黄河防洪项目全面启动，这是中国政府与亚洲开发银行在防洪领域合作实施的第一个贷款项目。该项目利用亚洲开发银行贷款1.5亿美元，通过大规模加固黄河下游干堤和加强防洪非工程措施建设，将进一步提高黄河下游防洪能力，完善防洪管理体系。

作为“原型黄河”建设重点的标准化堤防示范工程，也已在河南、山东两省黄河大堤全线开工。在黄委及下游两省河务局的高度重视下，标准化堤防工程建设严格按照基本建设程序和制度来进行，工程进度和质量都得到了很好的保证。

随着这项工程的开工建设，黄河下游大堤将在未来10年内全部建设成以防洪保障线、抢险交通线和生态景观线为主要内容的标准化堤防，使千里黄河大堤成为坚固、崭新的“水上长城”，成为生态良好的“绿色长廊”。

## 三、绿色颂歌再度奏响

2002年，继我国北方地区连续几年的干旱之后，旱魃再次肆虐黄河，干流主要水文站径流量接近历史最枯记录。

天然来水量的锐减直接造成龙羊峡、刘家峡、万家寨、三门峡、小浪底五大水库的蓄水量比去年同期减少近68.7亿立方米，可调节水量仅37亿立方米，比去年同期减少74.6亿立方米。

在这样一个黄河来水特枯年份里，下游山东省又遭遇了百年不遇的特大干旱，受旱面积一度高达7000万亩，重旱1760万亩，1000万亩农作物干枯死苗，792万人发生饮水困难，500多家工业、企业实行定量供水、限量生产或停产，直接经济损失达100亿元以上。与此同时，华北部分地区尤其是天津市也正面临“水荒”的步步紧逼。

旱情引起了中央领导的高度重视！9月25日至27日，温家宝副总理代表国务院赴山东省、天津市考察旱情时，向水利部和黄委下达了调水8亿立方米支援下游抗旱的任务，要求切实做好黄河水资源的统一调度和合理配置，努力实现既缓解沿黄省（区）的缺水困难，又保证黄河不断流的目标。

面对引黄供水和防断流的双重考验，黄河水调的形势异常严峻。这是自1999年国务院授权黄委对黄河水量进行统一调度以来最为困难的一年，也是压力最大的一年。

为了使母亲河断流的梦魇不再重演，为了最大限度地满足沿黄地区的供水需求，黄委把水量调度作为压倒一切的中心工作，全力以赴，妥善协调各方用水需求，采取接力传递的方式，充分挖掘干流水库的潜力，进行梯级补水送水。同时，适当压减上中游各省（区）的引黄水量，千方百计“挤”出8亿立方米黄河水以解下游山东燃眉之急。

在水量调度过程中，沿黄有关省（区）和水利枢纽管理单位顾全大局，积极配合，按调度指令，及时加大了水库下泄流量，关闭了引水闸门，牺牲局部支援下游。

为了用好这弥足珍贵的8亿立方米水，黄委水调、防汛、水文等部门密切跟踪监视水情、雨情变化，及时了解各地旱情、墒情及用水需求，加强实时调度。根据水库蓄水情况、来水情况，滚动分析水情变化，细化调度方案，提高时效性和可操作性。精打细算，把节约每一立方米水的思想落实在每个调度环节中。山东、河南两河务局实行水量调度责任制，采取订单调水等有效措施，加强了水量调度的管理工作。

一场水量特枯年份里水资源的大跨度调配，就这样在数千公里的黄河上全面展开。

经过全河上下的通力协作，自9月20日至10月21日，一个月内向山东供水9.31亿立方米，超额完成了国务院下达的调水任务。

刚刚缓解了山东的旱情，国务院要求向天津供水的紧急命令又接踵而至，引黄济津迫在眉睫。

接到命令后，黄委有关部门的同志克服困难，立即投入到新的调水战斗中。

经过紧张的筹划和准备，10月31日上午10时25分，黄河聊城位山闸徐徐开启，金灿灿的黄河水穿过闸门，逶迤北上，直奔天津，正在“水荒”中煎熬的天津市民再次尝到了母亲河甘甜的乳汁。

2002年，一个黄河上历史罕见的大旱之年，就这样在治黄工作者的精心调度和精心呵护下度过了危机，绿色颂歌再度奏响。

为了尽快把黄河治理开发与管理推上法制化的轨道，黄委根据2002年10月1日新修订的《中华人民共和国水法》，对《黄河法》、

《黄河水资源管理保护条例》的立项报告和法律草稿进行了修改、补充,同时还开展了黄河水量统一调度的立法前期工作。

2002年,也是黄河水资源保护工作取得突破的一年,按照水利部提出的“从水质监测为主向流域水资源保护监督管理为主转变”水资源保护工作新思路,在黄河三门峡河段进行了水功能区监督管理试点工作,积极探索建立有黄河流域特色的水资源保护监督管理工作体系。

## 四、碧波荡漾居延海

让我们把目光投向远在河西走廊的黑河流域。2002年,黑河的调水工作再谱华章,不仅圆满完成了当年分水的目标任务,而且两次把宝贵的黑河水送到了东居延海。

7月上旬,受上游连续降雨影响,黑河莺落峡断面出现了三次洪峰过程,此时正值黑河中下游实施今年第一次“全线闭口、集中下泄”期间。按照黄委的要求和部署,黑河流域管理局紧紧抓住这难得的机遇,制订了切实可行的技术方案,并做了大量的协调工作。

为提高调水效率,确保调水下泄质量,中游张掖地区以大局为重,层层落实责任制,沿河各县(区)按规定时间准时关闭所有的引水渠口和提灌站,并按照要求,把闭口时间由原来的10天延长到15天。

内蒙古自治区额济纳旗在水头到来之前,也关闭了西河、纳林河及东河干流各引水口门,使入东居延海的水路畅通。与此同时,黑河流域管理局及时派出三个组,分赴中游、下游上段和下游下段,实施督察工作,并与地方水利部门组成联合督察组,实施昼巡夜查、封口堵漏。

滚滚黑河水经过15个昼夜的奔流,带着党中央、国务院的关怀,带着上中游人民的美好祝福和深情厚谊,满载额济纳旗人民的无限渴盼，流归干涸10年之久的东居延海。到7月底，东居延海最大水域面积达到23.66平方公里，入湖水量约2350万立方米。茫茫戈壁深处的东居延海再现碧波荡漾的场面。

这是自20世纪60年代黑河断流以来，首次通过人工调水实现全线通水。在黑河流域管理局和地方有关部门的共同努力下，9月22日，再次把黑河水送到了东居延海。

湖边沙尘下，那些蛰伏已久的芦草开始萌芽，三五成群的水鸟和阔别已久的白天鹅不时划过水面，濒临死亡的胡杨树正在复活，历史悠久的额济纳大地重新焕发出绿色生机。

纳林河畔、胡杨树下，土尔扈特人载歌载舞，抒发着他们无比喜悦的心情。

## 五、首次调水调沙

“通过自主调控黄河水沙关系、冲刷下游淤积泥沙入海，进而由被动治黄走向主动治黄”。这是黄河人期待了多年的巨大梦想。

在经过长期的探索论证、研究攻关和艰苦的准备后，黄河首次调水调沙试验，终于要闪亮登场了！

晨曦微露中的小浪底水库静如处子，波光涟涟，仿佛正在等待着一场新的洗礼。

2002年7月4日上午9时，随着总指挥李国英一声令下，小浪底水库闸门依次徐徐升起，不同层面导流洞喷涌出的巨大水流，奔向黄河下游河床。

2002年之夏，当首次调水调沙试验在黄河上成功举行之时，“调水调沙”一词，仿佛一夜之间，传遍了大江南北，黄河再次成为人们瞩目的焦点。

这是一次世界水利史上迄今为止最大规模的人工原型试验。按照预定的方案，从7月4日9时试验正式开始，到7月15日9时小浪底出库流量恢复正常，历时共11天，平均下泄流量为2740立方米每秒,下泄总水量26.1亿立方米。整个试验流量过程于 7月21日全部结束。

黄河首次调水调沙试验开始不久，黄河中游便出现了一次高含沙洪水过程。7月4日23时,黄河龙门水文站出现洪峰流量为4600立方米每秒的洪水,最大含沙量达到790公斤每立方米,小北干流局部河段发生“揭河底”现象,7月6日小浪底库区又出现了异重流,给调度工作增加了很大难度。试验总指挥部根据实时水情,通过精心调度,保证了试验正常进行。据统计,在短短的11天中,三门峡和小浪底水库各泄水建筑物共启闭达294次,这在治黄历史上是相当罕见的。

黄河首次调水调沙试验不仅在“原型黄河”上开创了最大规模人工试验的先河,与之同步进行的“数字黄河”应用和“模型黄河”试验也历史性地首次结合。

调水调沙试验期间，几乎所有与水利有关的现代化技术与仪器都在这次试验中得到了运用,如天气雷达、全球定位系统、卫星遥感、地理信息系统、水下雷达、远程监控、图像数据网络实时传输等,为科学分析调水调沙效果提供了宝贵而丰富的资料。

“模型黄河”的实体验证也随即展开。7月19日和7月23日,分别对小浪底库区实体模型、黄河下游游荡性河道实体模型进行了验证;7月24日，又对有关单位和部门开发的4个小浪底库区数学模型、6个下游河道冲淤演变数学模型进行了验证演算，并组成专家组对各模型进行了评估。

为了完整监测实验过程中的水沙变化和冲淤变化情况，还在小浪底库区和下游河道共计900多公里河段上布设的494个测验断面,取得了520多万组的海量基础数据。

试验期间，黄委共有15000多名工作人员参与了方案制订、工程调度、水文测验、预报、河道形态以及河势监测、模型验证和工程维护等工作。他们尽职尽责,无私奉献,充分展现了新时期治黄人的精神面貌和团结一致推动治黄事业不断前进的信心和决心。

经过对实测资料的分析计算,调水调沙试验期间,黄河下游河道净冲刷量为0.362亿吨,入海泥沙共计0.664亿吨,达到了预期的效果。

9月29日,黄委在北京召开专家咨询会,邀请部分院士及水利专家对调水调沙试验分析效果进行了论证咨询。专家们充分肯定了黄河首次调水调沙试验对探索黄河下游河床不淤积抬高、研究和维护黄河生态的重大意义,并对下一步研究工作提出了中肯的意见。

## 六、生态建设谱新篇

"思路清晰、管理规范、重视科技、工作扎实"。这是2002年9月16日,在甘肃天水市召开的黄河水土保持生态工程建设现场经验交流会上,水利部领导对黄委水土保持工作的高度评价。

在莽莽苍苍的黄土高原上,如何确定水土流失治理的方向和主要措施,是新时期水土保持工作面临的首要问题。经过多年科学研究和实践,黄委在治理方向和措施布局上取得了重大突破,确立了以黄河中游7.86万平方公里的多沙粗沙区为重点区域,以淤地坝为主的沟道坝系建设为重点措施的治理思路。

2002年,水保部门紧紧围绕这两个重点,编制完成了《黄河中游多沙粗沙重点区域水土保持生态工程建设项目建议书》和《黄河上中游地区水土保持淤地坝建设2002年度实施方案》,得到了水利部和国家计委的初步认可,新增坝系建设投资6700万元。

以理顺投资管理和投资方向为突破口,全面启动实施了黄河水土保持生态工程。截至目前,黄河水土保持生态工程在11条重点支流的17个项目区、6个示范区、治沟骨干工程、重点小流域、世界银行贷款项目等5个主体项目的实施中全面推行了工程监理制,在示范区和部分治沟骨干工程建设中试行了项目法人制,取得了显著成效，基本形成集中连片、规模示范、相互支撑的工程格局。

为了切实落实朱镕基总理提出的封山禁牧、退耕还林的指导方针，按照水利部的部署，黄委把依靠大自然的自我修复能力恢复自然植被作为一项重要措施，启动实施了包括黑河、塔里木河流域的2个县在内的共12个县11个项目区的生态修复试点项目，并取得了良好的开局，各项目区自然植被状况明显得到改观，充分显示出生态自我修复的巨大潜能。

2002年7月11日，黄土高原遥感遥测应用取得重大突破，以引进和利用“3S”技术，对黄土高原进行普查和监测为主要内容的黄河流域水土保持遥感普查项目通过了专家评审验收。此外，全数字摄影测量工作站以及黄河流域一级支流水土保持地理信息系统的建成、使用，加快了黄河流域水土保持现代化的步伐。

在经历了长期的实践和艰辛的探索后，黄河流域的水土保持生态建设正朝着“再造一个山川秀美的西北地区”的宏伟目标阔步前进。

## 七、机构改革平稳“着陆”

机构改革是全河上下关注的热点，也是治黄改革中的难点，因为它关系着广大职工的切身利益，更关系着治黄事业能否以崭新的面貌来迎接新世纪的挑战。

2002年4月1日，黄委机构改革动员大会在郑州召开，一系列相关的配套办法同时出台。备受人们关注的机构改革正式拉开帷幕。

整个机构改革的过程一直按照预定的计划自上而下有条不紊地进行，到5月31日黄委机关机构改革历时两个月全部结束，人员基本到位。4月30日，黄委党组批复了所属14个事业单位的“三定”方案，委属各单位机关机构改革也于6月20日完成，其所属基层单位的机构改革也将于近日全部完成。

在这次机构改革中，除机关职能部门的一把手外，全员解聘，重新竞争上岗。几乎一夜之间，大家都站在了同一个起跑线上。不论是个人报名、演讲答辩，还是民主推荐、组织考察，所有程序均体现了“公开、公平、公正”的原则。竞争上岗让几乎所有的人都产生了一种不努力学习和工作就会被时代所淘汰的危机感。

通过机构改革，机关部门班子及处级干部平均年龄从机构改革前的44岁下降到机构改革后的40岁，其中副处级干部平均年龄从机构改革前的44岁下降到机构改革后的37岁。机关工作人员由原来的387人，精简为317人，精简幅度约20%，实际分流107人，分流安置工作平稳顺利。

特别是黄委首次将聘用制度和岗位管理制度引入一般岗位竞争机制，实行双向选择，竞聘上岗，以岗择人，以岗定人，建立了一

2002年作者在黄河水利委员会机构改革中竞争上岗演讲答辩

套使优秀人才脱颖而出、富有生机与活力的用人机制，为人尽其才、才尽其用创造了一个良好的用人环境。

黄委机关及委属单位的机构改革顺利完成后，随之进行了基层单位的改革。基层单位是黄河治理开发与管理现代化的基石，基层单位的改革能否顺利推进事关黄委整个机构改革的成败。为此，各级领导一方面做深入细致的思想政治工作，一方面创造良好的条件，引导职工向工程养护、维护岗位转岗，向供水单位以及企业单位转岗。

正当黄委机构改革全面铺开之际，国家出台了《水利工程管理体制改革实施意见》，为大河上下涌动的改革春潮注入了新的动力。根据该意见，黄委对72个基层水管单位的体制改革提出了指导性意见。其改革的核心是"管养分离"，通过改革建立符合市场经济的运行机制，实现水利工程的专业化、科学化管理与维护。

改革是时代的最强音，是新形势下治黄事业发展的必然要求。我们欣喜地发现，在经过改革的阵痛和洗礼后，那些曾经阻碍治黄事业发展的旧的生产关系一一被冲破，大河上下正在焕发出与时俱进的全新活力。

## 八、经济工作再创佳绩

面对市场经济体制的建立，如何致力于发展全河经济？在新的历史条件下，怎样才能进一步提高黄委职工的生活水平？这是黄委党组和各级领导一直深深思考的问题。

黄委的经济工作在经历了计划经济向市场经济转变过程中的挫折和彷徨之后，通过不断实践和探索，转变了思路，明确了方向，逐步走出了一条立足治黄事业，发挥自身优势，勇于开拓市场，在竞争中求发展，不断增强自身实力求得更大发展的良性运行道路。

过去，黄河上的基层单位普遍依靠黄河堤防工程建设来养活队伍。如今，在市场经济的动力牵引下，许多单位积极主动地开拓外部市场，获得显著经济效益。

河南新乡市河务局第一工程处抓住国家推行“三项制度”改革的机遇，率先参加工程项目投标，锻炼了队伍，增强了实力。

山东黄河工程局对外开拓市场成效显著，今年承揽工程合同总额3.19亿元，其中外部承包合同2.87亿元，占到了近90%的份额。

上中游管理局以水土保持技术咨询为龙头，开展多种形式的经济创收工作，也取得了良好的效益。

黄委设计院积极推进改企建制工作，坚持“一业为主，多业并举，全面发展”的方针，在完成好各项治黄生产任务的同时，认真做好南水北调西线工程的相关工作，努力开拓国内外市场，单位的综合实力持续增强。

三门峡枢纽局加大了结构调整和股份制改革的力度，2002年先后挂牌成立了明珠机电工程有限责任公司和洛宇水产有限公司，努力做好水、电、金属冶炼、水产养殖四篇大文章。企业经济运行质量有了全面提高。

充分利用黄河土地和区位资源优势开展多种经营为一些单位带来了显著的经济效益。山东黄河河务局在对现有淤背区土地开发的基础上，增加基础设施投入，改革经营机制，大力发展林、果、苗等高效作物，基本形成了以林为主的农业种植结构，并取得了明显的成效。河南黄河河务局以花园口国家级水利旅游景区为依托，大力发展旅游业，带动了全局的产业结构调整。陕西黄河河务局抓住时机，打好生态农业这张牌，他们所建的黄河生态园在当地远近闻名。山西黄河河务局充分利用滩涂资源优势，拓垦土地，开发经济园林等，不仅给本单位带来了效益，也为地区经济发展做出了贡献。

随着黄河水资源供需矛盾的加剧，以供水工程为龙头，加大水费征收力度，正在成为全河经济发展的新的增长点。

经过全河干部职工的共同努力，2002年基本完成了年初制定的经营收入目标,全河经济收入突破30亿元,较2001年增长10%。

经济的发展,实力的增强,为职工生活水平的提高,奠定了坚实的基础。2002年,为改善职工办公及生产生活条件,黄委集中安排基础设施建设和小型基建投资4700多万元,重点解决了一批基层单位特困职工的住房问题以及吃水、用电、供暖、危房改建等问题。

黄委机关一期职工住宅楼全部交付使用,职工生活环境大为改善,二期建房工作也在紧锣密鼓地进行中。

黄河基层水文站由于大部分设在交通不便、生活条件较为艰苦的偏远地区,长期以来存在着饮水水源不足或水质较差等问题。对此,黄委党组高度重视,以实践“三个代表”重要思想的高度,郑重承诺:2002年底前将全部彻底解决黄委基层水文站吃水难的问题。

按照黄委党组的要求,水文局各级领导积极落实责任制,采取打井、从河中抽水、接当地自来水管网引水和净化水质等措施,全面解决黄河基层同志吃水难的问题。2002年12月20日,随着这一专项吃水工程的告竣,全河水文基层职工终于喝上了干净的饮用水,用上了方便的生活水,这标志着黄委党组年初的郑重承诺得以兑现。

2002年,全河各级部门以落实“两费”为重点,把关心离退休人员生活做到实处,切实为他们解决生活中的困难,为保持离退休人员的生活稳定,实现老有所养、老有所乐、老有所为、老有所医的晚年生活提供了保障。

## 九、精神文明建设结硕果

2002年月11月召开的党的十六大,是我国政治经济生活中的一件大事。全河各单位、各部门及时组织干部职工收听收看十六大盛况。十六大闭幕后,黄委党组立即组织中心组(扩大)会议,传达贯彻十六大精神，起草了《关于认真学习贯彻党的十六大精神的通知》。12月17日至19日，又在郑州举行了全河十六大报告学习交流会，黄委主任李国英结合学习贯彻十六大精神，深入分析了黄河治理开发与管理事业当前面临的形势，并从10个方面全面部署了全河2003年的50项工作任务。

全河上下通过认真学习十六大报告等重要文件，深入贯彻实践“三个代表”重要思想，大力推进党的建设和精神文明建设。

黄委机关各部门的党组织改选和换届工作于十六大前夕全部完成，机关离退休干部党委也正式成立。积极开展“创先争优”活动，对表现突出的10个先进党支部、46名优秀共产党员和13名优秀党务工作者进行了表彰。

强化了党风廉政建设责任制，形成了完善的责任网络体系，坚持标本兼治，加大了从源头治理腐败的力度，受到中纪委、人事部的表彰。在干部队伍的建设中，严格执行中央关于《党政领导干部选拔任用工作条例》的规定，规范了干部选拔任用机制。

在全河范围实行领导干部离任审计和领导干部任期经济责任审计联席会议制度，加强监督检查，使治黄资金管理和党风廉政建设取得了新的进展。

结合治黄事业发展的新形势深入开展思想政治工作，加大文明单位创建力度。目前，全河文明单位达到90%，委机关2002年顺利通过省文明委的年度复查验收，并获得“全国水利系统文明单位”的称号。

黄委的职工之家建设，无论是硬件，还是软件都进一步得到了加强。据初步统计，全河创建合格职工之家103个，先进职工之家91个，荣获全国模范职工之家2个。为促进职工身心健康，还组织开展了游泳比赛、乒乓球比赛以及美术、书法、摄影展览等一系列职工喜闻乐见的文体活动，活跃了职工文化生活。

新闻宣传出版紧紧围绕治黄中心工作，精心策划，出精品、上档次、上规模，形成宣传强势，进一步发挥了舆论导向作用，为治黄事业持续发展创造了良好的社会氛围。

移民工作在项目管理、监理研究等方面取得新的突破，特别是“移民监理研究”成果荣获河南省科技进步二等奖。

安全生产、职工教育、医疗卫生等方面工作也都取得了新的成绩。

九曲黄河，奔腾向前。回眸2002，黄河人几多拼搏，几多辉煌，在黄河治理开发与管理现代化的进程中留下了浓墨重彩的一页。新的一年已经到来，全河上下将在十六大精神指引下，继续保持昂扬的斗志，努力拼搏，开拓进取，为实现黄河的长治久安做出新的贡献。

（本文系作者与李肖强等为黄河水利委员会2003年全河工作会议电视专题片合写的解说词）

# 盘点黄河2003

这是跌宕起伏的一年，亮点纷呈的一年。这是令黄河人激情豪迈的一年。

2003年的黄河，旱涝交替，复杂多变……面对一场场突如其来的严峻考验，大河上下众志成城，顽强拼搏，在治黄现代化征程上，谱写了一曲曲气势恢弘、激越澎湃的时代乐章。

## 一、治黄现代化鼓帆前进

2003年11月26日，在当代治黄史上，是一个标志性的日子。这天，水利部正式批复了《"模型黄河"工程规划》，至此，连同国务院和水利部已经批复的《黄河近期重点治理开发规划》、《"数字黄河"工程规划》，"三条黄河"建设框架正式构建完成。

全面建设"原型黄河"、"数字黄河"、"模型黄河"，这是黄委党组带领全河4万职工向现代水利迈进的伟大实践。

为了这一天，更为了古老黄河的美好未来，黄河人不知熬过了多少个殚精竭虑的日日夜夜。

2003年，作为"原型黄河"的骨架工程，标准化堤防开始呈现出壮美的画卷。巍峨坚固的堤防，平坦顺达的柏油路，整齐划一的行道林，造型别致的常青树……在勤劳的黄河人手中，千里大堤正在变为名副其实的防洪保障线、抢险交通线和生态景观线。

演进在计算机里的"数字黄河"，正在阔步推进。下游新建的43

座引黄涵闸远程监控系统相继竣工，为确保黄河不断流增添了新的生力军。目前，这种现代化的引黄涵闸已经发展到62座，占整个下游引黄涵闸的64%。它使人真切地感受到“数字水调”就在身边。

继首座数字化水文站——花园口水文新站建成启用之后，2003年，一大批高效、安全、准确、快捷的数字水文站，纷纷闪亮登场。

“小花间暴雨洪水预警预报系统”建设开始启动，在线测沙，ADCP改写了传统水文的测验历史。

正因为有了“数字水文”的支撑，黄河水文人实现了由防汛“哨兵”向“侦察兵”的角色嬗变。

基于地理信息系统的黄河下游二维水沙演进数学模型投入研制，黄河防洪决策支持系统全面应用，极大丰富了“数字防汛”的内涵，使防汛决策更加科学，更加从容。在防汛指挥中心，足不出户，轻点鼠标，千里之外的汛情、险情、灾情、工情立时毕现，各种防汛数据一目了然。

随着黄河流域水土保持生态环境监测系统的启动建设，“数字水保”工程建设进入全面实施阶段。“3S”技术、计算机网络技术的引入，为提高水土保持防治和管理水平注入了新的活力。

与此同时，实验室里的“黄河”更加丰满起来。按照“项目齐全、功能完备、设施一流”的总体要求，代表着国际河流模型研究最先进水平的“模型黄河”工程建设，紧锣密鼓，进度加快。三门峡库区模型建成运用，范围较小的小浪底库区模型与下游河道模型开始扩充、延长，现代化的模型测验与监控设备更加先进完备。

尤其令人欣喜的是，无论是迎战秋汛的抗洪斗争，还是旱情紧急情况下的水量调度，“三条黄河”已经实现整体联动，它们三位一体，互为支撑，共同提升着治黄现代化水平。

二、百日紧急大调水

挥之不去的旱魃似乎是故意要跟黄河作对。

2003年上半年，黄河来水量创下53年来的最低点。同时，干支流水库蓄水严重不足，龙、刘两库一度跌至死水位，大河上下用水需求呼声四起，黄河再次面临断流危机，水调形势异常严峻。

为了迎战这场空前的水资源危机，黄委及时组织编制了《2003年旱情紧急情况下的黄河水量调度预案》，经国务院同意，水利部批准实施。该预案明确提出水量调度实行行政首长负责制、省（区）际断面流量责任制和水利枢纽泄洪控制责任制，这在我国大江大河治理中尚属首例。

4月1日，黄河进入紧急水量调度期。面对前所未有的困难，黄委各级将水量调度作为压倒一切的中心任务，加大水资源管理和水量调度的力度，全面启动应急调度机制，出台了一系列管理办法和规定。

四五月间，泺口、石嘴山、潼关、头道拐等断面引水量急剧减少，先后8次报警。根据《黄河水量调度突发事件应急处置规定》，黄委对这些突发事件快速进行了处理，避免了随时可能发生的黄河断流。

《黄河重大水污染事件应急调查处理规定》的出台，可谓正逢其时。5月8日，兰州河段发生重大水污染事件，由于启动应急快速反应机制，仅仅十几分钟内，便传到了几千里之外的黄委，使一场重大水污染危机得以及时化解。

为精细调度每一立方米水，黄委新开发了春季、夏季枯水调度模型，对调度方案逐日、逐河段进行滚动分析、优化配置。当确认不会断流时，才向小浪底水库下达调度指令。它所建议的放水方案，既不会浪费，也不会断流，总是那样恰到好处。黄河水量调度系统的日益完善，为这条伟大的河流筑起了一道生命防线。

截至7月10日，历时百天的紧急大调水，最大限度地满足了各方用水需求，使濒临断流之危的黄河化险为夷，饱经忧患的母亲河又一次渡过难关，舒展身躯，奔流入海。

三、再奏绿色颂歌

此时，在千里之外的河西走廊，黑河调水也捷报频传。

2003年，是实现国务院制订的黑河三年分水方案的最后一年。在无数目光的关注下，黄委黑河流域管理局努力践行国家可持续发展战略和水利部党组的治水新思路，统筹考虑各方用水需求，精心编制方案，在调水关键期实施“全线闭口、集中下泄”，根据不同来水情况，滚动分析水情，实时修正、调整调度方案，往来奔波于大漠深处和黑河两岸，加强科学调度和监督检查。在各有关方面的配合下，2003年8月14日，再次将黑河水送到东居延海，水面最大时超过31平方公里。9月24日调水前线再传佳音，大漠戈壁上，西居延海也迎来了阔别43年之久的黑河水。碧波荡漾，群鸟云集，绿洲复苏，额济纳大地重现勃勃生机，

目前，黑河下游狼心山断面已从20世纪90年代末的年均断流250天减少到157天。沿岸地下水位普遍升高1~1.5米，有效缓解了黑河下游生态恶化的趋势。

黑河调水的成功实践，标志着国务院确定的黑河流域综合治理阶段性目标已经实现。同时，黑河流域水资源统一规划、统一调度、统一管理初见成效，也为整个西北地区内陆河流域的管理探索出了一条新路。

四、运筹帷幄决胜秋汛

2003年8月下旬，黄河流域遭遇“华西秋雨”天气，出现了历史罕见的连续50多天的降雨过程。黄河干支流相继出现17次洪水。这是自1981年以来，黄河发生的历时最长、洪量最大的秋汛。

面对滔滔而来的洪水，人们关注的目光再次投向防汛决策的中枢——黄河防汛总指挥部，这里是运筹全局、决胜洪水的关键所在。可是要在如此复杂的情势下，作出正确的抉择，科学的调度，实现多赢目标，又是何其艰难！

难就难在，洪水历时长，而且每次发生的边界条件和河情都不相同，对后续洪水难以作出准确预报。在整个调度过程中，三门峡水库的运用受限于潼关高程问题，故县、陆浑水库库容又相对较小，小浪底水库虽有较大库容，但因该水库是土石坝，且为第一次高水位蓄水运用，为安全起见，运用水位必须分阶段抬高，除短期运用外，最高运用水位不能超过260米。此外，为满足防凌要求，也不能蓄水过多，占用防凌库容。

难就难在，一方面，洪水后浪叠前浪源源不断，水库有效拦洪库容越来越小，调度空间极其有限；另一方面，由于洪水持续时间长，下游险情、灾情日益增多，不能再增大下泄流量。

由于存在诸多难点，各种矛盾也随之尖锐：

在此番洪水考验面前，黄河防总经过科学分析，综合考虑拦洪、减灾、减淤、洪水资源化等因素，始终把实施干支流小浪底、三门峡、陆浑、故县水库水沙联合调度运用，作为今年防汛工作的重头戏，针对6次大的洪水过程采取了相应的调度措施，气势汹汹的洪水，在黄河防总的精细调度下没了脾气。“四库联调”，使花园口水文站可能形成的5000~6000立方米每秒的洪峰，始终控制在2700立方米每秒左右，削峰率达60%~70%。从而大大减轻了下游的受灾损失。

如果今年秋汛水库按照常规调度运用，形成的洪水将使黄河下游大部分河段漫滩，面积将达417万亩，占滩区总面积的74%；被水围困人口将达130万人，其中需外迁人口45万。而此次“四库联调”的成功运用，却把黄河下游把洪灾损失降到了最低限度。黄河下游实际淹没面积47万亩，淹没耕地36万亩，受灾人口14万，其中外迁3.6万人。

其实,这场防汛大战,从洪水到来之前的河道清障攻坚战就已经打响。

这是正确处理眼前利益与长远利益、局部利益与整体利益,确保黄河防汛安全的一项重大举措。

随着黄河防总一道道清障令的发出，下游晋陕豫鲁四省河务部门以坚决的态度、果敢的行动,对河道内严重影响行洪的片林和违章建筑进行了全面清除。短短20多天内,共有1300多万株违章片林被清除,数十处违章建筑被拆掉。

这次摧枯拉朽的清障行动,在社会上引起了不小的震动,越来越多的人认识到:只有人尽其责,水畅其流,才能使防洪多一分安全,少一分危险。

为了检验黄河防汛实战能力,6月25日至27日，黄河防总精心

2003年10月作者在黄河小浪底水库

组织了一场使所有防汛成员单位全面经受“战斗洗礼”的合成演练。

水文预报、洪水处理、机动抢险、“四库联调”、迁安救护、物资调运，一个个重要防汛环节，都在一场压缩为三天两夜的洪水实战背景下模拟进行；水文测报预报系统、异地视频会商系统、工情、险情查询系统，同时启动；多套数学模型、实体模型对技术方案跟踪演算，实时分析。初步实现了“三条黄河”的有机联动，为切实提高防汛整体水平，确保黄河安澜奠定了基础。

一场多年未遇的秋汛留下了深刻的启示：面对严峻的黄河防汛形势，要协调处理好人与洪水的关系，只有给洪水以出路，才能给人以生路。

### 五、调水调沙大写意

如果说，2002年的黄河首次调水调沙还是一种初露锋芒、投石问路的尝试，那么，2003年这场调水调沙，无论从水库群调度的规模、时间，还是在空间尺度上，都更加广阔和多维，效果也愈加丰硕。

老天好像有意要成全这场令人荡气回肠的调水调沙试验。

7月30日黄河中游府谷出现13000立方米每秒的洪水，接着历史罕见的“华西秋雨”，使中游干支流洪峰接连不断。陆浑水库突破汛限水位！故县水库突破汛限水位！作为黄河防汛“王牌”的小浪底水库水位持续上涨，突破248米的汛限水位，最高时超过260米！情况紧急，时不我待！

在此后的80个日日夜夜里，黄河防总面临着局部救灾与整体防洪，水库运行安全与下游滩区安全，防洪、蓄水和发电多方利益冲突等多重矛盾交织的形势。

艰难的抉择，让防汛指挥员们彻夜难眠。不同思路、不同措施的激情碰撞，迸发出一串串智慧的火花。

“无控区清水负载，小浪底调水配沙”，就是这么灵感乍现的一瞬，一个利用小浪底水库调控中游高含沙量洪水，使之与支流伊、洛、沁河的清水在花园口对接，实现更大空间尺度的调水调沙的全新方案诞生了！

然而，一旦设想付诸行动，难题也接踵而至：如何确定高含沙洪水在小浪底水库内的停留时间？怎样实现这些高含沙洪水与伊、洛、沁河清水的对接？如何合理调度小浪底的宝贵库容，拦粗排细，破解利用水库进行泥沙分选这一世界级难题？

黄河防总在防洪调度过程中，通过前期实测资料分析、数学模型计算和实体模型试验，综合考虑水量、沙量、水库运用和黄河下游防洪安全等因素，缜密安排，精细调度。三门峡水库敞泄排洪排沙；小浪底水库前期以小水大沙运用为主，中期调整沙量，后期清水冲刷，保证库区及下游河道减淤。

与此同时，原型黄河水沙测验体系全面启动，水文部门加密了重点水文测验断面的测验频次，及时提供最新的流量、含沙量信息，为科学调度小浪底等水库群做好服务。

随着上游的高含沙洪水源源不断流入，经过三门峡水库合理的泄洪排沙后在小浪底库区产生了异重流，水文部门准确及时地跟踪监测了异重流向小浪底坝前移动的过程，小浪底大坝适时打开孔洞，将细沙洪水排出去，成功实现了小浪底水库拦粗排细。

由于黄河干支流来水、来沙量瞬息万变，从小浪底到花园口还有约200公里的流程，要做到花园口断面的洪水含沙量稳定保持在30公斤左右，实在是难之又难。黄河防总根据伊、洛、沁河流量、来水量每4小时向小浪底水库下发一次指令，适时调整闸门开启的时间、孔洞数、流量、排沙量等关键数据，控制小浪底水库下泄流量、含沙量等标准，从而使花园口的流量、洪水含沙量保持稳定状态。

9月6日，清水与浑水如期而至，在花园口断面成功“对接”。测验显示，在6日至18日的13天内，滚滚东流的河水一直控制在流量

2400立方米每秒、含沙量30公斤每立方米的指标。它标志着大空间尺度上的黄河调水调沙试验成功,诠释着治黄现代化的深刻内涵。

此时此刻,梦想变得如此真切,胜利的喜悦像涌动的春潮,让每个亲历其间的黄河人无不心潮澎湃……

2003年调水调沙实验,把1.2亿吨泥沙输送至大海,下游主河槽各断面过流能力增大100~400立方米每秒。实践证明,实时控泄小浪底水库流量,调水调沙,既能确保水库安全运行,又能减少下游滩区损失,同时,最大限度地实现洪水的资源化,达到冲沙减淤的多赢目标。

大空间尺度的调水调沙,为波澜壮阔的黄河治理开发与管理,增添了点睛之笔。生生不息的黄河,因此而显得更有朝气、更加灵动、更加辉煌!

## 六、"东垆裁弯"之战

2003年,潼关这个历史上的兵家必争之地,再次成为人们争论的焦点。

42年前,由于三门峡水库蓄水拦沙,致使渭河入黄流路受阻,潼关高程迅速抬升,从而引发了一场世人瞩目的黄河论战。

几十年来,为了控制潼关高程,三门峡水库两次改建,治黄工作者为此进行了艰苦的探索。但是,由于渭河不利水沙条件的影响,潼关高程仍然居高不下。

2003年4月,黄委决定把降低潼关高程作为近期治黄工作的重要目标之一,确立了东垆裁弯取直、库区河段河道整治、小北干流河段放淤试验、北洛河改道直接入黄等"一揽子"方案。作为首项实验工程,"东垆裁弯"之战备受关注。

东垆湾,位居三门峡大坝以西60公里处的大禹渡—稠桑河段。由于受河床边界条件和来水来沙条件的影响,黄河在此处形成畸形河湾,使河道长度增加,纵比降变缓,挟沙能力降低,河道淤积加重。为此，黄委决定因势利导，采取缩短河长、稳定流路的措施，以期达到排沙减淤、降低潼关高程的目的。

为了赶在主汛期到来之前完成这项工程，黄委先期自筹资金600余万元启动实施，体现了求实负责的大局意识。

汛期越来越近，工期越来越紧，而东垆裁弯取直工程却面临重重困难。先是老天不开颜，一个多月的工期，阴雨天气占用了一半，接着就是持续的高温。

经过连续奋战，工程于7月30日完工。8月1日，黄河洪水即如约而至，连续5次洪水恣意肆虐，横冲直撞，严重威胁着初出襁褓的“裁弯取直”工程。

黄委下达了“死保裁弯工程”的命令，并派出专家小组，连续数月坐镇指挥，紧急调集抢险物资支援这里抗洪抢险。

此时的东垆裁弯工地，两面临水，腹背受敌，大量抗洪物资需从6公里外的湾道水面运输，难度之大可想而知。

黄河人凭着一股子执着的干劲和坚强的毅力，几经殊死搏斗，终于控制住了频频出现的险情，保住了裁弯试验工程。

艰辛的努力，换来了这样一组来之不易的数字：

10月19日，潼关高程最新监测数据为327.94米，较汛前6月份的328.82米降低了0.88米。5次洪水过后，裁弯工程附近河段冲刷达2米以上。

## 七、向“二级悬河”进军

2003年，在下游这段被称为“豆腐腰”的河段，黄河人对另一严峻挑战——“二级悬河”，首次擂响了战鼓。

20世纪70年代，尤其是80年代中期以来，黄河下游水沙量、洪峰频次和洪峰流量显著减少，致使主槽淤积，河道萎缩，平滩流量显著减小，逐步形成槽高、滩低、堤根洼的不利局面。“二级悬河”，由此而生。

2002年,黄河首次调水调沙试验暴露出一个不容忽视的问题,那就是:下游局部河段1800立方米每秒的流量就漫了滩,与此形成鲜明对照的是,1998年4000立方米每秒的流量都没有出槽。仅仅事隔四年,河道淤积,主槽萎缩,就达到如此严重的程度。种种迹象表明,近年来,下游主槽的淤积速率已远远大于历史上的任何一个时期,加快"二级悬河"的综合治理已迫在眉睫。

为探讨"二级悬河"的形成机理,分析其危害及发展趋势,寻求治理的有效措施,2003年新年伊始,黄委在濮阳市召开了黄河下游"二级悬河"治理对策研讨会,110余名水利专家,仁者见仁,智者见智,为治理"二级悬河"建言献策。

2003年6月6日上午10时20分,随着黄河水利委员会主任李国英通过远程视频会商系统发出的开工令,集结待命在濮阳双合岭断面的数支施工队伍,立即启动挖泥船、泥浆泵等大型机械设备,试验现场,机器轰鸣,水流激射,向"二级悬河"发起了冲击。

这喷涌四射的激流,仿佛是人们急剧发散的思维。随着调水调沙,疏浚主槽,淤堵串沟等措施的相继推出,黄河人必将在这场治理"二级悬河"的进军中取得最后胜利。

## 八、"淤地坝"闪亮启动

自古以来,斩断黄土高原千沟万壑的产沙之源,减少入黄泥沙,就被视为黄河治理的根本之策。

科学实践表明,淤地坝是减少入黄泥沙的根本性措施,在千千万万条沟道中修建淤地坝,就地拦沙淤地,化害为利,是实现黄河长治久安的最佳选择。

正因如此,2003年,水利部明确提出把淤地坝建设作为全国水利工作的"三大亮点"工程之一,要求重点抓紧、抓好。

为了抓紧编制《黄土高原地区水土保持淤地坝规划》,黄委超前介入,雷厉风行。早在年初,就抽调近百名工程技术人员组成规划编制组,夜以继日,辛勤工作,反复论证,数易其稿,于2003年2月完成规划编制任务,6月11日通过水利部审查。这是水利部“三大亮点”工程中通过的第一个规划。

根据规划,到2020年,黄土高原地区将新发展淤地坝16.3万座。它们建成后,将形成以小流域为单元,以水土保持骨干坝为重点,中、小淤地坝相配套,拦、排、蓄相结合的完整沟道坝系。初步测算,可年均减少入黄泥沙7亿吨。

2003年11月8日,北国大地,瑞雪飘飘。黄河中游水土保持委员会第七次会议宣布了一个令人振奋的消息:黄土高原地区水土保持淤地坝工程全面启动。

我们相信,这项具有划时代意义的水土保持工程,届时将为饱经沧桑的黄土高原披上绿色的盛装。

## 九、黄河与世界的对话

黄河是中华民族的母亲河，也是令许多国际水利专家为之神往的万里巨川。2003年金秋季节,这种遥远的梦想,终于化作了近在咫尺的对话。

10月21日，首届黄河国际论坛在黄委刚刚改造一新的国际会议厅隆重举行。来自32个国家和地区的水利官员和专家共300多人,齐聚黄河之滨,共同探讨流域治理问题。

亚洲开发银行、国际水管理研究所、国家自然科学基金委员会、清华大学、全国人大环境资源委员会等,纷纷出资协办。

由流域机构发起并承办的这种大型国际河流会议，在中国乃至世界范围内,都是第一次。此次论坛共收到300余篇论文,代表们以中国黄河为平台,围绕“21世纪流域现代化管理”的中心议题,进行了充分交流与对话,内容涵盖了当代水利科学研究的最前沿。

许多国外水利专家对黄河治理与开发表示出了浓厚兴趣。

澳大利亚墨累-达令河流域管理局局长DonBlackmore教授说:

感谢黄委主办的首届黄河国际论坛,参加此次黄河国际论坛,既能把澳大利亚河流管理的一些先进经验带来,同时又能吸取其他河流管理的先进经验。此次论坛将更好地解决黄河流域问题,让黄河造福社会,造福百姓。

美籍华人、密西西比大学教授王书益博士说:黄河的问题在世界河流中具有代表性,对黄河问题的研究更具有挑战性。运用开放的治河理念和现代的科技手段治理复杂的黄河是十分必要的。

此次黄河国际论坛形式多样、异彩纷呈,在轻松热烈的气氛中,来自黄河、墨累-达令河、罗讷河、泰晤士河世界四大江河的首席官员,就流域一体化管理的问题与黄河青年进行了激情对话,令会场别开生面。

论坛期间,中国与荷兰合作建立基于卫星的黄河流域水监测和河流预报系统项目正式启动。

关于黄河的对话、关于流域的治理,人与自然和谐相处的理念,这些都深深地植根于每个代表的心中。

展望2005年主题为"维持河流健康生命"的第二届黄河国际论坛,"让黄河走向世界,让世界了解黄河"的构想必将像徐徐打开的画卷,向世界展示河流治理的无限风光。

## 十、安得广厦千万间

如果不是这块门牌作标志,您也许不会相信,这就是黄河基层河务段的办公楼。

如今,在黄河基层单位,这种花园式的建筑已屡见不鲜。

2003年,黄委各级领导班子,努力践行"三个代表"重要思想,继续把改善职工生产、生活条件作为头等大事来抓。山东黄河河务局为解决职工住房困难,千方百计"挤出"资金用于补助各单位新建、改建职工住房。省局防汛调度指挥中心与办公危房拆建项目,建议书已经批复,立项工作全部完成。

河南黄河河务局积极改善基层单位的办公条件，许多单位配备了电脑等现代化办公设施。全局通过集资等方式为职工新建住房9万多平方米，使近千户职工的住房条件得到改善。

上中游管理局机关搬迁全部完成，新的办公大楼环境舒适，条件优越。刚刚落成和正在建设的住宅楼，将为200多户职工解除后顾之忧。

2003年8月19日，黄委水科院建筑基地彩旗飘扬，机声轰鸣，黄委二期集资建房主体工程开工。这次开工建设的5幢高层住宅楼，共548套住房，总建设面积10万平方米。

然而，迈出这一步又是何等的艰难，建设过程中，规划审批、建筑许可、资金筹措等一系列问题接踵而来，困难重重。但是，不管多么艰难，黄委党组的决心始终如一：一定要让职工们都能住上较为满意的房子。

如今，随着一幢幢宿舍楼拔地而起，大河上下困扰多年的职工住房难问题将得以缓解。

激越澎湃的黄河，伴随我们走过了难忘的2003年。回首旧岁，黄河人为取得的辉煌业绩感到无比自豪；展望新年，各项治黄任务仍然十分艰巨，全河上下将更加团结一致，意气风发，扎实工作，开拓进取，大力推进“三条黄河”建设，为维护母亲河的健康生命而努力奋斗！

（本文系作者与李肖强、王红育、刘自国为黄河水利委员会2004年全河工作会议合作撰写的电视专题片解说词）

# 奔腾2004

## ——黄河精彩华章回放

如同这执着的大河，虽峰回路转，仍百折不挠，一往无前；如同这翱翔的雁阵，虽长空万里，却栉风沐雨，坚韧不拔。

2004年，黄河人一路汗水，一路壮歌。全河上下，和衷共济，开拓创新，在激情和梦想的碰撞中，创造着一个又一个辉煌。

### 一、探寻生命之河

在我们生存的这个星球上，河流是最富有张力的生命系统。生生不息的河流，以其造化无穷的力量维持着生态系统和能量交换的总体平衡，所到之处，生灵跳跃、万木葱茏，文明永续，天地万物充满了和谐。而黄河，从她横空出世的那天起，更是曲折迂回，奔腾浩荡，世世代代反复演绎着生命的雄浑乐章。

然而，不知从何时起，她却沉疴缠身，百病交集。由于人类的过度开发利用，黄河水资源供需矛盾日益尖锐，河道断流频繁发生，下游河槽急剧萎缩，过洪能力显著下降，水质污染持续恶化，河流生态系统受到空前的损害……日趋严重的生命忧患，正在威胁着这条伟大河流。

黄河治理的终极目标到底是什么？作为黄河的代言人，怎样才能与她共同度过生命的苦旅，使之更好地为中华民族造福？带着深刻的历史反思，带着强烈的时代追问，黄委党组经过深思熟虑，于2004年年初正式提出建立“维持黄河健康生命”的治河新理念，并确立了"1493"的理论框架。

本源回归,石破天惊。"1493"理论框架的诞生,蕴含着人类与黄河漫长磨合中的艰辛探索,标志着人们治河理念的一场革命。

一年来,黄委党组统揽全局,整体部署,致力"维持黄河健康生命"治河新体系的构建。包括河流生命机理、评价要素指标、治理关键技术等组成的治河理论体系,日臻完善;涵盖治河重大措施、现实生产任务、年度计划安排的生产实践体系,持续推进;牵手自然科学与人文科学、社会科学的河流伦理体系,脱颖而出。三大分支,有机结合,纵横联系,共同支撑着一种具有现代科学特征的治河系统理论。

围绕这一理论,一系列深入的研究和探索相继展开。

黄河洪水威胁,下游"悬河"最烈。自古以来,多少仁人志士为之皓首穷经,倾尽心力。然而,由于种种原因,黄河下游治理方略却一直莫衷一是,未能定论。如今,科学技术的发展,人们认识的深化,为寻求解决它的真谛提供了机遇。

2004年2月至3月,在首都北京和古都开封,黄委先后两次举行高层次专家研讨会,专题研究黄河下游治理方略问题。钱正英、潘家峥、徐乾清、韩其为、陈志恺等70多位著名专家,满怀殷殷赤子之心,畅所欲言,发表真知灼见,为母亲河把脉问诊,开出良方。

针对黄河的新情况、新问题,黄委认真吸收各种观点中的科学见解,经过深入研究总结,提出了"稳定主槽、调水调沙,宽河固堤、政策补偿"的"16字"黄河下游治理方略。

它,负载着炎黄子孙世代的追求和希望,凝聚着黄河儿女浓浓的心血和汗水。它,宣告了黄河下游治理一个新时期的到来。

黄河复杂难治,根源在于水少沙多,水沙关系不协调。正因如此,建设完善的水沙调控体系,被鲜明地列为"维持黄河健康生命"的九条治理途径之一。

黄河水沙特点、变化趋势,建设水沙调控体系的必要性、紧迫性，骨干工程的总体布局、开发次序以及联合运用方案，一项项研究成果，在原有的工作基础上，被赋予了新的内涵和使命。2004年12月17日至19日，来自全国的知名水利专家和有关代表，对黄委提出的《黄河水沙调控体系建设初步研究报告》进行了认真讨论，达成了广泛的共识。

黄河，自然之河、生态之河、文化之河的多重属性，决定了"维持黄河健康生命"，需要广泛的社会认同和舆论支持，而要获得这种认同和支持，必须进行多学科交叉延伸。

2004年9月，正值金秋时节，中国社会科学院、北京大学、清华大学、中国人民大学、复旦大学等高等学府的30多位著名社科专家和人文学者，应邀来到黄委，就河流伦理学的建立、河流的本体价值及其生存权利、河流文化生命的内涵、如何重塑人类与河流的关系等耳目一新的学术问题，同黄河人展开了交流与对话。视角的交合，哲学的思考，激情的碰撞，为河流伦理这一边缘学科的诞生，举行了别开生面的奠基礼。

专家们认为：河流孕育了人类文明，人类应该延续河流的生命。黄河水利委员会首创河流伦理的研究，这是自然科学家向社会科学家的促进与挑战。

"古人云：以铜为镜可以正衣冠。然而，时至今日，以铜为镜的岁月早已成为历史。今天，我们说，甚至应该呐喊：以河为镜可以正发展。让我们共同呼唤，以河为镜的时代早日到来吧！"在这次会议上，黄委主任李国英带着对母亲河的生命忧患意识和对落实科学发展观的深深思考，向人们发出了强烈的呼唤。

## 二、黄河水沙协奏曲

自从人们发觉黄河泥沙对于下游河道的致命影响之后，许多年来，如何处理这些源源不断的细微颗粒，破解治理黄河的头号难题，便成为人们苦苦追求的长梦。

2004年，当黄河再次引起举世瞩目的那一刻，人们在调水调沙中看到了母亲河未来的希望！如果说，2002年黄河第一次调水调沙，是人类历史上首开最大规模河流原型试验之壮举，2003年第二次调水调沙，为艰难险阻中书写大空间尺度水沙时空对接之妙笔，那么，2004年的第三次调水调沙试验，更是一部波澜壮阔、荡气回肠、绚丽多彩的惊世华章。

这一年，黄河调水调沙面前横亘着两座难以跨越的大山：一是没有现成的沙源参与，二是后期冲沙水流动力又难以为继。前者将使小浪底水库为防汛腾库下泄的水量，成为效率低廉的“一河春水”，而后者更直接导致黄河调水调沙成为无法兑现的空中楼阁。

面对先天不足的客观条件，为了探索“维持黄河健康生命”之路，肩负神圣使命的黄河人，义无反顾地选择了在艰难中挺进的破冰之举！实施人工扰动，再度扩展试验的空间尺度，让三门峡、万家寨两座水库，也参与这场调水调沙大战。

大胆构想，科学论证，“三条黄河”，应声联动。一场石破天惊的重大治黄实践就此拉开了帷幕。

6月19日9时，第三次调水调沙试验宣告开始。三天后，当小浪底水库下泄“清水”抵达下游河段时，徐码头和雷口两个卡口处，河南、山东两省河务局组织的26个扰沙作业平台及时启动。大河之中，千帆入定，机器轰鸣，水流激射，沙量倍增。从河底翻卷而起的泥浆，在上游来水挟带下，飘然东去。

与此同时，小浪底库区尾部的三角洲上，另一场人工扰沙的战斗也已吹响进军号。

人工塑造异重流，是本次调水调沙试验中最具挑战性的精彩乐章。这种产生于水库的奇异流体，具有很强的潜游和推移功能，在特定条件下，可以挟带泥沙在水库底部向前行进。如果掌握了这种规律，人工塑造出异重流，对于破解多泥沙河流水库淤积的世界性难题，具有极其重大的意义。然而，这种特殊的流体，尽管在自然状态下的产生和发展是那样漫不经心，但要刻意去人工塑造却充满了无限艰难，因而，对于这项试验，世界河流治理史上一直没有迈出实验室的门槛，原型试验仍属空白。

如今，黄河人却要依靠自己的智慧和科学的力量，把它“克隆”再造。为此，既要悉心研究异重流的生成要素，审慎分析现实中的水沙条件，又要精心计算三座参战水库的水沙时空对接，其难度之大，不难想象。

为了确保试验的圆满成功，黄委领导殚精竭虑，夜不能寐。塑造流量过程，组合泥沙来源，设计后续动力，精心联结着这场大战的每一个环节。

7月5日，根据调水调沙总指挥部的命令，三门峡水库开闸放水，以2000立方米每秒的下泄流量进入小浪底水库。水库尾端被扰动的泥沙，受上游来水猛烈冲刷，迅速汇成高含沙水流。它们重整军伍，携手并进，在小浪底坝前60公里处，受重力作用潜入库底，形成异重流后，继续向坝前进军。

7月7日，流量为1200立方米每秒的万家寨水库下泄水流，不远千里行程，如期赶到三门峡。水流援军的到来，将三门峡槽库容里的细颗粒泥沙迅速推出库外，从而补充了调水调沙的水量与沙源，并为人工塑造异重流提供了强大的后续动力。

7月8日13时50分，人工塑造异重流到达小浪底水库坝前，进而通过排沙洞冲出库外。霎时间，随着几股由清变浑的冲天巨浪喷涌而出，一幕亘世壮景出现在人们面前。

黄河人工塑造异重流成功了！

这一首开先河的巨大成功，标志着中国水利科学家已领先世界掌握了水库异重流的形成机理和运行规律。它的成功，使人们借助塑造异重流减少水库淤积成为可能。

激动与感奋，喜悦与沸腾，久久荡漾在黄河人心中。

7月13日8时，历时24天的黄河第三次调水调沙试验划上了圆满的句号。在这次试验中，共有7113万吨泥沙被排入大海，小浪底水库的淤积形态得到调整优化，下游主河槽实现全线冲刷，两处卡口河段过流能力明显扩大。整个试验，科技含量之高，空间尺度之大，涉及环节之多，持续时间之长，实属前所未有。特别是人工异重流的成功塑造，更是意义非凡。

中国工程院、中国科学院资深院士、已是93岁高龄的张光斗教授获悉此讯，深深为之动容，称这次试验为水利科技的一场重大创新，他亲笔致函黄委表示热烈祝贺。

位居下游滩区的山东东明县人民政府，向黄委发来了感谢信。由于黄河调水调沙使河道主槽过流能力明显扩大，2004年这里的庄稼秋毫无犯，在喜获金秋丰收的时候，他们代表全县70万人民，向黄河人表示由衷的谢意。

这一切，来的是如此不易。它印记着这项重大治河实践，从初始构想到艰难实施的一串串脚印；它折射着不同观点从观望、怀疑最终转向认同和赞许。

黄河三次调水调沙试验，不同条件，不同河段，不同水沙级配模式，不同的水库调度组合，充满了风云变幻，蕴含着艰辛的探索。从中，黄河人对于这条大河的水沙运动规律，感性认知与理论总结都得以显著升华。随着第三次调水调沙试验圆满成功，黄委郑重宣告：调水调沙作为一种新的治河手段，将从试验阶段正式转入生产运用。

## 三、千里长堤起宏图

进入年末岁尾，黄河下游标准化堤防建设前线，凯歌声声，捷报频传。风雨历程中，河南、山东两省河务局的建设者们，以众志成城、强力推进的骄人战绩，交上了一份不同寻常的优异答卷。

早在新年伊始，一张“军令状”便把河南黄河河务局、山东黄河河务局的领头人推到了风头浪尖。

时间满打满算不到一年，共须动用土方1.05亿立方米、石方42万立方米，迁安人口2.6万，拆迁房屋75万平方米，征用永久用地3.3万亩，建设项目158项。工期紧、标准高、拆迁难。而这一切，还必须在保证防汛安全、实施调水调沙的前提下，抓紧进行，黄河人肩上承担着沉重的压力。

然而，一诺千金，军令如山。为了如期完成建设任务，豫鲁两省河务局采取超常规、跨越式的工作方式。倒排工期，科学管理，优化施工方案，完善质量管理体系，全力攻克一道道难关。绵延千里的下游长堤上，一场事关黄河安澜的大决战轰然打响。

"军令状"签订之后的第三天，河南黄河河务局党组即出台了河南黄河标准化堤防建设实施意见。对组织建设管理机构、建立分级管理责任体系、参建队伍选择原则、严格建设管理程序、工程进度部署、奖惩实施办法等，作出了明确规定。2004年春节期间，郑州至开封兰考河段长达160公里的大堤上，数千名职工挥别隆隆的新春炮竹，开赴风雪弥漫的黄河滩，着手描绘波澜壮阔的堤防建设画卷。

花园口惠金之战率先打响。建设管理者们知难而进，相继拔掉一个个困扰工程施工的"钉子"。施工单位披星戴月，日夜兼程，仅仅用了三个多月，便一举完成500多万立方米土方、18道坝改建和全部生态景观线的建设任务。4月28日，惠金段标准化堤防建设首战告捷，为全河树起了第一面旗帜。

施工任务最为艰巨的兰考河段，受天气和地势影响，一度严重积水，取土场地被淹，施工道路中断，使本来就很紧张的施工形势变得更加严峻。面对突如其来的变化，河南黄河河务局一面紧急派出工作组，现场指导排水，及时调整工序，尽快恢复施工正常秩序。同时决定，集中所属5个市局的优势兵力，举行兰考会战。10月下旬，一支3000多人组成的施工大军，带着500台大型机械设备和600套泥浆泵，进驻会战现场。骁勇善战的黄河将士，装备精良的施工器械，在空寂料峭的黄河滩上，迎着风霜雪雨，伴随泥浆迸射，掀起了此起彼伏的竞赛热潮。

挖压征地，移民搬迁，历来就是工程建设的“头号难题”。2004年，黄河人为此付出了昂贵的代价。

在河南中牟县河务局，这个“头号难题”曾经使标准化堤防建设举步维艰。1454户的移民搬迁任务，涉及3个乡镇17个行政村。房屋拆除面积之大，人口搬迁之多，均为全河县局之最。沿岸群众的切身利益和急如流火的建设工期， 像两道并行的铁轨沉重地压在他们的肩上。为了排除工程困扰，河务部门通过努力工作，取得了当地政府的大力支持。有关乡村制定明确的责任目标，建立拆迁奖罚制度，层层分解，狠抓落实，终于将移民拆迁工作推入了快车道。攻克了一座座堡垒，为顺利进行标准化堤防建设铺平了道路。

山东战场上，黄河标准化堤防建设也在如火如荼地急速推进。

济南攻坚战，是山东黄河标准化堤防建设的第一战役。根据建设任务安排，这一工程涉及槐荫、天桥、历城3区7镇，全年开工建设项目49个。尤其是这里紧靠市区，位居寸土寸金之地，因大量占地使拆迁任务异常艰巨。

这是济南市槐荫河务局。根据设计，仅这一个县局负责管理的堤段建设，就需迁移村民781户、拆迁房屋15.58万平方米，占了整个山东黄河河务局迁占任务的一半还多。面广量大，政策性强，施工受阻情况时有发生。

为了坚定信心，夺取首战成功，山东河务局要求全局上下，必须树立一盘棋的思想，确保完成建设任务。特别是对于制约工程进度的迁占工作，务必要加强领导，实施强力突破。为此，省局专门派出工作组，协助市县两局，深入村庄农户，落实国家批复的补偿政策。济南市局拟定了与每个拆迁户直接签订补偿协议的实施方案，苦口婆心，晓明大义，负重行进。通过当地各级政府的努力协调，终使迁占补偿资金得以全部兑现， 从而成功地化解了这个工程建设中的突出矛盾。

与此同时，济南河务局审时度势，及时调整总体布局。上半年，抓住施工的黄金季节，集中机淤力量，一举攻克了历城。下半年转战槐荫，展开总决战。山东河务局领导坐镇现场，靠前指挥，加强协调，全力攻关。各路建设大军，优化设备组合，交叉施工作业，白天穿梭往来浴血奋战，夜晚露宿河岸枕涛入眠，在泥水里摸爬滚打，在风雪中追赶时间。单船月产量超过10万立方米，单泵日产量超过5000立方米，推土机冲入泥潭排险情，渣浆泵首次参战建奇功，一个个奇迹被创造，一项项纪录被刷新……

几番苦战，几多峥嵘。2004年的最后几个月，从河南郑州、开封，到山东济南、菏泽，黄河标准化堤防建设各个战场，凯歌迭起，捷报频传。

截至12月20日，河南标准化堤防建设累计完成土方5700多万立方米，占年度任务的105.5%；完成主体工程的标准化堤防长度超原计划7.65公里，超额完成了2004年度工程建设任务。

山东济南标准化堤防建设工程完成项目49个，各类工程土方1280万立方米、石方10.52万立方米、拆迁房屋19.7万平方米；东明标准化堤防建设滚河防护坝改建、大堤帮宽以及26.6公里的堤防道路工程均已告竣；机淤固堤项目总计完成土方1507万立方米，占计划的45%。

从黄河建设者们一张张灿烂的笑脸上，人们欣慰地看到，黄河标准化堤防，这坚固的防洪保障线，畅通的抢险运输线，壮美的生态景观线，已经从计算机的“三维动画”跃然变成活生生的现实。

四、开辟治河新战场

2004年夏天，偏于一隅、沉寂多年的黄河小北干流广阔滩地上，突然变得喧闹起来。

千百年来，为了解决黄河泥沙淤积问题，人们使尽了浑身解数,费尽了无限心机。进入当代,综合古今方策,它被凝练为“拦、排、放、调、挖”五个大字。但是在这五大治理措施中,“放”,怎么放,在那里放?许久以来,并没有一个明确的答案。而与此同时,在黄河中游,一块拥有600平方公里的广阔滩区,却被人们久久地忽视在了一边。

2004年,黄河小北干流结束沉睡多年的历史,被作为“天然沙仓”进入了一个新的纪元。小北干流放淤试验工程,一片黄河治沙新天地,就此破天荒启动了。

如果说黄土高原水土保持是治理入黄泥沙的第一道防线的话,小北干流放淤则是中游遏制泥沙的第二道屏障,若设计巧妙,放淤时机得当,将大为减少进入下游水库及河道的粗泥沙数量,其淤沙功效不在小浪底水库之下。

小浪底水库处于控制黄河下游水沙的关键部位,可作为控制黄河下游河道泥沙的第三道防线。在其126.5亿立方米的总库容中,拦沙库容75亿立方米,可拦蓄泥沙100亿吨。而小浪底水库对于下游防洪而言,又占有极其重要的战略地位。

在水利界专家的眼里,小浪底的每一立方米库容都显得那么弥足珍贵,不敢轻言损失。尽可能延长小浪底水库的使用年限,已经成为目前该水库运用方式必须秉承的宗旨。那么,减少小浪底水库及下游河道泥沙淤积最直接、最经济,也是最有效的途径在哪儿呢?

小北干流!

这里河道宽阔,地势低洼,处于晋陕峡谷与干流三门峡、小浪底水库的连接部位,在这里处理黄河泥沙不仅可控制其尽可能少地进入水库——经测算总放淤量可达100亿吨以上,相当于再造了一个小浪底水库,更为关键的是,黄河人创造性地提出的小北干流放淤,有一个最大的科技亮点——淤粗排细。

这一科技创新是依据弯道水力学、缓流分选泥沙等原理,通过引、退水闸的控制和两级弯道溢流堰的分选等一系列工程措施，借助水力自然力量，实现泥沙的“淤粗排细”，拦下的是对下游河道淤积影响最严重的粗泥沙，排出的却是能够大部分通过水流输送入海的细泥沙，这样的思维是何等巧妙，在历代治河传承中，何曾想见！

7月26日16时，山西河津小石嘴，放淤闸正式开闸引水，至8月26日，放淤试验总指挥部抓住稍纵即逝的水沙时机，科学调度，先后实施了6轮试验，共淤积粗泥沙438万吨，其中，粒径大于0.025毫米的泥沙占50%。这意味着试验的关键目标——“淤粗排细”已初步实现！

如果说黄河小北干流放淤试验是我们治河治沙史上的一次创新举措的话，试验过程中的“淤粗排细”，则是支撑试验能否成功的支点。因为有了“淤粗排细”，使小北干流放淤完全有别于传统意义上的大放淤；因为有了“淤粗排细”，黄河泥沙的空间分布可以重新改写，小浪底水库更加璀璨，同时它还对于降低潼关高程、减缓“二级悬河”的发展和减轻下游防洪的压力将产生积极的作用。除此以外，从今天的无坝放淤到未来的有坝放淤，有着600平方公里的小北干流放淤区，将大大改良当地目前较为恶劣的农业耕作条件，促进经济社会发展，实现人水和谐，从而全面提升小北干流在治黄中的战略地位。

2004年的黄河小北干流放淤试验，为今后大规模实施放淤调度提供了丰富的经验和科学依据。

重大的战略构想与巧妙的设计思维，使黄河小北干流放淤成为我国治黄史上的又一亮点。它让从远古走来的母亲河可以在这里歇一歇脚，卸下身上过多的重负，迈着轻盈的步履走向东方了。

## 五、黄河调水建奇功

2004年是黄河水量统一调度走过的第五个年头。这一年的水量统一调度以其蕴含的特殊意义成为无数目光关注的焦点。

然而，一路步履艰难的水调之路并没有因2003年那场沛然东下的秋水而轻盈起来。

2004年，黄河水量调度的一个显著变化是汛期来水多，非汛期来水少。4~6月份，黄河主要来水区来水仅58.7亿立方米，比多年同期均值偏少44%，与2003年旱情紧急调度期来水基本持平。加之沿黄主要灌区种植面积增加，灌溉高峰集中，用水需求增长较快。新情况、新变化交织出现依然承袭着调度的难度和紧张气氛，考验着这个特殊年份的水调工作。

黄委密切跟踪分析雨、水、旱情变化，做好降水预测分析，及时调整实时调度方案。针对下游河道损失居高不下的情况，首次在调度中对河道损失逐日、逐河段滚动分析计算，实行逐月发布制度，加强水量不平衡调度督察等措施，有效减少了下游河道损失，提高了水调精度。在调水调沙试验期间，首次实行了供水订单逐日滚动批复。

通过一系列行之有效的措施，在十分困难的情况下，黄委统筹了个各方利益，圆满完成了水量调度任务。为5年来的黄河水量统一调度画上了大写的句号。

当席卷科罗拉多河、墨累-达令河、阿姆河的断流危机仍在持续上演时，被誉为世界上最复杂难治的黄河却连续5年谱写感人肺腑的绿色颂歌。这该需要何等的睿智和毅力，付诸几多艰辛和努力。

度过了自1999年以来流域持续干旱的严峻考验，黄河儿女终于可以自豪地说，我们有能力确保黄河不断流。

为保证黄河不断流，尽力顾及到各方利益，黄委水量调度技术人员使出浑身解数，操控着上至百亿立方米库容的大水库，下至几个流量的引黄闸，丝毫不敢懈怠。

首先，水调人员要结合当年来水、水库蓄水、预测下一年来水以及有关省(区)各部门耗水等情况制订分水方案。执行过程中,再根据实际来水、用水情况,进行月旬调整。对各省(区)用水按照水量分配方案,明确每月入、出省界断面流量指标,实施断面流量动态控制。为保证水量配置按方案执行,黄委还通过对骨干水库和重要取水口实施直接的统一调度和监测,协调省(区)用水矛盾并合理安排生态用水。

梦魇般的断流危机,加速了智能化的科学调水的步伐,催生了流域管理现代化的进程。黄河水量调度管理系统一期工程的建成,为饱经忧患的母亲河筑起了一道生命防线;为将应急的思路和规范、科学应对突发事件的理念纳入水量调度中,黄委在全国率先启动了应急调度机制;建立了严格的突发事件防范和应急处理责任制。

这些保障措施及时发挥了作用,快速处理了多起流量“预警”事件,及时化解了水调风险,避免了可能发生的断流危机。

黄河连续5年枯水期不断流,初步修复了被人类活动长期损害的生态环境,谱写了人与自然和谐相处的绿色颂歌,受到党和国家领导人的高度评价,为我国水资源一体化管理积累了成功的经验。

统一调度以来,黄河干流刘家峡、万家寨、三门峡、小浪底等水利枢纽发电效益明显增加。2003年11月至2004年6月龙羊峡、刘家峡、万家寨、三门峡、小浪底5座水库合计发电126.161亿千瓦·时,创历史同期最高。

5年来,由于不间断的淡水补给,河口地区生态环境显著改善,河口湿地生态得到有效保护,在15.3万公顷的黄河三角洲上,又有20万亩湿地得以再生,包括国家一级保护鸟白鹳、黑鹳等在内的近300种珍稀鸟类首次现身湿地。

黄河水持续入海,对黄河三角洲地区防止海水入侵,减少河道淤积,保证防洪安全也起到了重要作用。

黄河生命的复苏,有力支撑了经济社会的可持续发展。人们从中真切地感受到:“从传统水利向现代水利、可持续发展水利转变,以水资源的可持续利用支持流域经济社会可持续发展，实现人与自然和谐相处”治水新思路的深刻内涵。

自20世纪70年代末,济南泉水开始出现半年以上季节性停喷,30多年来鲜见全年喷涌景观。受惠于黄河水的畅流,济南市地下水位猛增,四大泉群实现28年来首次全年持续喷涌。“趵突腾空”、“泉涌若轮”……泉城重新沉浸在泉水淙淙、人泉共乐的灵动之中。

时至今日,黄河不断流已经上升为中国政府落实科学发展观、走可持续发展之路的重要标志，成为衡量水利部党组新时期治水思路成功与否的重要标志。

水,意味着绿色,水,就是生命。一条古老的大河又泛起“生命”的波澜,重新滋润着两岸大地、华北平原,带给人们丰收的喜悦和绿色的希望。

## 六、创新跃动主旋律

打开2004年的治黄史录,不难发现,“创新”这个字眼,已经成为各项治黄工作使用频率最高的词汇。是的,面对世界上最为复杂难治的这条河流,肩负黄河治理开发与管理的千钧重担,黄河人深知,没有创新,治黄工作就难以迈开大步;没有创新,就难以让这条身患多项并发症的古老大河焕发出新的勃勃生机。

为使创新覆盖黄河治理开发与管理的各个层面,2004年,黄委以建立创新机制为龙头,研究制定了激励创新办法和实施细则,首次设立了黄委创新成果奖。全河各级把创新作为推动工作、改进作风、发展事业的不竭动力,从理论创新、科技创新、体制创新等方面,进行了多方面的探索。

“维持黄河健康生命”治河新体系的创立,黄河第三次调水调沙的精彩华章，小北干流放淤试验的奇妙构想……一项项重大治河实践的成功实施,无不透射着创新思维的精华,闪耀着创新思维的光芒。

2004年,黄委出台的《黄河水权转换管理实施办法》,填补了我国流域机构在该领域的空白。宁夏、内蒙古两区初始水权分配首开先河,5个水权转换项目全面进入实施阶段,在引入市场机制优化黄河水资源配置的道路上,走出了重要的一步。

黄河中游粗泥沙集中来源区界定,经过协同攻关基本完成。“3S”等先进技术的引入,对多沙粗沙区水土流失和大型工程建设项目实行动态跟踪监测,大大加强了水土保持的督察力度。

“数字黄河”、“模型黄河”建设深入推进,基于GIS的黄河下游二维水沙演进数学模型、数字水调涵闸远程监控系统、下游交互式三维视景系统、基础地理信息系统、“模型黄河”测控系统、“模型黄土高原”降雨系统、河口物理模型试验基地、振动式悬移质测沙仪、激光粒度分析仪、国内第一个流域机构水质监控系统、水污染及快速反应机制等一大批创新的成果成功开发和先后启动,为黄河治理开发与管理,提供了有力的决策支撑。

创新思维,热潮涌动。2004年全河有37项成果荣获“黄委创新

2002年第三次黄河调水调沙试验

成果奖”。作为推动治黄工作的激昂旋律，创新思维的高昂旋律，正在大河上下产生强烈的共鸣。

百舸争流，浪遏飞舟。2004年，全河上下众志成城，开拓进取，业绩卓著。实践再次证明，黄河职工是一支有凝聚力、有战斗力的队伍，是一支勇于开拓、甘于奉献、能打硬仗的英雄群体！我们没有理由不为自己成为其中的一员而感到由衷的自豪。

2004年的黄河在激情和超越中浩然东去。伴随着新年的钟声，黄河治理开发与管理的伟大事业又揭开了新的一页。

（本文系作者与李肖强、王红育、刘自国为黄河水利委员会2005年全河工作会议合作撰写的电视专题片解说词，原载于2005年2月5日《黄河报》）

# 春舞黄河唱大风

## ——"十五"治黄回顾

穿过历史沧桑,跨越时空风云。

黄河,这条孕育了五千年华夏文明的泱泱大河,一路奔腾跌宕,川流不息,与她的儿女一起踏上21世纪的新征程。

机遇和挑战,希望与梦想,交织如潮,推动着治黄事业现代化之船,扬帆启航。

### 一、理念探索

古今中外,没有哪条河流像黄河这样,承载了如此多的忧思与爱恨,凝聚了数千年的哺育和抗争。

面对这条世界上最复杂难治的河流,多少代治河先贤,为之皓首穷经,毕其心力。传承千年的治河方略,几经岁月的洗练,几经智慧的沉淀,灿若群星,至今仍闪耀着理性的光芒。然而,由于受生产力发展水平和社会制度等因素的制约,黄河依然是"三年两决口,百年一改道"。

1946年,中国共产党领导人民治黄以来,以王化云为代表的老一辈黄河人,在总结前人经验的基础上,不懈探索,逐步形成了"上拦下排、两岸分滞"控制洪水以及"拦、排、放、调、挖"处理泥沙的治河方略。经过数十年的治理和建设,扭转了历史上黄河频繁决口改道的险恶局面,取得了举世瞩目的伟大成就。

然而,随着流域人口的增加,经济社会的快速发展,20世纪90

年代以来，人与河争水、与水争地的局面越来越严峻，由此造成黄河水资源供需矛盾尖锐，下游河槽萎缩，“二级悬河”加剧，“横河”、“斜河”发生几率增大，水质污染日趋严重，河口生态急剧恶化……

黄河向何处去？黄河治理开发与管理的目标到底是什么？这是迫切需要黄河人必须作出回答的重大命题。

循着人类文明发展的脉络，人们越来越清醒地认识到，人与河流相依相存，一荣俱荣，一损俱损。只有顺应自然规律，在开发利用河流的同时，承认并维护河流自身的生命价值及其权利，流域经济社会才能持续发展，民族文化才能永续繁衍。

于是，黄委党组按照中央科学发展观和水利部治水新思路的要求，立足黄河实际，吸取历代治河经验，创新思维，提出并确立了“维持黄河健康生命”的治河新理念，并以此为中心构建了“1493”治河体系。

这一体系，从化解黄河生存危机出发，以实现人与河流和谐相处为目的，将水少沙多、水沙关系不协调与经济社会发展、生态环境要求不适应作为分析和解决黄河问题的主要矛盾，以黄河现代化建设为支撑，为今后黄河治理与管理确立了方向和目标。

在新的治河理念引领下，大河上下开拓进取，展开了一系列新的探索。抓住黄河水沙的主要矛盾，着手谋划包括增水、减沙、调水调沙在内的水沙调控体系的全新构架。针对黄河下游的突出问题，研究提出“稳定主槽、调水调沙，宽河固堤、政策补偿”的河道治理方略。

从理念定位到战略布局；从战术措施到创新探索，治黄蓝图更加清晰。

“黄河落天走东海，万里写入胸怀间”……

河流的壮美，成就了人类的伟大。当好黄河代言人，切实担负起维护其健康生命的职责，实现人与自然的和谐相处，这是新一代黄河人责无旁贷的神圣使命。

## 二、巍峨长堤

宛如一道延伸的风景线，碧绿的两肩，平顺的路面，整齐划一的备方石……

这就是黄河标准化堤防。

据史料记载，黄河堤防最早出现在春秋时期，几千年来，见证了人类防御洪水的历史足迹。

新中国成立后，绵延千里的黄河下游堤防先后经历了三次大规模加高培厚。

几十万群众，肩扛手抬，独轮车载，完成了相当于13座万里长城的土石方工程量，使大堤得到全面加固，确保了黄河伏秋大汛的岁岁安澜。

1998年以来，国家采取积极的财政政策，加大水利建设投入，黄河下游持续开展了大规模的堤防工程建设。

2002年7月14日，国务院正式批复了《黄河近期重点治理开发规划》，明确提出加强黄河堤防建设的要求。“标准化堤防”应运而生，成为“十五”期间黄河水利建设的重头戏。

对于标准化堤防，黄河人形象地描述为“防洪保障线、抢险交通线、生态景观线”。

美好蓝图激发了人们的创业热情。

2002年11月，黄河标准化堤防建设率先在山东济南历城段开工。随后，河南与山东其他河段按计划相继展开。

2003年，一场历史罕见的黄河秋汛到来了，黄河下游大堤遭受长时间偎水，部分堤段险象环生。乖戾难测的黄河洪水，再次向人们敲响了警钟。

时不我待，分秒必争。

黄河南岸287公里的黄河标准化堤防一期工程，要在一年半时间内完成1亿多立方米的土方、60多万立方米的石方，征地3万多亩,拆迁房屋80多万平方米。

这是黄河堤防建设史上最严峻的考验!

重任在肩的黄河人没有望而却步,他们齐心协力,迎难而上,打响了一场又一场可歌可泣的攻坚战。经过参建各方的艰苦奋战,2005年汛前,如期完成了建设任务。

这期间,建设者们牺牲了多少个节假日,奉献了多少心血和汗水,创造了多少令人叹服的奇迹,又有谁能够说得清?

大堤无言,岁月留痕。

放眼这连绵巍峨、气势如虹的堤防。您是否会想到,与其相伴的还有一条记录着黄河人团结、务实、开拓、拼搏、奉献的无形堤防!

2005年4月黄河水利委员会考察团赴黄河上中游考察水土保持途中部分成员合影。自左至右:侯全亮、牛玉国、刘晓燕、周月鲁、李文学、张金良、翟家瑞

## 三、绿色颂歌

黄河，从约古宗列盆地横空出世，九曲百转，浩然东流，一路滋养众生、孕育文明，演绎着多少生命的雄浑乐章。

然而，就是这样一条被中华民族尊崇为母亲的河流，却因为人类日益膨胀的需求和无节制的开发利用，而日渐孱弱，乃至出现断流之痛，频频告别大海，雄浑不在。

据统计，1972年至1998年的27年中，有21年下游出现断流。断流最严重的1997年，全年共出现13次断流，累计断流时间长达226天，河南开封以下704公里的河床一如平川。

源远流长的母亲河已经到了步履维艰、不堪负重的地步，神州大地一片哗然！

1999年，经国家授权，黄河水利委员会正式实施黄河干流水量统一调度。一部拯救黄河的生命乐章从此奏响。

但黄河资源性缺水的状况、覆盖11个省（区）的调水范围，牵涉各方的利益矛盾，却让这条调水之路充满了艰辛与坎坷。

也许，上苍在有意考验黄河人。2001~2005年黄河来水持续偏枯，全流域遭遇大旱，连中上游河段也不断发出枯水警报。

为了使母亲河生生不息，黄河人顶着难以想象的压力，以“精细调度每一立方米水”为目标，认真落实水量调度责任制，积极推进水量调度现代化建设，建成水量调度中心，实施旱情紧急情况下水量调度预案，并先后派出近百个工作组奔赴大河上下强化协商和监督检查，与沿黄各省（区）携手共渡难关。不仅圆满完成了水量调度任务，而且按照国务院的部署，积极组织实施引黄济津，缓解了天津用水的燃眉之急。

与此同时，加强水资源保护，建成了国内第一个流域水资源保护监控系统，制定了水污染快速反应机制，及时处理了甘肃兰州、内蒙古包头河段重大水污染事件，为黄河水量统一调度和历次引黄济津的供水水质安全提供了有力支撑。

在各有关方面的共同努力和团结协作下，黄河一次次化险为夷，泛着生命的波澜，奔流入海！

千里之外的黑河调水也捷报频传。

黑河流域管理局在各级地方政府的积极配合下，针对黑河特点，采取了“全线闭口，集中下泄”的调度措施，确保了水调工作的顺利实施，如期实现了国务院的分水指标。

截至2005年底，累计向下游调水26.24亿立方米，初步遏制了流域生态恶化的趋势。濒临枯死的胡杨和红柳开始复苏，已经干涸10多年的东居延海再现碧波荡漾的湖面。额济纳大地呈现出一派生机！

居延海边，芦苇丛中，群鸟翔集，尽情展露着动人的歌喉。

纳林河畔、胡杨树下，土尔扈特人载歌载舞，抒发着他们无比喜悦的心情。

黄河连续6年不断流，黑河分水成功，取得了显著的经济、社会和生态效益，在国内外引起强烈反响，被中央领导誉为一曲绿色颂歌，为中国水资源一体化管理积累了成功的经验。

## 四、调水调沙

2002年7月4日上午9时。

随着黄河调水调沙试验总指挥李国英的一声令下，咆哮宣泄的“人造洪峰”从小浪底水库喷薄而出，携雷霆万钧之势，劈开下游河床淤积的千年忧患，夺路奔流。

黄河复杂难治的根本原因在于“水少、沙多、水沙关系不协调”。为了破解这道横亘古今的难题，一代又一代仁人志士为之艰苦探索，呕心沥血。

2001年，随着小浪底水库的建成运用，调水调沙这个让黄河人萦绕多年的治河梦想迎来了新的契机。

2002年，首次登场的调水调沙试验，基于小浪底水库单库运行，历时11天。共将6640万吨泥沙送入大海，为科学研究获取了520多万组基础数据。

2003年，一场历史罕见的“华西秋雨”降临黄河，小浪底水库上下游同时发生洪水，由于洪水来源不同，上面来水含沙量大，下面来水含沙量小，能否通过水库调度让浑水和清水“掺混”，调配出相协调的水沙关系呢？

9月6日，经过精心调度，伊、洛、沁河下泄的清水与小浪底水库配沙浑水在花园口成功实现“对接”。洪水一直控制在流量2400立方米每秒、含沙量每立方米30公斤左右，试验将1.2亿吨泥沙输送入海。

2004年汛前，小浪底水库蓄水位在汛限水位以上，对此是一放了之，还是有目的地调放？

只要有一线可能，黄河人也决不会放过。6月19日9时，第三次调水调沙试验如期开始。

按照设计方案，库区扰沙、下游河道扰沙，以及三门峡、万家寨、小浪底水库调度等环节有序展开。到7月13日8时试验宣告结束时，7113万吨泥沙被冲入了大海。同时，小浪底水库淤积形态得到调整，下游主河槽全线冲刷，两处卡口河段过流能力明显扩大。

更为激动人心的是，这次调水调沙试验首次实现了人工异重流的成功塑造并排出库外。一场科技含量更高、空间尺度更大的调水调沙试验以此为标志划上了圆满的句号。

连续三年的调水调沙试验，把2.6亿吨泥沙送入大海，黄河下游过洪能力由1800立方米每秒提高到3000立方米每秒。

对于这组数据的意义，下游山东东明县滩区的13万老百姓有着深切的体会。2004年汛期一场3000多立方米每秒的洪水过后，老百姓辛劳一年、担惊受怕的滩区庄稼竟然毫发无损，这与前几年滩区“小水大灾”的境况形成鲜明对比。丰收之后，他们给黄河水利委员会送来了一封质朴的信，向黄河人表达了由衷的感谢。

更为重要的是，通过试验不仅探索出了不同类型的调水调沙模式，而且进一步深化了对黄河水沙规律的认识。

2005年，调水调沙由试验转入生产运行，自6月16日到7月1日，万家寨、三门峡、小浪底水库在决策者和参战各方的手中调度自如，小浪底水库再次成功塑造人工异重流并排沙出库，下游河道主槽行洪能力进一步提高到3500立方米每秒。

从论证到试验，再由试验到生产运行，可以说，调水调沙走活了黄河水沙调控这盘让无数人苦思冥想的“大棋”。

## 五、拦沙防线

“九曲黄河万里沙，浪淘风簸自天涯”。

自古以来，黄河为患的症结，皆源于这源源不断的泥沙。因此，斩断黄土高原千沟万壑的产沙之源，减少入黄泥沙，一直被视为黄河治本之策。

新中国成立后，一批批水利专家和治黄科研工作者，在莽莽苍苍的黄土高原上，以科学求实的精神，向黄河泥沙这一“顽症”发起冲击。

经过几代人的努力，逐步深化了对黄河泥沙问题的认识，并将治理的“准星”逐步瞄向7.86万平方公里的多沙粗沙区，在措施布局上，确立了以小流域为单元，以治沟骨干工程建设为重点，工程、生物和耕作措施相结合的综合治理思路。

“十五”期间，为了把国家有限的投资用在刀刃上，黄委采取“先粗后细”的策略，在前人工作的基础上，进一步将“准星”锁定在1.88万平方公里的粗沙集中来源区。这里0.1毫米以上的粗泥沙输沙模数等于或大于1400吨每平方公里，是造成下游河床淤积抬高的“罪魁祸首”。

5年来，黄土高原共建成淤地坝12489座、小型水保工程25.6万多座，累计完成水土流失治理面积5.38万平方公里。

这是位于黄河小北干流的连伯滩，此时，一场放淤试验正在进行。

随着引水闸的开启，高含沙洪水迅速涌入输沙渠，在途径弯道时，通过溢流堰的分选，部分细泥沙回归大河，粗泥沙则被导进淤区，再经退水闸控制运用实现“淤粗排细”。

据测算，黄河小北干流拥有600平方公里的广阔滩区，可拦减粗泥沙100亿吨，相当于小浪底水库的拦沙量。小北干流放淤工程连同水土保持措施，以及小浪底水库“拦粗泄细”，一起构成了拦减黄河粗泥沙的三道防线。

## 六、三条黄河

别小看了这张表格，它的背后是一个数字流场。当给定了小浪底水库的出库流量，数秒钟之内即可知道山东利津水文站的入海流量。若不能满足要求，即可反算至小浪底水库并推出最科学的出库流量要求。

2003年5月28日，阵阵预警铃声打破了黄河水量总调度中心的宁静。

这是千里之外的山东利津水文站，通过远程监测器发来的预警信号，警示由上游某地突然超计划引水而有可能造成该断面入海流量跌破最低水位。

没有丝毫的慌乱，没有须臾的紧张。调度人员娴熟地操控着计算机，运筹帷幄，合理调配，一次断流危机很快被化解了。

正是凭借着这套科技手段，黄河人在与旱魃的较量中多了几分从容和自信。

实践证明，黄河治理与管理事业，离不开科学技术的支持。要确保黄河治理开发和管理各种决策方案的科学性，就不能仅仅把研究目光仅仅盯在自然黄河本身，而应该以此为支撑和研究对象，建立一套完整的科学研究体系。于是,“三条黄河”建设便应运而生。

“三条黄河”,即原型黄河、数字黄河、模型黄河。形象地讲,就是把自然中的黄河,装进计算机,搬进实验室。它们之间相互联系、互为作用,构成一个科学的决策场,以确保黄河治理开发的各种方案技术先进、经济合理、安全有效。

“数字黄河”工程经过几年的建设,目前已在防汛、水量统一调度、水资源保护、水土保持等治黄工作中发挥出巨大作用。

“数字防汛”系统,已连续几年在调水调沙、防汛与防凌工作中展露头角,大大提高了指挥调度决策的效率。

“数字水调” 完成了水量总调度中心、84座引黄涵闸远程监控系统以及枯水调度模型开发等建设任务, 为确保黄河不断流立下了汗马功劳。

水资源保护监控中心, 为处理水质污染事件决策提供了会商环境。

水土保持生态环境监测系统一期工程在水土流失快速调查和动态监测中大显身手。

实验室中的这条黄河,也初具规模。黄河下游河道模型、小浪底库区模型、三门峡库区模型、小北干流河道模型,在近年来调水调沙试验、小北干流放淤等重大治黄活动中发挥了不可替代的校验与反演作用。

“十五”期间,全河上下以“三条黄河”建设为龙头,在治黄各个领域加大科技创新与攻关的力度,涌现出一大批新技术、新成果,使黄河治理与管理的现代化进程得到全面提速。

## 七、握手世界

黄河是中国的,也是世界的。

这条独具魅力、充满挑战性的河流吸引着全世界关注的目光。

“十五”期间，黄委与世界上30多个国家和地区的国际组织或机构建立了密切的合作关系。合作领域由单纯的友好往来扩大到学术交流、多边磋商、国际会议等方方面面，并逐步由松散的事务性合作向规范的项目合作方向发展。

世界著名水工专家恩格斯晚年曾经对他的弟子说：“我此生最大的心愿就是能亲自到世界上最复杂的河流上去研究，提出自己的见解，这条河就是中国的黄河。”

斗转星移，当年恩格斯的未圆之梦，如今已在更多的“洋人”身上化作了现实。

2003年10月21日，首届黄河国际论坛在整饬一新的黄委国际会议厅隆重举行，黄河敞开她汇纳百川的胸怀，迎来了来自世界各地河流的儿女和河流的守护者。300多位代表以黄河为平台，围绕“21世纪流域现代化管理”的中心议题，全方位、多角度地展示了流域管理、水资源、生态环境、河道整治及水文测报、信息技术等学科的最新发展趋势。

时隔两年，2005年金秋时节，第二届黄河国际论坛如约举行，这次会议，规模更大、规格更高。60多个国家和地区的800多位水利精英再度聚首黄河，共商水事。荷兰王储、全球水伙伴主席，以及联合国教科文组织、世界水理事会、世界气象组织等著名国际机构的负责人也纷至沓来，参加这河流的盛会。

论坛以“维持河流健康生命”为中心议题，得到与会代表的热烈响应。各国水利学者纷纷结合自身对河流治理的认知与实践，表达对河流生命的关切之情，探讨恢复河流生态的目标与途径。观点在碰撞中交融汇流，共识在探讨中汇拢凝聚，不同的语言发出了共同的声音——《黄河宣言》。

这是河流代言人发出的热切、坚定的呼吁，是从河流儿女心底流淌出的声音。

会议期间，还诞生了世界上第一个流域水伙伴——黄河流域全球水伙伴。中美、中欧、中意、中澳、中荷等有关黄河技术合作项目的签约或启动，展示了未来双边合作的广阔前景。

两届黄河国际论坛，两次流光溢彩的河流盛会，为各国水利专家构建了一个交流对话的平台，为中外水利同仁铺架了一座友谊之桥，更为黄河人搭设了一个世界性的舞台。

## 八、改革潮头

2002年4月1日，黄委机构改革动员大会在郑州召开，一场覆盖全河的改革大潮就此拉开帷幕。

多年来，作为流域机构，黄委代表水利部行使黄河流域水行政主管部门职责，为促进流域经济社会发展做出了重要贡献。然而，执法地位不明确、责权不统一、内部政事企职责不分、人员结构不合理等痼疾在新形势下逐渐成为羁绊治黄事业发展的突出因素。改革已势在必行。

此次改革，黄委机关率先垂范，各职能部门全员解聘，重新竞争上岗。委属单位紧随其后，有序推进。长期以来"吃太平饭"和"当太平官"的陈旧观念彻底破除，干部职工的危机意识、进取精神普遍得到增强。改革中推行的双向选择、以岗择人的用人机制使一批德才兼备、年富力强的干部脱颖而出。

2004年，根据国家部署，以"管养分离"为核心的水管体制改革随即展开。自明、清以来一直沿用的黄河工程管理与养护模式被推上了改革的"手术台"。

截至2005年5月30日，全河22个试点单位顺利完成水利工程管理体制试点改革工作。此次改革中，转制为企业的水管单位共62家，在职职工3909人，离退休人员233人。水管企业职工的基本养老保险纳入省级社会统筹是本次试点改革工作成败的关键，在有关部门的共同努力下，劳动和社会保障部正式批复了黄委第二批水管企业纳入所在省企业职工基本养老保险，从根本上解决了黄委水管企业职工的后顾之忧。通过改革,水利工程管理的体制性阻碍得以消除,符合市场经济的工程管理运行机制基本建立。河务部门、维修养护单位和施工企业,三驾马车并驾齐驱,沐浴着改革的春风铿锵前行。

在推动治黄现代化的进程中,全河各级把创新作为事业发展的不竭动力,建立了覆盖黄河治理与管理各个层面的激励创新机制,并设立了创新奖,两年共评出80项创新成果,在一系列重大治河实践中产生了良好的效应。

这是一个改革创新的时代。5年来,全河上下风起云涌,事业单位聘用制改革、企业改制、干部人事制度改革等,一系列革故鼎新的措施,使原有的生产关系得到调整,体制顺了,机制活了,观念变了,经过改革洗礼的治黄队伍,正焕发出新的生机与活力。

## 九、广厦万间

这栋典雅的欧式建筑,是山东高青县黄河河务局大刘家河务段一线职工休息与办公的场所。

这片别墅式的楼房,是河南孟津县黄河河务局的职工住宅楼。

"小康不小康,关键看住房。"职工们能否住上满意的房子,黄委党组时刻牵挂于心。"十五"期间,加大力度,集中解决了一批长期困扰职工住房难的问题,全河新建职工住房40多万平方米。黄河职工的住房条件和生活环境都有了很大改善。

与此同时,办公条件也大为改观。许多单位都搬进了新的办公楼,有的正在抓紧建设。

昔日破旧简陋的工程班、水文站,如今已旧貌换新颜。

黄河基层水文站由于大部分设在交通不便、生活条件较为艰苦的偏远地区,长期以来存在着饮水困难的问题。对此,黄委领导高度重视,深入现场,调查研究,并郑重承诺:2002年底前全面彻底解决基层水文站吃水难的问题。

全河水文战线群情振奋，抓紧施工。伴着机器的轰鸣，一项项吃水工程紧锣密鼓地开工了……汩汩甘甜的水花，滋润着水文人的心田。到2002年底，投资975万元的建设任务如期完成，全河94个基层水文站、11个基地，2000多名水文职工及家属吃水难的问题得到了彻底解决。

全河各级各部门还积极开展送温暖活动，及时为困难职工排忧解难，把党的温暖送到每个困难职工的心中。

5年来，全河加大经济工作力度，紧紧围绕治黄主业，依托黄河水土资源优势，因地制宜，努力寻找新的经济增长点，经济总收入比“九五”末增长10亿元，比“十五”预定目标超出8.31亿元。职工收入年均增长15.7%。经济实力和发展后劲得到进一步增强。

## 十、精神文明

如歌的岁月，火红的事业，带给人们的是蓬勃朝气。

“十五”期间，全河精神文明建设紧紧围绕“维持黄河健康生命”治河新理念，营势造场，激发了广大职工投身治黄建设的积极性。

在“三条黄河”建设中，全河广大青年充分发挥自身的聪明才智，为治黄现代化建功立业。为了表彰他们当中的先进典型，黄委组织评选了“三条黄河”建设十大杰出青年，成为激励青年人才脱颖而出的标志性载体。

为了加快培养与国际接轨的复合型人才，2001年12月，黄委党组启动选派优秀青年科技干部出国学习的五年计划。一批批青年学子跨洋过海，出国深造，成为治黄事业发展的一支生力军。

平凡的工作岗位，同样能干出不平凡的业绩。刘孟会，台前县黄河河务局的一名普通修防工，他勤奋好学，业务精湛，先后荣获“全国水利技能大奖”、“中华技能大奖”的称号。在治黄英模带动下，全河涌现出一大批“爱岗位、练技能、革新创造争文明”的先进职工。

玛多水文勘测队的职工几十年如一日坚守在海拔4200多米的黄河源区，面对着恶劣的气候、艰苦的环境，他们默默无闻，无私奉献，获得了大量第一手的珍贵水文资料。2004年9月，黄委党组作出决定，号召全河职工向玛多水文职工学习，学习他们爱岗敬业、不怕牺牲、忘我工作的精神。

文明单位创建在全河开花结果，目前，全河省、市、县三级文明单位达127个，占所有单位的87%。《调水调沙直播》、《水文感动黄河》、《先锋颂》等一大批鼓舞人心、催人奋进的精神文化产品，唱响了主旋律，营造了具有行业特色的精神文化阵地。

保持共产党员先进性教育活动扎扎实实，建立了长效机制。党风廉政建设注重从源头预防和治理腐败问题，创建了具有黄河特色的惩防体系。

全河离退休部门积极组织健康、文明的文体活动，评选表彰了一批“健康文明老人”、“健康文明之星”。黄委老干部合唱团桑榆晚霞、意气风发，在全国老年合唱节上荣获金奖，展现了全河离退休队伍的卓然风采。

携一路征尘，洒一路豪情。黄河人走过了不平凡的5年，走过了波澜壮阔的5年。5年的开拓与创新、拼搏与奉献，在人民治黄60年的历程中留下了浓墨重彩的一笔。人与河流关系的重建，河流文明的复兴，正在让母亲河焕发出新的活力，继续奔向前方，奔向未来，奔向期待中那个生命的春天！

（本文系作者与李肖强、王红育、徐清华、白波、张焯文为黄河水利委员会2006年全河工作会议合作撰写的电视专题片解说词，原载于2006年1月14日《黄河报》）

# 年 轮

## ——黄河2006

生生不息的黄河，在悠悠时空中，又刻下了一道新的年轮。

这年轮，印记着黄河人奋斗的足迹;这年轮，荡漾着探索者激越的豪情;这年轮，映射着母亲河欢欣的希望。

### 一、长河作证

岁月悠悠，青史浩然。

2006年，中国共产党领导下的人民治理黄河事业走过了60年的光辉历程。在中华五千年的历史文明长河中，一个甲子轮回只是短暂的一瞬。

然而，正如奔腾浩荡的黄河一样，这60年，却是如此波澜壮阔，经天纬地。

九曲黄河，雄浑跌宕，以其博大的胸怀和非凡的气势哺育了中华民族的成长。但历史上，她又是一条忧患之河。千百年来，洪水泛滥频繁、决口改道反复上演，人们期盼“黄河宁，天下平”的美好愿望一直难以实现。

1946年，在战火硝烟中，人民治理黄河事业掀开了新的历史篇章。在中国共产党领导下，解放区人民一手拿枪、一手拿锹，在极其艰难困苦的情况下，保证了黄河回归故道后不决口，为中国人民的解放事业做出了巨大贡献。新中国成立后，在党和国家的高度重视和正确领导下，通过黄河建设者的艰苦奋斗，古老的黄河沧桑巨变，取得了举世瞩目的巨大成就。黄河60年岁岁安澜，宝贵的水利水电资源得到开发利用；水土保持有效减少了入黄泥沙。这些成就是历史上任何一个朝代所无法比拟的。

60道年轮，镌刻着老一辈创业者浴血奋战的不朽业绩，凝聚着一代又一代黄河人的心血与汗水，见证着人民治理黄河事业不断开拓前进的坚实足迹。

为了弘扬人民治理黄河的光荣伟绩，承前启后，继往开来，把这伟大的事业继续推向前进，大河上下开展了丰富多彩的纪念活动：冀鲁豫黄河水利委员会纪念碑巍然落成，大型历史文献《人民治理黄河60年》编著出版，《黄河不会忘记》巡回演讲，离退休老同志座谈讨论，全河文艺汇演精彩纷呈……

在这具有重大历史意义的时刻，中共中央总书记、国家主席胡锦涛，国务院总理温家宝、副总理回良玉等党和国家领导人分别作出重要批示，进一步明确了黄河在国家现代化建设中的战略全局地位，高度评价了人民治理黄河60年的丰功伟绩，确立了黄河治理开发的指导思想和基本原则，为新时期的黄河治理开发与管理指明了方向，对黄河职工提出了殷切期望。大河上下欢欣鼓舞，如沐春风。

11月3日，水利部在郑州隆重召开纪念人民治理黄河60年大会。全国人大、全国政协、国家发改委、财政部、国土资源部、国家环保总局、济南军区、治黄9省（区）分管领导和黄河职工共1000余人参加了纪念大会。

回良玉副总理亲临大会并发表重要讲话，指出：中国共产党领导人民治理黄河的60年，书写了黄河治理史上的灿烂篇章，铸就了“除害兴利、造福人民”的巍巍丰碑。这60年是见证黄河由泛滥到安澜、流域人民由贫穷到小康的发展史，是探索人类与自然从对立走向统一、从对抗走向和谐的实践史，是闪耀着中华民族坚韧不拔、自强不息伟大精神的奋斗史。它充分表明了真正成为国家主人的广大人民群众在中国共产党领导下，具有无尽的智慧和力量，可以创造无数的人间奇迹。

空前的盛会、激越的豪情、如潮的掌声，把人民治黄60年纪念活动推向了高潮。

全面规划、统筹兼顾、标本兼治、综合治理。以科学发展观为统领，坚持人与自然和谐的治水理念，让黄河更好地造福中华民族。坚持不懈地开展科学治水、依法治水、团结治水，让黄河安澜无恙，奔流不息。

面对党和人民的重托，历史的神圣使命，当前，大河上下正以此为契机，继往开来，开拓创新，把人民治理黄河事业继续推向前进。

## 二、潼关激浪

潼关，曾经演绎过一幕幕历史风云的关中古隘。1960年，三门峡水库建成运用后，泥沙淤积导致这里库区的抬升，严重影响关中平原的防洪安全，从而使潼关高程成为世人注目的焦点。

如何有效降低潼关高程？一直是黄河水利委员会孜孜探索的重大课题。近年来，黄委先后采取射流冲淤、降低三门峡水库运用水位、东垆河道裁弯等多种措施，进行了多方面的不懈探索。

那么，能否利用或塑造洪水，冲刷降低潼关高程呢？2006年春，黄河人把目光投向了一年一度的桃汛过程。

每年三四月份，随着气温逐渐回升，宁夏、内蒙古冰封河段总会自上而下开河，水量沿程释放汇集，形成洪峰。因这时正值中下游桃花盛开时节，黄河上称之为“桃汛”。如果因势利导，把这股洪峰用好，就可能成为一支冲沙减淤的“生力军”。

黄委科研人员对历年桃汛形成过程进行了深入分析，反复论证，编制提出了系统的试验方案，这一方案得到了国家防总和水利部的批准。于是,一个利用并优化桃汛洪水过程冲刷降低潼关高程的大胆设想,就这样走进了现实。

然而,黄河毕竟是黄河,这次试验从一开始就充满了挑战和变化。

2006年春,内蒙古河段出现了多年未有的平稳开河。头道拐水文站最大流量仅1430立方米每秒,为有水文资料以来的最小值。这种分段、平稳的开河形态,虽然对于黄河防凌较为有利,但是对于本次试验而言,由于水流下泄缓慢,水流动力不足,难以对潼关断面产生有效的冲刷作用。

在此情形之下,黄河防总果断决策,决定利用万家寨水库"先蓄后补"。然而,这将打破既定的水库防凌运用方式,经与内蒙古防汛指挥部和水库运行单位紧急磋商,达成一致意见。3月19日,万家寨水库开始蓄水,至22日水库蓄水已达到972米高程,10多亿立方米的水量云集一库,蓄势待发。

3月23日8时,万家寨水库开始塑造洪水,憋足了劲的水流喷涌激射,如离弦之箭,顺着河道直向潼关方向冲去。

自23日8时至26日4时,万家寨水库以日均2500立方米每秒的洪峰流量下泄,期间最大下泄流量3160立方米每秒。

试验在确保内蒙古和北干流河段防凌安全的前提下,取得了明显效果。评估结果表明,经过这次冲刷,潼关高程由327.99米降低至327.79米,同流量水位下降了0.20米。同时,还使天桥水库、小北干流河段和三门峡水库淤积状况得到了改善。

别小看了这20厘米。要知道,潼关高程的一点点降低,都会让黄河人感到欣慰。因为,近半个世纪的实践证明,在各种复杂因素影响下的潼关高程,它的大幅度降低,绝非易如反掌。这次试验的意义,绝非定格于潼关断面20厘米的降低值,它告诉人们,只要认识和掌握洪水的自然规律,就能正确地处理人类与洪水的矛盾,并使之从对立走向统一,走向和谐。

2006年春作者考察河南孟津扣马滩黄河湿地

## 三、堤岸伏波

悠远绵长的黄河堤防，穿越岁月的沧桑洗练，与母亲河相依相伴，休戚与共。

时至2006年岁末，冬日凛冽的河风中，热情满怀的黄河人把轰轰烈烈的堤防会战推向了一个新的起点。

12月20日、25日，黄河第二期标准化堤防分别在山东、河南堤段拉开战幕。

昨日奋战的情景依然清晰可见。2005年，经过参建各方夜以继日的奋力拼搏，黄河南岸287公里的一期标准化堤防建设全面完成。巍峨挺立的大堤，宽阔平坦的道路，万木葱茏的树林，把“防洪保障线、抢险交通线、生态景观线”三位一体的堤防图景，变成了现实，极目望去，巍然壮观。

如今，一场新的战役打响了。黄河第二期标准化堤防山东河段包括南岸东明下界至梁山国那里，北岸聊城至南展堤上首，堤防长度194公里。

河南河段包括北岸的武陟沁河口至台前张庄，堤防长度152 公里。整个二期工程总投资达40亿元。

在此之前，经过黄委和有关方面的共同努力，黄河第二期标准化堤防建设提高了土地补偿标准，环境影响评价、工程建设用地相继获得有关部委批准。沿河各级政府的高度重视，两岸群众的大力支持，一期工程的宝贵经验，施工队伍的昂扬士气，为推进黄河第二期标准化堤防建设奠定了坚实的基础。

可以预期，黄河标准化堤防全面建成的那一天，两道“水上长城”，将成为确保防洪安全的牢固屏障，抢险通道将更加畅达，两岸也将呈现出生机勃勃的“绿色长廊”。

2006年岁末这一天，另一场事关黄河安危的重大工程举行了奠基礼。12月31日，黄河下游河道新一轮整治工程在花园口马渡险工正式启动。

黄河下游宽、浅、散、乱，游荡多变的河道形态，使得洪水靡无定向，肆虐为患，冲决、溃决严重威胁着堤防安全，从而成为一道复杂难解的世界难题。

多少年来的实践表明，要确保黄河下游防洪安全，必须修建河道整治工程，控制主流频繁摆动。

20世纪50年代以来，黄委先后在艾山以下窄河段、高村至陶城铺过渡性河段，自下而上，由易到难，进行了河道整治的研究与实践。然而，对于高村以上游荡性河道的整治，长期以来，则众说纷纭，认识不一。2002年以来，黄委利用“三条黄河”联动，进行了大量数学模型运算，原型黄河现象分析，实体模型反演试验，对河势演变机理和整治方案进行了深入研究，确立了以“微弯型”整治为主，突出“节点”工程，自上而下集中治理的建设原则。

一个控导河势、规范流路、防止主流顶冲大堤，以及为滩区安全提供保障的河道整治工程建设布局逐渐明晰。

黄河下游河道新一轮整治工程共34处，累计长度达32公里，落实计划投资6.6亿元。

标准化堤防和河道整治工程建设规范洪水，构成抵御洪水的坚强防线，拱卫着下游两岸人民的生命安康。

## 四、水沙协奏

这是河南濮阳黄河滩区一个普通的村庄。

望着刷深的河槽，畅流的河水，如今村民们心里踏实多了。因为3500个流量的洪水没有上滩，他们辛辛苦苦的耕耘，可以保证收获了。这得益于连续5年的调水调沙。

每一次的调水调沙，可资利用的水沙条件都不一样，你想完全照搬前一次的成功经验，几乎没有可能。这就是黄河的特质。2005年的调水调沙，小浪底库区异重流的塑造，并排出库外，很大程度上是万家寨、三门峡、小浪底水库三库联合调度的结果。然而，2006年的调水调沙，万家寨水库因可调水量较少，在水动力条件上明显弱于2005年的情况，同时，泥沙条件也没有2005年的优越。显然，要想在2006年的调水调沙中成功塑造小浪底库区异重流并实现排沙出库，困难比2005年甚至2004年都大得多。

为此，黄委多次组织研讨会商，分析形势，制定对策。研究认为，在小浪底库区淤积三角洲顶坡段，淤积物较细，异重流预定潜入点距大坝约40公里，而这段行程坡降较大，充分利用这些有利条件，塑造异重流，并排沙出库，具有很大的成功胜算！

一套新的调水调沙方案应运而生！

6月25日，根据黄河防总的命令，三门峡水库开闸放水，以3500立方米每秒的下泄流量进入小浪底水库。此后流量逐步增大，至26日零时，下泄流量已达4400立方米每秒，接着三门峡水库两条隧洞和12个底孔全部打开，使尽浑身解数，尽其所能，敞泄排沙。

滚滚洪流进入小浪底库区上段，裹挟起大量泥沙，在预定地点倏然潜入库底，形成了异重流。

27日，异重流行进到小浪底水库坝前，进而通过排沙洞冲出库外。随着几股由清变浑的冲天巨浪喷涌而出，欢腾的人造洪峰如巨龙腾飞，泛着生命的波澜，奔流东去！

回首征途多崎岖，五年求索不寻常。

水文数据显示，连续五年的黄河调水调沙，共有3.6亿吨泥沙被送入大海，下游河道全线冲刷，河底高程平均下降1米左右，主河槽最小过流能力由1800立方米每秒提高到3500立方米每秒。

2006年调水调沙期间，黄河三角洲自然保护区又注入1000多万立方米水量，湿地萎缩的趋势得以遏制，土壤质量和湿地水体状况明显改善，呈现出一派鹤舞霞彩、芦花雪飞的景象。

## 五、护河之剑

2006年7月24日，国务院总理温家宝签署第472号国务院令，发布《黄河水量调度条例》。至此，我国第一部大江大河水量调度行政法规宣告诞生。

这是绿色颂歌的强音，这是河流生命的护卫之剑。

回望7年水量调度之路，可谓险象环生，如履薄冰。资源性缺水的窘迫现状，不断膨胀的用水需求，错综复杂的社会关系，持续性的流域干旱，各种矛盾纵横交织，新旧理念猛烈碰撞，使黄河水量调度工作举步维艰，难上加难。

为了确保黄河不断流，黄委根据国家授权，强化管理，优化配置，科学调度，在有关方面通力协作、密切配合下，化解了一次次断流危机。

几度风雨春秋，几番化险为夷。黄河人感到：面对日益尖锐的水资源供需矛盾，要有效化解黄河的断流危机，迫切需要以法律武器，确保水调工作的长效运行，捍卫河流生命的尊严。

几年来，黄委在水利部的指导下，通过深入调查研究，反复论证，数易其稿，起草了《黄河水量调度条例》文本，又经国务院法制办征求多方面的意见，进行反复修改，形成了条例草案。

如今，《黄河水量调度条例》的正式施行，为依法治水，促进人水和谐，铸造了一把刚性之剑。

《黄河水量调度条例》的出台，把水法关于水量调度的基本制度落实在了黄河流域实处，建立起黄河水量调度长效机制，极大地促进了有限的黄河水资源的优化配置，有利于以人为本，统筹协调沿黄地区经济社会发展与生态环境保护，减轻和消除黄河断流造成的严重后果。

依据《黄河水量调度条例》的规定，黄河支流调度被迅即提上日程。2006年11月，黄委对渭河、沁河等9条重要支流实施水量统一调度，初显成效。

据统计，11月重点支流取水5.3亿立方米，耗水3.2亿立方米，均在控制指标之内；入黄断面流量均大于最小入黄流量指标；渭河、沁河各控制断面月均流量也分别达到计划控制指标。

调水乐章连连奏响。引黄济青的圆满完成，为胶东半岛的海滨之城送去1.8亿立方米宝贵的黄河水，缓解了那里的燃眉之急。首次引黄济淀生态补水的实施，为白洋淀补水4.2亿立方米，“华北明珠”重现昔日风采。

千里之外，河西走廊再传捷报。黑河干流以6.44亿立方米的最少耗水量，4次输水入东居延海，创造了累计连续800多天不干涸的历史佳绩。

法律屏障，乐章和鸣，碧波荡漾，从中人们真切感受到科学发展观的深刻内涵。

## 六、破冰之举

2006年4月，一场潇潇春雨中，河南新乡河务局、山东济南河务局分别召开动员会，悄然拉开了黄河水管体制改革的大幕。

黄河治理，事关社稷大局。自明、清以来的几百年间，黄河下游河防管理就一直承袭着“建设、管理、运行、养护”于一体的管理体制。在当时的历史条件下，这种模式，对于统筹修防工作，防御洪水，曾经发挥了重要作用。

然而，时至今日，在社会主义市场经济体制改革深入进行的形势下，这种传统的水管体制已不合时宜。

多年来，常年驻守大河两岸的基层治河部门，执法主体职能不清，政、事、企不分，工程监管责任不明，维修养护缺乏资金，惨淡经

2006年4月作者在江西井冈山革命根据地考察于黄洋界留影

营，这些都严重困扰着黄河职工。

黄河水利工程管理体制改革已势在必行。

2002年，国务院批转了水利部关于《水利工程管理体制改革实施意见》，明确提出，用3到5年时间建立起适应社会主义市场经济要求的水利工程管理体制和运行机制。

2005年3月，黄河水管体制改革开始了破冰之举。

25个水管单位率先实施了"管养分离"改革试点。按照产权清晰、权责明确、管理规范的原则，县级河务局及其所属单位打破原有格局，实现了管理单位、维修养护公司、施工企业的分离。"三驾马车"并驾齐驱的新型管理模式雏形显现。

2006年，这场改革继而推向所有水管单位，改革的层面也更加深入广泛。各市级河务局组建了专业化的工程维修养护公司，施工企业统一整合，增强了市场竞争能力，供水管理体制改革同步进行。

6月30日，是黄河史上一个不同寻常的日子。从这一天开始，全新的管理体制，开始扬帆远航。

黄委所属单位共有12829人参加了本次水管体制改革。改革后，管理岗位上岗6314人，供水单位上岗962人，维修养护公司上岗3509人，施工与其他企业上岗2000余人。

凤凰涅槃，浴火重生。一场深刻的改革，理清了关系，激活了机制，走活了棋局。工程管理定额有了明确规定，维修养护资金渠道有了保障，企业职工基本养老保险纳入省级统筹，解除了后顾之忧。

改革后，水管单位职工队伍的年龄结构、整体素质也有了显著的提高。

经历了工程管理改革的洗礼，新一代黄河人解脱了管理与创收负重前行的困扰，脚下的步伐更加踏实有力，肩上的事业增添了无限的生机与活力。

## 七、百舸争流

如果把改革和创新比作黄河治理开发与管理工作的基因和养分，那么，2006年，大河上下就是一幅生机盎然、硕果累累的丰收图。

水土保持工作以粗泥沙集中来源区和沟道拦沙工程为重点，综合治理和预防监督，人工治理与生态修复齐头并进，全年综合治理水土流失面积1.25万平方公里；24个项目区水保生态工程建设和23个项目区的生态修复试点全面完成。

党风廉政建设加强落实责任制，注重从源头预防和治理腐败，建立了黄河特色的惩治和预防腐败体系，各级领导干部的思想作风建设和廉政建设得到了明显加强。

创新工作，热潮涌动，科学研究进展显著。2006年全河有92项成果荣获“黄委创新成果奖”，“数字黄河”工程荣获“2006年度中国信息化建设项目成就奖”，治理黄河科研工作获得国家重大科技项目支撑。

经济工作持续稳定发展，水电、供水、建筑施工、设计咨询等领域的创收能力不断提高，全年实现经济总收入42亿元，为治理黄河事业增添了动力和后劲。

精神文明建设有了新的特色。谢会贵是玛多水文站的一名普通水文职工，30年来，他默默无闻，无私奉献，坚守在海拔4200多米、高寒缺氧的高原地区，获取了一组组珍贵的第一手水文资料，为治黄事业做出了突出的贡献。2006年12月，黄委党组做出决定，授予他“劳动模范”的称号，号召全河职工向谢会贵学习，进一步弘扬了“团结、务实、开拓、拼搏、奉献”的黄河精神。

针对社会基本医疗保险“广覆盖、低保障”的不足，黄委印发《积极推进职工重大疾病医疗救助工作的意见》，建立了职工重大疾病救助机制。这一重大举措，犹如一场及时雨，解决了压在患病职工心头的沉重负担。

截至目前，全河参加重大疾病医疗救助机制的职工已有21000多人，占可参加人数的56%。

千帆竞发，百舸争流。一年来，干部队伍建设、离退休管理、宣传出版、后勤服务、移民监理、安全生产、医疗卫生等各项工作都有了新的进展。

雄关漫道真如铁，而今迈步从头越。在充满希望的2007年，黄河儿女将更加意气风发，开拓进取，为维持黄河健康生命做出新的贡献!

（本文系作者与李肖强、王红育、于迎涛、刘自国、张焯文为黄河水利委员会2007年全河工作会议合作撰写的电视专题片解说词，原载于2007年1月18日《黄河报》）

# 河流伦理

HELIULUNLI

# 河流伦理：维持黄河健康生命的人文基础

河流伦理研究，作为“维持黄河健康生命”理论体系的一个组成部分，已经正式启动。这是一个边缘学科，也是一个全新的领域。最近，我们组织力量对此进行了一些探索，取得了初步研究成果。

## 一、河流伦理产生的背景

由于自然因素和人类活动的巨大影响，当前几乎全世界范围内的河流都面临着空前的危机。这种危机表现在，它们都不同程度地遭遇着单项或者多项并发症。有的河道频繁断流，尾闾消失；有的河槽不断淤积，河床萎缩加剧；有的河流串联的湖泊出现干涸，源头草场退化；有的水质污染严重，洄游生物灭绝。譬如，在内蒙古额济纳地区，连年遮天蔽日的沙尘暴，不仅暴露出黑河流域严重的生态问题，而且引起了全国乃至世界有关地区的高度关注。石羊河流域昔日碧波连天的青土湖已经不复存在，这里的民勤绿洲出现了许多新的生态难民。海河的水量早已捉襟见肘，入不敷出，以至于承载重要海港的天津市不得不频频向黄河伸出求援之手。新疆塔里木河尾闾的台特马湖也已经干涸30多年，我国最大的高原湖——青海湖水位陡然下降了十几米，等等，这方面的例子很多。

在国外，这种现象也不乏其例。埃及的尼罗河阿斯旺大坝建成之后，由于水库泥沙迅速淤积，不仅预期效益大打折扣，而且给两岸带来了土地贫瘠、环境污染、血吸虫病等灾难性的后果。印度耗费巨资修建的德里大坝，建成后经专家鉴定，存在诱发八级以上大地震的严重威胁，被称为最昂贵也是最危险的大坝。另外，美国的科罗拉多河、欧洲的第二大河阿姆河等很多河流，也都存在着水资源锐减、干旱严重等各种各样的生态恶化问题。

黄河的问题更为突出。前些年，黄河断流曾经引起举世震惊。据统计，从1972年黄河首次断流到1999年，28年之间下游22年出现断流。特别是90年代，黄河不仅年年断流，而且断流的时段和距离不断加长。1997年全年断流226天，断流河段从入海口一直延伸到河南的开封，长达704公里。城乡供水，工业生产，农业灌溉，全线告急。当时，中国科学院、中国工程院163位院士联名上书，呼吁拯救黄河！1999年黄委根据国家授权对黄河水资源实行统一管理，对全河水量实施统一调度以来，至今已经实现连续5年不断流。应该说，这是一件很了不起的成就。但尽管如此，由于水资源尖锐的供需矛盾总体趋势没有改变，因此目前黄河不断流的保证措施仍然十分脆弱，防止不断流的形势依然非常严峻。另一方面，由于黄河输沙用水被大量挤占，下游河槽严重萎缩，“二级悬河”形势加剧，致使主河槽过洪能力显著下降，“滚河”、“斜河”情势时有发生，每年汛期防洪形势都十分紧张。

凡此种种，大量的现实情况说明，当前中外许多河流都承受着沉重的生命危机，而且这种趋势正在向愈演愈烈的方向发展。这不禁使人们对工业文明以来的河流治理提出了新的质疑。河流治理的终极目标到底是什么，如何正确处理人类社会发展与维持河流健康生命的关系？河流除了它的工具性价值以外，是否还应该尊重其本体的生命价值和权利？怎样贯彻科学发展观，让哺育人类与万物的河流生生不息，以水资源的可持续利用支撑经济社会的可持续发展？在新的历史时期，这一系列重大问题，都迫切需要进行深入研究，并作出明确的回答。

河流伦理的研究，正是在这样的时代背景下应运而生的。

2004年黄河水利委员会举行河流伦理学术研讨会,图为作者在作主题发言

## 二、关于河流生命

### (一)一般生命的定义

很长时期以来,对于生命的定义,不同的学科有不同的解释。生理学界认为,只要能够完成消化、呼吸、发育、生长、新陈代谢的系统都可视为生命系统;生物化学家往往把可以传递遗传信息的系统看作是生命有机体;进化论者又把一个能够通过自然选择进化的系统看作是生命系统。也有科学家认为,生命现象与非生命现象并没有一条截然分明的界限,它们之间存在着连续性。生态伦理学家则进一步指出:生命不仅是指人类和其他有机体,而且也包括河流、大地景观和生态系统。

从哲学和辩证法的观点来说,万事万物都是有生命的。所不同的，只是它们生命的存在方式，有的是生长，有的是运动，有的是流动，彼此互有差异。从这一观点出发，应当认为，河流也是有生命的。

(二)河流的自然生命

一般来说，伴随地质年代轰轰烈烈的板块构造运动和沧海变桑田的漫长变迁，一条河流的形成，都经历过胚胎孕育、雏形乍现、发育成熟、河床调整等历史时期。随着河床下切、沟谷侵蚀、水系迅速发展，最终全线贯通，形成一条奔腾跌宕的河流。

由于地质和地理环境的差异，每条河流的形态都不尽相同，但归纳起来，构成河流的生命要素，却不外乎这么几个方面：一是它们都有一个完整贯穿的河道形态，并由众多支流和纵横水系汇集而成；二是由于大陆板块的构造运动，均表现为上中游断裂发育，地势高峻，峡谷众多，下游为冲积平原，因而呈阶梯形的地貌特征；三是大多河流往往与流域内的一些湖泊沟通串联，譬如，长江的鄱阳湖、洞庭湖，黄河的扎陵湖、鄂陵湖、东平湖等；四是河流的变化与运动以流动为主要特征；五是河流水体与其间的生物多样性共存共生。

正是由于上述这些生命要素，在漫长的历史时期，地球上无数的河川溪流才显示了它旺盛的生命活力。它们或者汹涌澎湃，或者潺潺细流，昼夜不停地腾挪搬运，以一种巨大的力量维持了生态环境和能量交换的总体平衡，以其独特的生命方式哺育和滋养了丰富多彩的各类生命。河流所经之处，生灵跳跃，万物丰茂，充满一片生机。

在这里，需要强调的是，河流的第四个生命要素——流动。河流的外在形态是贯通，内在特质是流动。没有流动，河流就丧失了在地表和地下进行水文循环的功能；没有流动，河床缺少冲刷，河流挟沙入海的能力就会削弱；没有流动，河流就会成为一潭死水，水质就要恶化，与其共生共存的水生物种就会灭绝；没有流动，沿途湿地得不到水体和营养物质补充，依赖湿地的生物群落就会失去家园。一句话，没有流动，河流也就不再是河流。

而流动需要足够的动能，这种动能除了来自从上游到下游形成的高差势能之外，更重要的是产生水流动能的内因——河流水量。如果一条河流的流量急剧衰减，就会出现河道萎缩、泥沙淤积、河槽隆起等恶性循环状况，从而大大缩短河流的生命周期。

正因如此，我们认为，要维持河流的健康生命，必须首先保证能够维持进行其生命循环的河流水量。

（三）河流的文化生命

河流的文化生命是河流自然生命的延伸。打开人类文明的史册，不难发现，世界四大文明古国都与大河文明相伴而生。尼罗河哺育了古埃及7000年文化，被称为“水的原始颂歌”；印度河和恒河开启古印度的文明之门，成为“永恒的涅槃”；幼发拉底河和底格里斯河两河流域，孕育了古巴比伦文明，被誉为“世界文明的摇篮”；而我们的黄河，更是造就了一脉相承、光辉灿烂的华夏文明，当之无愧地成为中华民族的摇篮。

河流文化生命具有很强的传承功能。世界上几乎所有的大河在经历文明孕育和吐纳的过程当中，都是一部活生生的河流文化生命史。这种河流文化，或是记录治国安邦的方策，鉴戒历史的演进规律；或是标量科技发展水平，演绎哲学思想；或是维系民族情感、反映民生要求，浩若烟海，灿烂辉煌，成为一个民族发展过程中不可或缺的重要精神宝库。以黄河为例，作为中华民族的母亲河，她承载了华夏文明的悠久历史和深厚底蕴，彰显着黄河文化的丰富多彩、博大精深，蕴含着我们这个民族历经沧桑的人生精要，寄托着炎黄子孙的民族情感。

河流自然生命和文化生命的关系，归根到底属于物质和精神、存在和意识的关系。河流的文化生命伴随其自然生命兴盛而兴盛，同样也因其自然生命衰亡而衰亡。这种历史的印证，古今中外，枚不胜举。一度辉煌的巴比伦文明,后来之所以沦为"陨落的空中花园",致命的原因就在于水利条件的破坏和土地沙漠化;中东地区远古时期的赫梯文明,在特大干旱的笼罩下,成为一片来去匆匆的废墟;美洲创造玛雅文化的科潘国,因河流长期干涸,导致了该地区文明的崩溃与失落;在我国历史上,黄河支流无定河流域内规模宏大的都城——统万城,河西走廊黑河流域的黑水国,无不是由于生态平衡遭到严重破坏,最终被沙漠所湮没的。

载体不复存在,相应的文化当然也就成为历史的遗踪。这种沉重的历史教训应当深深吸取。一个可持续发展的社会不仅需要水资源的永续支撑,同样需要河流文化生命的延续和传承。而河流文化生命的传承,当然必须以源远流长的河流生命为载体。

## 三、关于河流的权利

### (一)河流与人类共同发展的三个历史阶段

人类作为一个特殊的物种,在漫长的自然进化中,蒙受了河流的巨量恩惠,并对河流的认识不断发生变化。研究认为,人与河流在"双向创造"的进程中,共经历了三个历史阶段。

一是河流的神话时代。人类早期所经历的大洪水,在各民族记忆中都留下了深刻烙印。无论东方还是西方,在难以理喻的大自然面前,人类童年的恐惧、崇拜和迷信油然而生,由自然崇拜诞生了最早的原始宗教。这一时期主导意识形态是非人类中心主义的泛神论和万物有灵论。

二是河流的妖魔化时代。当神化的结果屡屡不能奏效时,人类对河流的敬畏与仇视往往相伴而生。这时,人类对河流的情感模式发生了变化。时而把河流视为普渡众生的神灵,时而把它看作青面獠牙的魔怪,就这样,河流的妖魔化时代开始了。

三是河流的工具化时代。严重的洪水泛滥威胁,使人类对河流的主宰意识与日俱增。随着科学技术水平的提高,人类逐步获得了向自然斗争的能力并意识到自己的主体地位，便着手对河流进行改造、利用进而“征服”。由此，人与河流水文关系史进入工具化时代。

应当说，在漫长的历史时期内，由于河流的利用，原始农业灌溉逐步发展为传统水利，进而成为农耕文明的命脉。人类的这种实践与认识，对于社会发展的确曾经发挥了巨大的作用。1936年美国科罗拉多河峡谷建起世界上第一座大坝——胡佛坝之后，全世界范围内水利水电资源的开发利用，进入迅速发展的新时期，大大推动了科技进步和人类社会发展。

但是与此同时，由于认识上形成的人类中心主义，而忽视了河流的本体价值，人类对河流盲目追逐和过度利用经济价值的行为也愈演愈烈。人类试图通过工业文明的功力一劳永逸地使江河驯服，对河流的自身规律产生了巨大的影响，导致众多河流都出现了

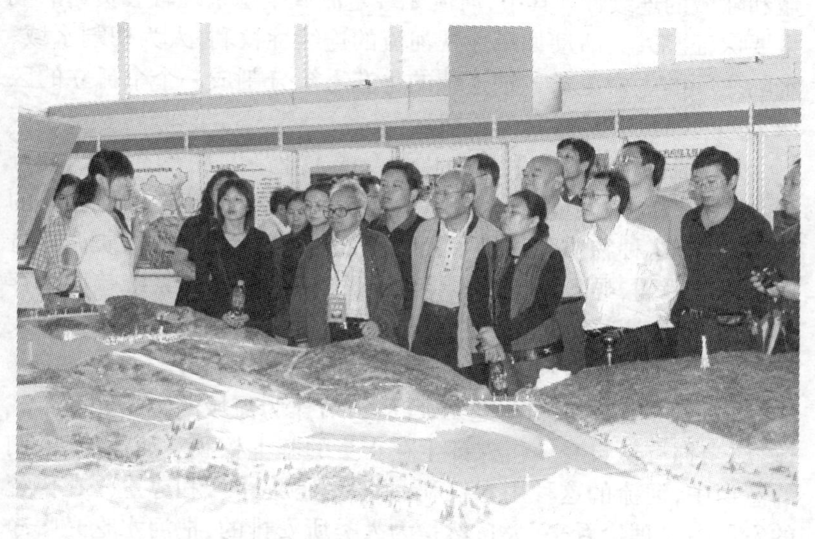

参加河流伦理学术研讨会的国内专家考察黄河

空前的危机,而这种危机又反过来直接作用于人类自身。

(二)河流的权利

那么,对于人类来说,是否应当承认,河流在履行义务的同时,也应拥有它自身存在的基本权利呢?我们研究认为,答案应该是肯定的。这种权利,主要包括以下几个方面。

1.河流的完整性权利。河流的水资源体系支撑着人类一代又一代维持生存,但这些水资源又是有限的。现实中,作为大气和地球水文循环不可或缺的链条,河流的完整性权利屡屡被侵犯,其后果直接导致了流域生态系统的巨大断裂和民族文化心理的缺失。20世纪90年代黄河连年断流引起的举世震惊,就是一个最典型的例证。

2.河流的连续性权利。流域是一个连续的有机耦合的生态系统。流域的连续性表现为水域的连续性,包括地表水和地下水、水域和陆域的连续性。其中,河流无疑是流域生态系统融会贯通的最重要保证。人类活动如果无视河流的连续性权利,人为切割水域、水陆之间的生命链条,把连续的生态系统分割成一个个孤立的区域,那么,河流必然走向枯萎和衰亡。

3.河流的清洁性权利。在化学合成工业高度发展的今天,高分子化合物产品的大量生产和使用,成为影响河流流域物质循环的有害物质,这种物质和大量污染物排入河道,给河流的物质循环造成了严重障碍,导致河水质量持续下降,使各种生态系统赖以生存的流域环境不断趋于恶化。“质本洁来还洁去”,面对河流污染对人类的巨大反作用,是到了还河流清洁性权利的时候了。

4.河流的用水权利。毫无疑问,河流作为流域的躯干和基本载体,应当拥有从自身获得保证生存水量的基本权利。然而,在人们的意识中,河流的这种用水权利,并没有得到承认和尊重。在传统的发展主义理论看来,大自然是为人类所安排的,把河水吃光喝净是天经地义的事情。如今应该尽快走出这一误区,在所有河流特别是资源性缺水流域规划中，应该把河流本身作为一个基本用水户给予初始水权的分配，保证至少有维持河流健康生命的最低用水流量。

5.河流的造物权利。河流作为流域生命的共同保障，创造并哺育了所有物种的生长和繁衍，让所有存在物自我实现，应成为芸芸众生的共同权利。尤其是河口地区，河流输沙入海的过程，既是一个填海造陆的过程，也是一个生态造物的过程。在这一广阔地区，依赖水域生存的各种生物形成了特殊的流域生态系统。当河流的流动被改变或者终结时，这一流域生态系统被破坏，也就终结了这一丰富多彩的造物过程。

## 四、河流伦理与维持黄河健康生命

### (一)河流伦理的研究意义

从2002年2月黄委主任李国英在全球水伙伴中国地区高级圆桌会议上首先提出“河流生命”的概念之后，两年来，这一新的治河理念得到了国内外水利界的强烈反响。2004年年初，黄委党组在全河工作会议上正式确立了“维持黄河健康生命”的理论框架，并进一步确定了它所包括的三大组成部分，即治河理论体系、生产实践体系和河流伦理体系。其中，开展河流伦理研究的目的正在于唤起人们自我警醒，自觉接受“维持河流健康生命”的新理念，以自己的聪明睿智和果敢行动，投入捍卫河流生命的重大实践之中。

河流伦理研究的主要目的：一是提高人们对于河流生命的科学认识水准，借助人文科学和社会科学的理论进行观察、分析、反思、预测，从而把握人与河流和谐相处的规律性，规范人类自身的社会行为；二是在特定的时代背景下，对河流生命理念进行培育和弘扬，在道德领域，召唤呵护河流的良知，在情感领域中召唤美感的永续；三是改善调控管理，将人与河流的关系，从以往改造、征服的关系转为和谐相处、共存共生的关系，唤起人们尊重自然规律意识的回归。

据此，河流伦理研究的主要任务：一方面是要广泛动员各有关学科，从哲学、人文科学、社会科学的角度，进一步完善"维持黄河健康生命"理论；另一方面，是要利用人类内心深处亲近河流的天然资质，让全社会从根本上认识黄河水资源统一管理与调度、黄河调水调沙等当今治河举措的重大意义，树立起"维持黄河健康生命"的自觉意识，使之充分发挥好哲理启示作用、理念支撑作用和舆论感化作用。

(二)河流伦理研究的实施计划

河流伦理的研究，是关于人与河流关系的伦理原则和道德规范体系。其主要特点，一是在伦理关系上，将人与人之间的伦理关系拓展到人与河流的关系，主张人类应尊重河流自然形态，在"维持河流健康生命"的前提下，开发利用水资源，与河流和谐共生，统筹发展，体现了人与自然和谐相处的科学发展观；二是在时代背景上，是人类在遭到大自然的多次报复之后，经过理性思考而形成的伦理思想选择；三是在伦理价值观念上，认为河流既有其工具价值，同时还有它自身的本体价值。

为了便于河流伦理研究的开展，我们初步拟定了以下研究选题：

1.经济社会发展中的河流健康生命；

2.河流伦理学的哲学基础；

3.河流自然生命概述；

4.人与河流关系史论；

5.河流与文明起源；

6.关于河流的文化生命；

7.河流伦理及其实践；

8.河流伦理与河流立法；

9.维持河流健康生命初探。

河流伦理是一个全新的边缘学科,要取得扎实的研究成果,必须博采众长,联合攻关,创新思维,勇于探索。因此,我们诚挚欢迎各位代表一起来奠定这座理论大厦的基石。

(本文系作者在2004年9月河流伦理学术研讨会上代表黄河水利委员会所作的主题发言,原载于2004年9月28日《黄河报》)

# 河流空前危机与河流伦理构建

在我们居住的这个地球上，奔腾不息的河流是人类及众多生物赖以生存的生态链条，也是哺育人类历史文明的伟大摇篮。但是,由于长期以来人们过度开发利用,致使当今全球范围内的河流几乎都面临着空前的生存危机。这一严峻的现实,引起了人们对工业文明以来治水方针的深刻反思。最近,我们在“维持黄河健康生命”的总体框架下,对构建河流伦理体系进行了初步探讨。旨在通过这一研究，唤起人们深刻认识水资源可持续利用对于经济社会可持续发展的重大意义，自觉投入到人与河流和谐相处的伟大实践。

## 一、河流生命及其二元结构

### (一)关于生命的定义

生命是宇宙间最普遍的存在形式。但是关于生命的定义,长期以来却众说纷纭,莫衷一是。生理学界认为,只要能够完成消化、呼吸、发育、生长、新陈代谢的系统都可视为生命系统;生物化学家往往把传递遗传信息的系统看作是生命有机体；进化论者又把能够通过自然选择进化的系统看作是生命。生态伦理学家则指出:生命不仅是指人类和其他有机体，也包括河流、大地景观和生态系统等。

从哲学的观点来说,生命最普遍的含义是存在和消亡,一种自然本体只要具有存在和消亡的过程，都应是具有生命的。所不同的，只是生命的层次与存在方式互有差异。而河流完全符合这种自然本体性，因此我们认为，它们也是有生命的。

（二）河流的自然生命

一条河流的形成，大都经历过板块构造运动、沟谷侵蚀、水系发育、河床调整等历史时期。尽管每条河流的地质条件和外在形态各不相同，但都拥有以下共同的生命特征。

1.河流是由源头、干支流、湿地、连通湖泊、河口尾闾组成的庞大水系。它们一路接溪纳流，奔腾跌宕，最终或融身海洋，或潜入内陆，具有完整的生命形态。

2.河流是一种开放的动态系统，其流域水系之间，以流动为主要运动特征，进行着大量而丰富的物质生产和能量交换。

3.作为一个有机的生态整体，河流与生物多样性共存共生，构成了一种互相耦合的生态环境与生命系统。

4.在构成河流生命的基本要素中，流量与流速代表了河流生命的规模与强度，洪水与洪峰是河流生命的高潮与能量顶峰，水质标志着河流生命的内在品质，湿地则体现了河流生命的多样性。

正是由于这些特征，无数的河川溪流才显示了它旺盛的生命活力。它们昼夜不停地腾挪搬运，以巨大的力量维持了生态环境和能量交换的总体平衡。河流所经之处，生灵跳跃，万物丰茂，一片生机。

（三）河流的文化生命

千万年来，河流深刻地影响了人类的历史发展进程，塑造了各具特色的文明类型。河流与人类文明的相互作用，造就了河流的文化生命。

1.河流是河流文化生命的本源。人类童年的第一行脚印，即印迹于河流岸边。先人通过对河流特征的感知，引水灌溉，形成了最早的农业，并诞生了相应的科学技术、政治文化和社会分工，人类由此进入文明之门。世界上四大古代文明，分别产生于黄河、尼罗河、印度河以及幼发拉底河和底格里斯河两河流域，就是最有力的证明。

2.河流文化生命是一种催生民族凝聚力的文化倾向。在漫长的历史发展进程中，人类受河流百折不挠、交融汇流等自然形态的精神塑造，使得纷争不已、相互隔膜的部落族群，获得标志性的文化认同，最终演化成了现代民族国家的本土文化品格和深层意识形态。

3.河流文化生命具有很强的传承功能。世界上所有的大河在孕育人类文明的同时，都书写了一部生动的河流文化生命史。它们或是记录治国安邦方策，演绎哲学思想，或是标量科技发展水平，鉴戒历史演进规律，浩若烟海，博大精深，成为一个民族发展过程中重要的精神宝库。

4.河流文化蕴含着深邃的美学价值。河流景观奔腾不息，声色鲜明，极具运动性和个性化的特质，激发了人类丰富的想象力和自然情怀，从而产生了河流美学。

河流的自然生命与文化生命，属于存在和意识的关系。后者伴随前者的兴衰而兴衰。一度辉煌的巴比伦文明后来成为“陨落的空中花园”，美洲玛雅文化给后人留下一堆难以破解的神秘废墟，中国古老丝绸之路上的楼兰国悄然消亡在滚滚大漠……这一幕幕文明没落的悲剧，无不是由于河流断绝、水源枯竭、生态平衡遭到严重破坏的结果，它们像沉重的历史警钟声在悠悠时空中回荡。

## 二、人类与河流关系的历史发展演变

综观人类文明的发展史，每个时期经济社会发展水平不同，人们对河流的认识观念与关系处理也各不相同。

### (一)原始文明时期：人类依附并崇拜河流

在生产力水平极为低下的原始社会，古人对大自然心存敬畏，他们“逐水草而居”，以渔猎为生，被动地依附于自然。每逢水旱灾害，不得不乞灵上天恩典，把河流尊奉为神灵顶礼膜拜。这一时期，人与河流处于一种原始的不自觉的和谐状态。

（二）农耕文明时期：人类初步开发利用河流，但仍主张敬畏河流

进入农耕文明时期，随着青铜器、铁器的相继使用，人类开始有条件兴建一些水利工程，对河流洪水有了一定的控制能力。但由于此时人类改变河流的能力非常有限，因此仍然认为河流对人具有主宰作用，在相当程度上保持了河流的生态平衡。

（三）工业文明时期：人类开始控制河流，对河流实行掠夺式开发

这一时期，随着生产力的迅速提高，人类基本上摆脱了对自然力的依赖，能够通过科学技术来控制、改造和驾驭自然，在意识形态上，“人定胜天”思想逐步占据了主导地位。生产规模、生产生活方式的巨大变化，极大地刺激了人们从河流中获取财富谋求社会进步的欲望。用水需求急剧增加，众多水利工程的兴起，大量工业和生活废水排入河流，对河流形态、资源能力、运动规律以及河水品质产生了巨大影响。河道断流，河床萎缩，湖泊干涸，尾闾消失，水质污染加剧，生物多样性减少，直接导致了河流生态的空前危机。

（四）生态文明时期：人与河流和谐相处将成为人类的必然选择

全球性的生态危机，直接威胁着人类文明的发展和延续，迫使人们寻求新的更合理的发展道路，也引发了国际社会“重新定位人与河流关系”的反思。一些生态学家提出“还河流以生存空间，重建河流生命网络”的政策建议，有的国家开展了“生命之河”运动。在中国，把生态环境之水还给生态得到了高度重视，先后实施了黄河、黑河、塔里木河调水，白洋淀生态应急补水等工程。河流生态的

重建与初步恢复,促进了一个生态文明时代的到来。

人类与河流关系的四个历史发展阶段,是一种否定之否定、螺旋式上升的过程。展望新的历史时期,人类充分发挥自身的主观能动性,追求人与河流和谐相处,将是世界经济社会发展和文明进步的必然要求。

## 三、河流伦理的哲学基础

### (一)河流伦理:一种新的道德伦理观

按照传统伦理学的定义，伦理就是指人与人之间的道德行为规范。在这一视野里,"天赋人权",道德主体只限于人类,而其他生物族群和自然的存在,都不过是任人享用的资源,也不拥有道德关怀的资格。

然而,当全球范围内生态环境危机日益严重,人们不得不重新思考人与自然的关系的时候，传统伦理学的上述观点遇到了重大挑战。人们逐步把道德规范的范围扩大到人类之外的客体存在,并兴起了环境伦理学、生态伦理学等新的伦理流派。尽管这些新的伦理派别,迄今争论未绝,但归纳起来,其分歧的焦点主要还是集中在"人类中心主义"和"非人类中心主义"的问题上。

在人类中心主义看来,自然本身并不拥有权利和自身价值,而环境问题的根源在于个人或集团利益的狭隘化。所以,主张对人类的利益做出某种限制。

而非人类中心则认为，包括人类在内的自然都具有其内在价值,相应地也拥有生存和发展的权利。因此主张把道德关怀对象推广到所有生命，而人的角色应从大地共同体的征服者改变成大地共同体的普通成员。

应该说,这两种观点都有其合理的成分。因为前者毕竟承认了人类追逐自身利益的狭隘化，而后者则从根本上突破了传统伦理学限于人际伦理的藩篱，要求人在意识深处反思以往对自然的行为,形成一种新的自然观和价值观。这无疑对于河流伦理的构建提供了重要的思想资源。

河流伦理研究的意义, 在于强调河流的开发利用必须以保证当代人生活安全健康,保证子孙后代基本的生存条件为前提。其基本观点主要体现在三个方面。

1.反对唯发展主义。20世纪后半叶以来的生态危机告诉我们,唯发展主义主张"征服河流、开发河流、改变河流、重组河流",其结果不仅严重损害了河流的健康生命, 也给人类的基本生存带来了新的危机。因此,如何恢复和重建河流生态系统,实现人类与河流和谐相处,将是保证人类永续发展的重大课题。

2.不赞成所谓"荒野论"。这种纯粹自然论者,主张荒野保护,倡导极端生态,其实质也是一种人与自然相对立的意识形态。各个国家国情不同,发展程度不同,如果一概禁止河流的开发利用,势必进一步加剧发展的不平衡。这不仅违反了事物发展的客观规律,而且在实践中也是行不通的。

3.主张给河流以道德关怀主体地位。作为一种自然存在,河流对于人类的生存方式与文明形态具有重大意义。关爱河流,归根结底就是关爱人类自己。因此认为,重新整合历史、科学、文化和当代社会实践中的合理要素,将河流生命纳入道德关怀的范畴中来,建立起一种人与河流的新型伦理关系,已经势在必然。

(二)关于河流的自身价值

传统哲学把整个世界划分为主体与客体两个对立的部分,认为只有人才是主体,才拥有内在价值和权利,而一切非人类的存在均无主体性,也谈不上内在价值和权利。

事实上,这一理论存在着很大的误区。按照辩证唯物主义的观点,主体、客体的划分是相对的,主体的本质特征是具有主动性、能动性和创造性。人类在自然界的主动地位虽然高于其他物种,但其他物种在一定条件下,也同样具有主动性。特别是大自然的主动力量更是人类不可抗拒的。一场海啸、飓风、地震或大洪水,每每使人们束手无策,在这种情势下,大自然就成为了主体。大自然的主体性,还表现在日月星辰,山川河流,风雨雷电等巨大的创造力。正是由于自然与自然、自然与人类的这种相互作用,自然系统的内在规律才维持着和谐平衡,才使得整个自然界纷繁复杂,绚丽多彩,精巧而富有生机。

作为大自然的一个子系统,河流的主体性地位也不言而喻。河流的产生是自然界自我造化的结果，是河流按照自身规律进行自我组织、维持和表达的系统。通过这些方式达到自己的目的,完成自己的使命,实现自身的发展和演化。因此,河流同人类一样,也拥有主体性地位和自身的内在价值。

(三)河流的权利

在伦理学的领域,任何道德主体的义务与权利都是相互的。既然河流作为生命的存在承载着对人类的义务，也应拥有自身的权利。研究认为,河流的权利主要包括以下几个方面。

1.河流的完整性权利。作为大气和地球水文循环不可或缺的链条，河流的水资源体系支撑着人类一代又一代地维持生存,但这些水资源又是有限的。现实中,河流的完整性权利屡屡被侵犯,其后果直接导致了流域生态系统的巨大断裂和民族文化心理的缺失。

2.河流的连续性权利。流域是一个连续的有机耦合的流域生态系统。其中,河流的完整形态无疑是生态系统融会贯通的最重要的保证。如果人为切割河流的生命链条,把连续的生态系统分割成一个个孤立的区域,那么,河流必然走向枯萎和衰亡。

3.河流的清洁性权利。在化学工业高度发展的今天,高分子化合物产品的生产和使用,成为物质循环的严重障碍,这种有害物质大量排入河道，导致各种生态系统赖以生存的流域环境不断趋于恶化。面对河流污染对人类的巨大反作用,如今是到了还河流清洁性权利的时候了。

4.河流的用水权利。在人们的传统意识中,把河水吃光喝净是天经地义的事情。其实这是一种非常错误的认识。河流作为流域的躯干,应当拥有从自身获得保证生存水量的基本权利。特别是在资源性缺水流域的规划中,应给予河流本身初始水权的分配,保证至少有维持河流健康生命的基本流量。

5.河流的造物权利。河流作为流域生命的共同保障,哺育了所有物种的生长和繁衍。河流奔流不息的过程,也是一个生态造物的过程。当河流被改变或者终结时,流域生态系统被破坏,也就终结了这一丰富多彩的造物过程。因此,保护河流也是保证所有存在物自我实现的共同的权利。

(四)河流伦理的基本原则

河流的权利一旦成为伦理要求,人们对河流就有了必然的道德义务。这些道德义务,应通过原则性的规定来实现。

1.尊重性原则:人类对河流的尊重态度取决于如何理解河流生态系统和人类的关系。尊重性原则体现了人们对河流的终极关怀态度,因而成为行动的第一原则。

2.整体性原则:人与河流是一个相互依赖的整体。人类在河流开发利用过程中,任何只考虑自身利益而忽视河流整体状况的行为都是错误的。

3.不损害原则:关爱生命是伦理道德的基本义务与准则。它要求包括拦河筑坝等河流开发利用活动都不应对河流生态造成不可逆转或不可修复的损害。

4.评价性原则:河流伦理把促进河流生态系统的完整、健康与和谐视为最高意义的善举。它要求对人们的行为从良好动机、行动程序到后果后效作出全面评价,以检验其合理性。

5.补偿性原则:当河流生态健康受到损害时,责任人打破了自己和河流道德主体之间公正的平衡,因此必须履行由自己错误行为而引发的这种特殊义务，重新恢复河流的生态平衡。

建立在哲学基础上的河流伦理，为合理规范人与河流的关系，有效调整开发利用河流中的矛盾冲突，提供了应该遵循的基本原则和思想范式。可以说，这是人与河流关系发展进程中的一个重大进步。

## 四、河流伦理与河流立法

### (一)现代社会立法价值取向的延伸

法律规范和道德规范，都是人类社会的行为规范。法律规范主要表现为国家的强制力，道德规范则主要存在于人们的思想意识和风俗习惯之中。法律积极维护伦理道德，伦理通过道德规范推动守法和执法。二者相互渗透、相得益彰。

很长时期以来，人们的立法价值取向仅仅限于张扬人性。法律关系主要调整的是人与人之间的关系，而基本不去关心人类以外的其他自然生命。全球环境生态持续恶化的严峻现实，迫使现代法律体系必须作出重大延伸，将张扬自然的本体性，保障自然的内在权利，纳入立法价值取向的范畴。

近年来，为了规范和调整人与自然的关系，一些国家进行了有益的立法实践。如美国的《国家环境政策法》、《田纳西流域管理法》，日本的《自然环境保护基本方针》，西班牙的《塔霍—塞古拉河联合用水法》，新西兰的《怀卡托流域管理局法》。在国际环境法方面，联合国制定了《世界自然宪章》。我国也先后出台了《环境保护法》、《野生动物保护法》等法律。这些法律，教育人们对自然有更深的爱，明确规定了应该尊重大自然，不得损害大自然的基本过程。肯定了自然界中非人类存在物的价值或生命，并对其生命和存在权利制定了予以保护的评判标准。它充分说明，在人类与自然的关系中，人的角色正在从自然的主宰者、征服者向自然界生命过程的捍卫者转换。

（二）河流立法的法理特点

人与河流生态秩序的最高境界是共存共生、和谐相处，要保证这种境界的实现，必然要求把人与河流的关系上升为法律关系，把人对河流的行为列入法律的调整对象，把人与河流和谐相处作为人类活动的共同价值选择。河流立法的法理特点主要体现在：

1.确定河流及其所有存在物的法律主体地位。作为河流共同体的成员，所有自然物种都有分享河流资源的权利，相互之间的法律关系选择是平等关系。对于人类而言，尤其应负有保护河流资源和为后代人发展繁衍留存河流资源的责任。

2.人与河流之间的法律秩序应充分尊重河流的自身规律。河流的生命过程有其自身的特点与规律，并非人类所能创造和规定。人类开发利用河流的活动，应遵循发现、尊重和顺应河流自身规律的法则。

3.河流立法、执法和守法，需要河流伦理道德的普及。河流权利的法律实现形式，是建立自然体的代理制度。在司法实践上，是靠人类对自身活动的规范与制约。因此，以法律为权威的河流制度体系的建立，并不意味着万事大吉，最根本的战略在于匡正世风，促使人们河流伦理道德水平的提高。

## 五、河流伦理构建与维持黄河健康生命

（一）河流伦理的催生与反哺

黄河是哺育中华民族成长的伟大摇篮，也是一条世界上最为复杂难治的河流。20世纪90年代以来，在下游“地上悬河”等重大问题没有得到根本解决的情况下，黄河又暴发了严重的水资源危机。由于生态用水被大量挤占，下游河道频繁断流，主河槽萎缩严重，加之沿河废污水排放量剧增，流域生态系统呈持续恶化趋势。1999年黄河水利委员会根据国家授权对黄河实行了水量统一调度，经过多方艰苦努力，实现了连续5年不断流。但是这种水资源管理的

基础仍很脆弱,断流危机并未消除,黄河依然面临着严重的生存危机。

为此，黄河水利委员会以科学发展观和中国治水新思路为指导,从反思黄河治理开发的终极目标入手,经过深入思考,提出了"维持黄河健康生命"的治河新理念及其理论框架。作为其中的一个重要组成部分,河流伦理体系构建的目的正在于,通过确立人与河流关系的伦理原则,提高人们对河流的科学认识,培育和弘扬河流生命理念,改善和调控治河决策管理,为"维持黄河健康生命"的理论与实践奠定人文基础。

因此可以说,是"维持黄河健康生命"催生了河流伦理,而河流伦理,正在反哺"维持黄河健康生命"。

(二)河流伦理构建的创新意义

首先，河流伦理扩大了道德共同体的边界。河流是个有机整体,我们称之为河流共同体,河流伦理把道德权利扩大到河流的所有成员和共同体本身,确认它在一种自然状态中持续存在的权利,这既是生态学的进化,也是伦理学的进化。

其次,河流伦理改变了人在自然中的地位。使人从河流的征服者转变成河流共同体的普通一员。这意味着,人类应尊重包括人在内的所有河流共同体中的成员；也意味着他没有任何特权把自己凌驾于其他成员之上。

其三,河流伦理要求确立新的价值尺度。河流伦理是一种新的伦理观,而现行的价值哲学总是与它发生矛盾,因此它需要用一种全新的价值观念来重建人类伦理价值体系。传统自然保护政策总是用经济尺度来代替伦理尺度,全然不考虑河流的内在价值,只把河流当作资源来管理。河流伦理的价值尺度是以尊重河流健康生命为前提的,既要承认它们永续生存的权利,又要承担保护他们的责任和义务。在此基础上建立一种符合经济、生态、伦理和审美的多价值评价体系。

其四,河流伦理明确了人对河流的责任和义务。河流伦理的构建,确立了关于河流内在价值及道德权利的系统,不仅扩展了伦理学的边界,也为我们认识人与自然的新型关系打开了一扇大门。

在实践的领域，河流伦理的提出将在观念的层面改变我们传统的治河思路，也为河流和流域的规划管理与实施提供了崭新的理念和行动原则。

河流伦理是一个新兴的边缘学科,需要多学科协同攻关。历史和现实的经验证明,在学科的接壤处,恰恰是新学科的生长点,因而也为理论思维之翼提供了可以自由翱翔的寥廓空间。我们坚信,河流伦理的构建，必将提升全社会对人水和谐相处重大意义的认识,从而为“维持黄河健康生命”的实践提供有力的理论支撑。

（本文系作者代表黄河水利委员会研究撰写的河流伦理体系框架,在2005年11月举行的第二届黄河国际论坛上进行交流,发表于2005年10月20日《黄河报》）

# 维持河流健康生命是守护民族精神家园的根基

奔腾不息的河流是人类赖以生存的基本载体，也是孕育人类文明的伟大摇篮。但由于自然和人为的因素,致使当今世界上许多河流都面临着严重的生命危机。这不仅对人类的生存与发展产生了巨大的反作用，也动摇了民族文化永续传承和文化遗产保护的根基。因此,要守护好民族精神家园,必须维持河流健康生命,重新构建人水和谐关系。

## 一、河流是人类历史文明的母体

作为一种有机的生态整体,河流以其独特的生命形态、运动特征和内在品质，显示出旺盛的生命活力。它们日夜不停地腾挪搬运,以巨大的力量维持了生态环境和能量交换的总体平衡。所经之处,生灵跳跃,万物丰茂,一片生机。

毋庸置疑,河流的这种生命特征,千万年来深刻影响了人类的历史发展进程,塑造了世界范围内各具特色的文明类型。它主要体现在以下几个方面。

### (一)河流是人类文明的本源

大量考古研究成果证明,人类历史童年的第一行脚印,即印迹于河流岸边。先人通过对河流表现特征与运动规律的最初感知,趋利避害,长期与之共存共生,形成了最早的农业,诞生了相应的科学技术、政治文化和社会分工,人类由此进入文明之门。世界上的许多古老文明，如华夏文明、埃及文明、印度文明、巴比伦文明等，分别产生于黄河、尼罗河、印度河以及幼发拉底河和底格里斯河两河流域，就是有力的证明。

(二)河流文明是一种催生民族凝聚力的文化倾向

在漫长的历史发展进程中，人类受河流自然形态的精神塑造，使得纷争不已、相互隔膜的部落族群，逐渐获得标志性的文化认同，最终演化成了现代意义上的本土民族品格和深层意识形态。

以黄河流域为例，早在"刀耕火种"的新石器时代，这里就相继诞生了马家窑文化、齐家文化、裴李岗文化以及仰韶文化等。后来，随着黄河反复淤积，原本是大海湾的华北平原被塑造成千里沃野，又孕育了广达数十万平方公里的大汶口文化，从而推动了一场深刻的社会变革，华夏民族由此进入了国家之门。打开有记载的文明史册，黄河尤为彰显其凝聚魅力。夏禹"执玉帛者万国"；殷商承夏，拥为各方共主、三千诸侯的领袖，跃居青铜时代世界强林前座；周朝继兴，"监于二代，郁郁于文哉"，盛况更是空前；春秋战国，诸侯割据，文化多元，思想活跃；秦始皇扫六合，定一统，首开帝国之先河；及至汉、唐、宋、金，各代朝廷均与黄河为伴。在历史的脚步声中，华夏民族增殖裂变，并与四周其他族群交融汇流，逐渐形成一个稳定的共同体。政治因革损益，以黄河为母体的文化却一脉相承，其光芒波及整个亚洲大陆，其声威震撼远洋古国。同时，黄河自然形态的长期感染，也为中华儿女塑造了百折不挠、血脉维系、一往无前、统一进取的民族灵性，显示了这条伟大河流卓越的孕育造化之功能。

(三)河流与其派生的文化属于存在和意识的关系

河流文化是一个民族发展过程中重要的精神宝库。它们或是记录治国方策，演绎哲学思想，或是标量科技发展水平，鉴戒历史演进规律，浩若烟海，博大精深，具有丰富的社会学、历史学价值。同时，河流景观奔腾不息，声色鲜明，极具运动性和个性化的特质，激发了人类丰富的想象力和自然情怀，因此也蕴含着深邃的美学价值。

如同物质决定精神、存在决定意识一样，河流本体的兴衰也决定着河流文化的兴衰。曾几何时闪耀着璀璨光芒的巴比伦文明，后来沦落为“陨落的空中花园”；独领风骚的美洲玛雅文化戛然中断，给后人留下一堆难以破解的神秘废墟；古丝绸之路上繁荣昌盛的楼兰国，悄然消亡在塔克拉玛干大沙漠；黄河流域无定河畔一度风景秀丽、气势恢弘的大夏国首都统万城，只落得满目荒凉，断壁残垣……这一幕幕文明没落的悲剧，无不是由于河流断绝、水源枯竭、气候变迁、生态严重失衡的结果，它们像沉重的历史警钟声在悠悠时空中回荡。

## 二、民族文化遗产的有效保护必须维持河流健康生命

### (一)河流在孕育人类文明的同时，也书写了一部人与河流关系史

在生产力水平极低的原始社会，古人“逐水草而居”，以渔猎为生，对大自然心存敬畏，每逢水旱灾害，不得不乞灵上天恩典，把河流尊奉为神灵顶礼膜拜。因此，人与河流处于一种原始的和谐状态。

进入农耕文明时期，随着青铜器、铁器的相继使用，人类在一定程度上尝试对河流洪水进行控制，并兴建了一些小型灌溉工程。由于此时人类改变河流能力仍很有限，所以依然认为河流对人具有主宰作用，在相当程度上保持了河流的生态平衡。

工业文明时期，随着科学技术进步和生产力迅速提高，人类开始控制、改造和驾驭河流。在意识形态上，“人定胜天”思想逐步占据主导地位。社会进步、生产规模、生活方式的变化，极大地刺激了人们从河流中获取财富的欲望。用水需求急剧增加，水利工程蓬勃兴起，大量工业和生活废水排入河流，严重影响了河流的水资源能

力、河流形态、运动规律以及河水品质等。因而，导致或加剧了河道断流、湖泊干涸、尾闾消失、水质污染加剧、生物多样性减少等河流生态危机。

河流生态危机，直接威胁着人类文明的发展和延续。由此，引发了人们“重新定位人与河流关系”的深刻反思。近年来一些国家提出“还河流以生存空间，重建河流生命网络”的政策，开展了“生命之河”运动。在我国，“把生态之水还给生态”的理念得到国家高度重视，先后实施了黄河、黑河、塔里木河调水以及生态应急补水等重大实践。展望未来，可以相信，随着人们意识的觉醒，一个河流生态文明时代正在翩翩走来。

（二）母亲河生生不息是传承五千年中华文明的根基所在

黄河是中华民族的母亲河，也是一条极为复杂难治的河流。20世纪90年代，黄河断流愈演愈烈。最为严重的1997年，下游断流时间长达226天，断流河段704公里。长时间的频繁断流，给沿黄地区人民生活和工农业生产造成了极其严重的影响。由于输沙用水被大量挤占，导致主河槽淤积加剧，进一步增大了防洪压力。加之水质日趋恶化，流域生态系统遭到了严重破坏。

黄河断流危机，引起了举世震惊。1998年初，163位中国科学院、中国工程院院士联名向社会发出“行动起来，拯救黄河”的强烈呼吁。1999年3月，国务院授权水利部黄河水利委员会，统一管理黄河水资源，对黄河水量实行统一调度。经过多方努力，如今已实现黄河连续6年不断流。

然而，我们也应清醒地看到，从河流理念、管理手段到工程措施等，确保黄河不断流的基础仍很薄弱，黄河断流危机依然存在。面对这种严峻的现实，黄河水利委员会以中央的科学发展观和水利部党组治水新思路为指导，通过对河流治理开发终极目的的反思，提出了“维持黄河健康生命”的治河新理念，并据此初步构建了新的治河体系。旨在全面提高人们对于黄河物质和精神双重价值的认识，重建人与黄河和谐相处的关系，从而实现以水资源可持续利用来支撑经济社会可持续发展，以母亲河生生不息、万古奔流来永续传承中华文明的伟大目标。

（原载于2006年6月8日《中国水利报》）

# 河流健康生命初探

## 一、河流健康生命与河流伦理

### (一)研究河流健康生命的缘由

河流健康生命研究是近年来经济社会发展进程中出现的一个新的重大课题。

众所周知，地球上奔腾不息的河流是人类及众多生物赖以生存的生态链条，也是哺育人类历史文明的伟大摇篮。但是，由于长期以来人们的过度开发利用，致使当今全球范围内的河流几乎都出现了严重的生态问题。河道断流，河床萎缩，湖泊干涸，尾闾消失，水质污染加剧，生物多样性减少，这些问题直接导致了河流的空前危机。

以中国黄河为例，多年来，黄河以其仅占全国水资源总量2%的水资源支撑着占全国15%的耕地、11%的人口和沿河50多座大中城市以及众多工矿企业的运转。随着经济社会的迅速发展，流域水资源供需矛盾日益尖锐，导致河道频繁出现断流。20世纪90年代，黄河年年断流，而且每年断流的天数与断流的河段越来越长，对沿河两岸人民的饮水和经济社会发展带来了严重危害。由于大量挤占了河流生态用水，大大加剧了下游主河槽的萎缩，给黄河防洪安全带来了新的威胁。同时，由于沿河废污水排放量剧增，黄河水质也在持续恶化，致使重大水污染事件时有发生。

严峻的现实引起了人们对于人与河流关系的重新审视。在新的历史时期,如何正确定位人与河流的关系,怎样实现以水资源的可持续利用来支撑国家经济社会的可持续发展?正是基于这种深刻乃至痛苦的思考,2004年以来,黄河水利委员会从反思黄河治理开发与管理的终极目标入手,提出了"维持黄河健康生命"的治河新理念,并研究确立了包括治河理论体系、生产实践体系和河流伦理体系三个组成部分的治河体系框架。从而,首次确立了研究构建河流伦理体系在新时期治理黄河战略中的地位、作用和任务。在"维持黄河健康生命"治河新理念的促动下,近年来我们组织北京大学、清华大学、复旦大学、武汉大学、哈尔滨工业大学、南开大学等单位相关学科的教授、学者,由黄河拓展到国内外其他重要河流,对构建河流伦理体系、创建河流伦理学进行了深入探讨。而探究河流本质属性,阐释河流健康生命,则是其研究任务之一。

因此可以说,河流健康生命的研究直接促成了河流伦理学的产生,同时反过来又成为河流伦理学的一个重要组成部分。

(二)河流伦理学概述

河流伦理学的创建是新形势下河流治理开发与管理实践发展的需要,是在自然科学和社会科学两大门类之间由相关领域内不同学科相互交叉和渗透产生的一门新兴边缘学科。根据目前的初步研究成果,这一学科主要包括:

1.河流生命论。在综合各个学科对生命不同定义的基础上,阐释河流生命的概念、内涵及其所产生的时代背景和意义。结合水力学、水文学、地质学等关于河流的论述,提出河流自然生命的概念,论述河流自然生命与河流生物圈的共存关系,以及河流自然生命在健康状态下应具有的能力等;从哲学的角度,论述河流自然生命与文化生命的辩证关系。

2.河流的文化生命。论述河流文化生命的定义和内涵;河流文化生命的起源、本质、价值、进化历程,以及对人类精神文化发展的重要影响；作为与生物生命相异的生命形态，河流文化生命所应具备的独特元素；河流文化生命的传承功能，研究在全球化的潮流面前，河流文化生命对于传承民族文化特性、保留文化核心价值认同、维护文化的多元性所具有的重要作用。

3.人与河流关系史论。从河流伦理的视角重新审视人类与河流的关系，深刻揭示人与河流在不同历史时期复杂的关系。河流与人类在“双向创造”的过程中，人类活动对河流生命形态可逆与不可逆过程的深刻影响，不同地域、不同类型河流对人类历史进程以及生产生活方式的塑造所产生的巨大作用。

4.河流伦理的发端。对中国古代儒家、道家哲学思想，以及佛教、基督教、伊斯兰教中的生态伦理思想进行整合和现代解读；探讨生态伦理和河流伦理的相互关系，研究在不同历史文化基础上提出的各种生态哲学体系。

5.河流伦理的哲学基础。论述河流伦理的哲学合法性基础；河流伦理的价值论基础，所展示的新的价值观、方法论；从生态世界观的角度审视人与自然的关系，探讨如何将河流伦理学纳入以哲学为灵魂的社会工程，以及河流伦理对现行哲学体系的反思意义。

6.河流伦理与河流立法。探讨论证河流立法调整人与自然关系的必要性和可能性，伦理与法律的调整范围的异同及交叉点，把倡导河流伦理和流域法制建设结合起来研究河流伦理对河流立法的借鉴和指导意义，阐明河流伦理原则在河流立法中如何得到体现，以及河流立法对河流伦理的提升和维护作用。

7.经济社会发展中的河流健康生命。阐述河流对人类的作用决不仅仅只是资源，而是融入到人类社会政治经济文化中的一个关键要素，“河流—流域经济—社会”已经构成了一个完整的复合生态系统，当人们在处理经济发展与河流健康关系时，必须以系统整体的利益作为出发点，所有的决策管理和经济活动，都应当围绕着系统整体利益这一最高目标来进行。

8.河流健康生命初探。作为河流伦理学的重要组成部分，本课题将对此进行专题研究。重点探讨河流的生命特征、河流健康生命的指标体系、维持河流健康生命的主要对策等。

## 二、河流健康生命的研究内容

### (一)河流的生命特征

一般来说，一条河流的形成，大都经历过板块构造运动、沟谷侵蚀、水系发育、河床调整等历史时期。尽管每条河流的地质条件和地理形态各不相同，但都拥有以下共同的生命特征。

1.河流具有完整的生命形态。它们是由源头、干支流、湿地、连通湖泊、河口尾闾等组成的水循环系统，经过漫长的水流作用，形成了稳定的地貌形态和贯通的水文通道，从而使水体在大气、陆地和海洋之间不断循环。

2.河流是一种开放的动态系统。其流域各水系之间，以流动为主要运动特征，不仅创造了壮丽的自然景观，而且不断进行着大量而丰富的物质生产和能量交换，连接起各有关生命系统。

3.河流是一个有机的生态整体。河流与其间的生物多样性共存共生，构成了一种互相耦合的生态环境与生命系统。

4.在构成河流生命的基本要素中，河流的流量与流速代表了河流生命力的强度，洪水与洪峰标志着河流生命力的能量，水质标志着河流生命的内在品质，湿地则体现了河流生命的多样性。

正是由于这些特征，无数的河川溪流才显示了旺盛的生命活力。它们昼夜不停地腾挪搬运，以一种巨大的力量维持着生态环境和能量交换的总体平衡。所经之处，生灵跳跃，万物丰茂，呈现出一片生机。

### (二)河流健康生命的指标体系

连续的河川径流、安全通畅的水沙通道、满足人类和其他生物需要的水资源供给能力及水质、良性循环的河流生态系统，是一条健康河流的基本要素。

1.径流和河床是构成河流生命形态的主要标志,也是河流生命存在的最重要的构件。这也正像人的身躯与血液一样,是支撑生命正常循环的基本载体和能量。由于每条河流的情况互有差异,径流条件也不尽相同。对于水资源丰沛的河流来说,维持其健康生命的径流条件,一般注重考虑的是生态系统的需求。而对于水资源匮乏的河流而言,维持其健康生命的径流条件,则要综合考虑经济社会发展、水循环系统以及维持河流生态基本功能等多方面的需求。

连续的河川径流，是指一条河流不仅干流从河源到尾闾应具有一定量级的连续水流，而且其主要支流也应维持一定量级的水流,以保持整个流域的水文联系。否则,如果其重要支流没有河水进入干流,大河就不能保持足够的能量,流域地下水与地表水也将失去有机联系，那样必将导致大河肢体的分割和生命的衰竭。

2.通畅安全的水沙通道,包括河道排洪能力和输沙能力。前者是指河道通过排泄和调蓄等方式能够安全处理最大洪水，后者则对河道减少泥沙淤积、控制主流游荡范围的来水来沙条件和河床边界条件提出要求。

3.满足人类和其他生物需要的水资源供给能力及水质,包括:①人类和其他生物的健康要求,即河流水体功能定位;②污染治理的可能水平。制定切合实际的水质改善目标,在很大程度上取决于人们的价值取向。

4.良性循环的河流生态系统,体现了河流生态系统以及人类对自然环境的需求。生态系统是由生物与环境相互作用构成的整体。保护河流的水生生态,就是恢复其固有的生物多样性和丰富性。

由于健康河流指标的确定，需要正确处理与人类经济社会发展之间的关系，需要处理好河流的社会功能与自然功能的相对平衡，因此它涉及到不同社会背景下人们的价值取向。

（三）维持河流健康生命的主要对策

维持河流健康生命，是一项事关全局的千秋伟业与系统工程，需要从理念、道德、法律、管理、工程、科技等方面，多管齐下，综合治理。就河流自身的实现目标而言，主要体现在保持河道水沙通道通畅，河川流量不低于干支流生命流量，河流保持良好的水质和水生态环境良性发展等方面。

1.对于洪水问题突出的河流，一方面要致力于提高控制能力，通过防洪工程体系，依据水文预报、防洪决策支持系统，制订科学的洪水处理方案，控制大洪水和特大洪水时流量不超过其设防流量，确保防洪安全；另一方面，要尊重洪水的自然特性，合理规划洪水出路，因势利导。

2.对于资源性缺水的河流，解决水少的主要途径，一是加强水资源的优化配置和有效管理，抑制用水需求的过快增长，提高水资源的利用效率；二是建立节水型社会，挖掘现有水资源的潜力；三是完善和加强法律手段，以保障水资源统一管理与调度的实施；四是通过实施外流域调水，从总量上弥补水资源的不足。

3.对于水质污染严重的河流，要通过划定水功能区，核定水域纳污能力，实施入河污染物总量限排，实现水功能区划要求的水质目标；严格限制入河废污水排放量，避免和减少因水质污染造成水体功能质量的降低或丧失，保障河流供水水质安全。

4.对于多泥沙河流，要着力解决水沙关系不协调，保持河道畅通的水沙通道，使水资源能够持续支撑经济社会的可持续发展。以黄河为例，泥沙问题是其复杂难治的症结所在。因此，处理黄河泥沙应该采用“拦、排、放、调、挖”等综合措施，建设完善的水沙调控体系，塑造协调的水沙关系，以减少下游河床淤积，最大限度地保持和延长现行河道的生命力，谋求黄河长治久安。

5.加强河道尾闾治理,科学安排河口流路,维持一定的排洪输沙能力。对于淤积型河口,应加强工程建设,采取综合措施,延缓河口淤积延伸速率,尽量减少河口淤积延伸对下游河道不利的反馈影响,并维持河口地区经济社会和生态系统的可持续发展。

6.作为维持河流健康生命的重要标志之一,维持河流生态系统的良性循环尤为关键。应该根据河流生态系统的组成和结构,分析各组成部分对河流生态系统良性循环的作用,区别层次确定每个组成部分在河流生态系统良性循环中的权重及其主要影响因子。针对河流生态系统存在的问题和发展趋势,重点抓住关键因子,制定出河流生态系统良性循环的关键措施。如实施湿地生态系统功能保护和生态修复工程,维持生物多样性等。

## 三、研究河流健康生命的目的

### (一)引领河流开发利用的价值导向

通过对河流健康生命的研究,构建一种具有时代特征的新的价值判断与标准,在管理与决策方面,发挥积极的理论指导作用和实践参与作用。以此去观察、分析、解释、反思和预测河流的发展演变走向,把握人与河流和谐相处的规律性。规范人类的自身行为,将人与河流的关系,从以往改造、对立、征服的关系转向和谐相处的关系,从而科学制定开发、利用、管理与保护河流的战略规划,并坚持不懈地予以实施。

### (二)提高人们对河流的认识能力

万事万物都有自身特有的内质,河流的演变进程有其自身的特点与规律,并非人类所能创造和规定。人类开发利用河流的活动,必须尊重和顺应河流自身规律。河流健康生命的研究,通过对河流本质属性的研究,有利于提高人们的科学认识水平,有利于培育和弘扬人们尊重自然的意识,在道德领域召唤关爱河流生命的良知,在文明领域召唤河流文化的永续,为维持河流健康生命奠定人文基础。

（三）支撑河流伦理学

河流伦理是一种新的伦理观，是从道德和意识范畴调整人与河流关系的认识论。综观人类文明史，各个时期经济社会发展水平不同，人们对河流的认识与关系处理也采取了不同的观念和标准。原始文明时期，人类依附并崇拜河流，人与河流处于一种原始的不自觉的和谐状态。农耕文明时期，人类初步开发利用河流，但由于社会生产力发展水平很低，人类改造河流的能力十分有限，因此仍认为河流对人的主宰作用，在相当程度上保持了河流的生态平衡。进入工业文明时期，随着生产力的迅速提高，人类对河流的开发利用程度达到了空前的规模。人类在从中得到巨大财富和进步的同时，也对河流的自身规律产生了巨大的影响，直接导致了河道断流、河床萎缩、湖泊干涸、尾闾消失、水质污染加剧、生物多样性减少等严重危及河流生命的全球性生态问题的生态危机，也直接威胁着人类文明的发展和延续。

大量严峻的事实警示人们，人类只有在开发利用河流的同时，承认并关注河流自身的生命存在，关爱河流，与河流共存共生，谋求人与河流和谐相处，才能适应经济社会发展和文明进步的要求。

研究河流健康生命的目的之一，在于从自然科学的角度，探讨构成河流自然生命的基本要素，揭示河流的自然属性，为河流伦理研究提供科学支持。

## 四、研究河流健康生命的理论基础

（一）贯彻科学发展观

以人为本、全面协调、可持续发展的科学发展观，是中共中央从新时期党和国家事业发展全局出发提出的重大战略思想。它深刻反映了党对国家经济社会发展的新认识、新要求，反映了当今世界经济政治文化发展的新情况。所谓可持续发展，就是要促进人与自然的和谐，实现经济发展与人口、资源、环境相协调，其理论内涵是，努力把握人与自然之间关系的平衡，实现人与自然之间关系的调控和协同进化。

人与河流的关系是人与自然各种关系中最密切、最直接的关系之一，新时期实现人与河流和谐相处，首要的任务是维持河流健康生命。《论维持河流健康生命》一书以科学发展观为指导，通过研究分析河流生存发展的内部机理，树立了防止人类对河流过度干预、强化保护河流责任的理念，体现了科学安排河流治理开发与管理总体布局，利用约束性指标强化对河流施行管理的思想，提出了统筹考虑经济社会发展与河流自身生存的要求，做到以水资源的可持续利用来支撑经济社会可持续发展的思路。

（二）运用自然辩证法

自然辩证法是马克思主义的自然观和自然科学观，是研究自然科学的方法论。其中关于自然界物质的存在方式、自然界物质系统的存在与演化以及人类与自然界的关系等问题的阐释，对河流健康生命的研究，具有重要的理论指导作用。

本课题运用自然辩证法的物质观、运动观、信息观、系统观、规律观等基本原理，探讨了河流生命形态及其发展变化，在对河流发展的研究中，全新地解读了人、自然和社会的关系，使人们对河流演变规律进一步清晰化。

另一方面，运用自然辩证法的认识论和方法论，通过总结人们对于河流治理开发与管理的认识活动和实践活动，形成了一种新的河流治理观。为人们认识治河理论嬗变的规律，认识科技创新对河流管理与保护的意义，认识治河科学和社会文明进步的关系，认识治河理论作为知识形态的生产力向物质生产力的转化等，提供了新的范本。

（三）拓展传统伦理学

按照传统伦理学的定义，伦理就是指人与人之间的道德行为规范，道德主体只限于人类，而其他生物族群和自然存在，都不拥有道德关怀的资格。

河流健康生命的研究，在继承传统伦理方法的基础上，突破了传统伦理学限于人际伦理的樊篱，把河流作为生命体进行了专门研究。提出河流除了作为人类可以利用的对象和资源，支撑人类生存与发展的外在价值之外，还应具有其存在、健康的内在价值，相应的也应具有其完整性、连续性、清洁性以及造物等权利，因此应该给河流以道德关怀主体地位。阐述了河流生命的表现特征、内在结构，定性分析了维持河流健康生命的指标体系，提出了建立在尊重性、整体性、不损害、评价性与补偿性原则基础上的河流治理、开发、管理与保护原则及其对策措施。从而，拓展和丰富了伦理学的范畴与内涵。

河流健康生命研究的意义，在于强调重建人与河流和谐相处的关系，以水资源可持续利用支撑经济社会的可持续发展。因此，就伦理角度而言，其主要创新意义体现在：

一是反对唯发展主义。认为唯发展主义主张"征服河流、开发河流、改变河流"，其结果不仅严重损害了河流的健康生命，也给人类带了新的危机。因此，主张恢复和重建河流生态系统，实现人类与河流和谐相处。

二是不赞成"荒野论"。认为绝对禁止河流的开发利用，倡导极端生态，其实质也是一种人与自然相对立的意识形态，违反了事物发展的客观规律，在实践中也是行不通的。

三是认为关爱河流归根结底就是关爱人类自己，因而主张重新整合历史、科学、文化和当代社会实践中的合理要素，将河流生命纳入道德关怀的范畴中来，建立起一种人与河流的新型伦理关系。

## 五、河流健康生命的研究方法

河流健康生命的研究是以河流为交叉点，以河流生命形态为研究对象,集经济学、生态学、水利学、水文学以及社会科学等于一体的河流管理科学。其研究方法主要有以下几种。

(一)矛盾分析法

维持河流健康生命的研究,立足于对河流与自然界生态系统,河流与人类经济社会发展关系的深刻认识，通过总结剖析世界上诸多河流产生生命危机的不同表现、严重后果及其原因,给人们以深刻警示。强调从根本上改变以水资源的高消耗和河流生存危机为代价的传统经济增长模式,在观念上,实现由人类对河流索取无度向适度开发、趋利避害、维持河流健康生命的转变。

(二)辩证联系法

经济社会发展与生态环境保护是对立统一的两个方面，如何正确处理二者的辩证关系,实现经济社会的可持续发展,保持生态系统的相对平衡,始终是人类面临的重大课题。本课题通过不同时期、不同国家和地区人们对于河流开发利用价值取向的变化,揭示了人类对地球生态系统和世界文明发展应该承担的历史责任。

(三)归纳演绎法

河流健康生命的研究，采取以指标体系法为主的方法，以黄河、淮河、海河、科罗拉多河、莱茵河等为典型河流,对能够表征河流生命系统的主要特征指标,进行分类归纳,分析各个特征对河流健康生命的意义,在度量特征因子的基础上,框架性地构建了反映河流健康生命的指标体系,从而对河流治理开发与和管理,提出了具有一定可操作性的努力方向和遵循原则。

(四)交叉研究法

当代边缘学科的不断产生,大大扩展了科学研究的对象,揭示了自然界新的奥秘,成为孕育原始创新的摇篮,代表了当代科学技术与知识体系的发展趋势。本课题运用边缘学科的研究方法，运用各有关学科的概念和方法，通过对河流生命结构、演变规律、人文因素等层面的研究，揭示了河流运动形式的实质，以及河流在人类社会影响下的复合动态过程。

（本文系作者为《论维持河流健康生命》一书撰写的绪论，原载于2007年3月15日《黄河报》）

# 考察报告

KAOCHABAOGAO

# 法国水资源优化配置与管理系统考察报告

2001年9月6日至27日，以水利部办公厅部长办公室副主任陈茂生为团长、黄河水利委员会办公室副主任侯全亮为副团长的水利部水资源优化配置与管理系统培训考察团赴法国进行了为期20天的培训考察。培训考察团由水利部办公厅、长江委、黄委、松辽委、淮委、海委、珠委、水利水电规划设计总院、水利水电科学研究院、小浪底建管局、万家寨建管局等单位的共22名成员组成。

在法国，培训考察团先后访问了法国自然环境保护部水资源局、塞纳河流域管理局、罗讷河流域管理局、法国国际水务署、得利满水务公司等单位，听取了法国国际水务署专家的授课和有关单位的情况介绍，进行了深入的座谈和实地参观，考察了塞纳河、罗讷河、卢瓦河等河流和一个水处理厂。通过历时20天的培训考察，对法国水资源权属管理、水法规建设、流域水资源综合管理、运用市场手段进行水资源优化配置、水资源决策和管理的社会协商与民主参预等情况有了较为深入的了解，并结合我国水资源管理的实际进行了认真的思考。

## 一、法国水资源概况及水资源管理体制

法国位于欧洲西部，面积55.16万平方公里，全国划分为22个大区，96个省，人口约5830万，是西欧人口密度最小的国家之一。目前，法国森林面积约1390万公顷，占本土面积的四分之一。

法国主要河流有卢瓦河、罗讷河、塞纳河、加龙河、马恩河及莱茵河六条主要河流，河川年径流量为18000亿立方米。地下水层丰富，水质良好，年降水量平均800毫米，植物蒸发量500毫米，降水时空分布均匀。

法国水管理体制共包括国家级、流域级、地区级和地方级四个层面。国家级的水管理部门是自然环境保护部。其职能是制定全国性水管理法律法规和政策，定期召开部代表会议，提出中、长期目标，审定流域水资源开发规划和各省水质改善目标，监督各流域机构的工作等。流域级的管理机构包括流域委员会和流域水务局。法国水管理是以水文流域为单元的管理，在涉及地表水与地下水、水量与水质管理方面，流域管理效果明显。法国1964年水法就将全国水资源按流域明确分为六大流域，建立了六个流域水务局。

流域管理委员会相当于一个较大区域的“水议会”，是流域水利问题的立法和咨询机构。委员会由用水户、地方行政官员、社会组织的有关人士，特别是水利科技方面的生态学者组成。流域管理委员会为非常设机构，每年召开一至二次会议，通过一些决议。其作用是增强水资源开发利用决策中的民主性，对流域长期规划和开发利用方针、收费计划提出权威性咨询意见。流域水务局类似于我国的七大流域机构，是具有管理职能、法人资格和财务独立的事业单位。水务局由董事会进行管理，组织形式采取“三三制”，其中，三分之一代表由用水户和专业协会选举产生，三分之一由地方选举产生，其余三分之一由国家政府有关部门环境部、渔业部等产生，水务局局长由国家环境部委派，董事长按国家法令提名，任期三年。董事会的职责是负责制定流域水政策和规划，制定开发水资源和治理水污染的五年计划，为公益性水资源工程筹措资金，对公有和私有控制的治理污染工程补贴、贷款，征收水费、污染税等。

流域管理委员会和流域水务局的关系是咨询制约关系。水资源工程和水务局的财务计划，如不能取得流域管理委员会批准，就不能付诸实施。流域管理委员会对水务局水政策及流域规划提出咨询意见,水务局董事会将该意见和决定通过水务局,由水务局局长负责实施。

地区级水管理机构主要包括地区长官、地区水技术委员会、地区董事会。其职能分别为参与其管辖区域开发计划的制定和执行,促进协调研究工作以及监督和批准项目的执行。

各级水管理机构事权清晰是法国水资源管理的一个特色。在国家层次上,国家环境部的主要任务是制定全国性的水管理法规政策,核审流域机构水政策,监督水法规的执行情况;国家水资源委员会引导国家水政策的发展走向,负责法规的批准等。在流域管理层次上,流域管理委员会提出流域内水资源开发管理的总规划,确定五年计划,制定流域水政策,流域管理委员会决定流域水利政策时考虑环境部制定的国家政策。经济杠杆是流域管理的主要工具,流域管理委员会负责确认由流域水务局董事会决定的地区水费的税率,以及流域水资源管理规划。不管是地方当局、环境部,还是财政部都不干涉流域管理委员会的决议。流域水务局负责具体贯彻实施流域管理委员会的决议,对水圈、水系统物理和生态功能进行研究,合理确定人与水的相互关系。该机构负责监督所有水域的状态,所有用水部门的活动并保证对水的保护。在地方层次上,由地方政府按照法律法规,在流域水资源开发管理规划的框架下,提出本区域的水资源开发管理规划,组织生活用水供应及污水处理、筹集资金决定投资和工程的管理方式与水价等。水管理工作主要在乡镇一级政府,大区和省级政府主要是代表国家行使监督职能。

## 二、法国的水资源管理及优化配置特点

### (一)注重水资源的权属管理

法国的水法明确规定:水是全民共同财产的组成部分,所有权

属国家；在遵守法律、法规等前提下，所有人有使用水的权利。因此，法国从法律上明确了水资源的所有权与使用权的归属关系。

法国的权属管理是实行分权管理制：国家负责制定和监督实施水法律、水法规和水政策；流域管理委员会负责水资源的综合管理，包括制定流域水资源开发利用总体规划，确定五年计划，调解水事矛盾，提出水费征收与水资源开发项目和污水处理项目投资分配意见，支流一级水管理委员会负责制定地区一级水资源开发利用规划、水管理方案；地方政府官员和用水户代表参与流域及支流一级水管会水资源管理决策工作；市镇一级直接负责供水及污水处理工程等项目立项、资金筹措、水价及确定项目和运行管理的公司，水公司则根据有关政策法令和规定，负责供水及污水处理工程的经营管理。

用水户新建项目或扩建项目水权的获得，则需提交项目计划

2001年9月作者在法国考察与罗讷河管理局官员在一起

(报告),详细说明取水量、污水物质组成及污水排放量,经地方水资源管理委员会、流域管理委员会审查后,由省长批准颁发取水许可证。由于法国降水量较为丰沛、降水年际年内分布又较为均匀,到目前为止,大多数地区基本不存在水资源短缺问题,因此地区间、省与省之间水资源供需矛盾很少。对项目的审查主要是对污水排放是否造成对河道水体污染、影响公众健康和他人用水等方面的审查,取水许可证只需省长颁发即可。

(二)注重以法制手段来规范水资源管理

法国是一个法制较为健全严格的国家。在水资源管理方面注重以法制手段来规范各种水事行为和水资源管理。

法国水资源管理的主要法律是水法。1919年10月16日就颁布了水法。后经逐步修改补充不断完善,目前采用的水法是1992年1月3日颁布的。该水法共15条内容,主要包括现行的立法、水的所有制、水资源管理和保护、水利工程的立法、保护区和保护地的立法、政府对水的管理和制度、专门和自制的水资源开发机构、水资源财政和经济方面的立法、水法的执行和管理等。水法对国家、流域、地方政府、用水户及水公司等所从事的所有水资源规划、水资源开发利用、污水处理及水资源保护等一切水事活动均有较为详细的法律条文。该法律体现了水资源管理必须进行综合管理、必须以流域为单位进行管理;明确规定:流域水资源开发管理规划必须由流域管理委员会来制定,水资源开发管理规划必须听取地方当局和用户代表的意见,然后提交行政当局批准,即水资源开发管理要民主管理、科学决策,流域水资源开发管理规划一经批准,即成为规范各地方政府从事水资源开发利用及保护的重要的水政策和纲领性文件。地方政府所辖的区域水资源开发管理应与流域水资源开发管理规划相协调。

法国十分重视水资源保护,为了保证饮用水,从水源取水到使用后排放,在每一个环节都得到严格的监测,全国有2000多个监测断面,制定了符合欧共体要求的63项用水指标。计量用水在法国早已形成制度化,由于安装了家庭水表,增加了用水户的节水意识,城市的污水处理目前已达到95%以上。根据欧共体1991年的一项规定及1992年法国水法，所有超过2000人口的市镇都必须有一个污水处理厂,以保证用水安全。

与水资源管理相关的国家有关法律法规有公共卫生法、民事法、刑法、国家财产法、公共水道和内陆通航法等。这些法律法规与水法及有关水政策、法令等组成一个较为完善的水资源管理法规体系。这些法令条款,通过大区区长、各省省长、市长的各种命令、法规和行政通报加以贯彻执行,对不遵守或违反者给予惩罚,惩罚措施包括恢复原状、罚款、关押或上述各种措施并用。

(三)注重以流域为单元的水量水质综合管理

根据1964年颁布的水法,法国将全国分成六大流域区,这就是塞纳—诺曼底流域(Seine-Normaidic)、罗讷—地中海流域(Rhone-Mediter-raueau)、莱茵—马斯流域(Rhine-Meuse)、阿图瓦—皮卡迪流域(Artois-Picardie)、卢瓦多—布勒塔尼流域(Loire-Bretane)和安道尔—加洛纳(Adour-Garonne)流域,每个流域设立水域管理局,具体负责流域区的水资源规划管理工作。

将水资源的水量、水质、水工程、水处理等进行综合管理,是法国水资源管理成功的标志。法国颁发的一系列法令和制度使法国实行以流域为单元进行综合管理的设想变为现实,并使"污染者付费"的原则得到贯彻落实。综合考察这种管理方式,突出的特点有四个方面:一是管理内容的综合性,既管理地表水,又管理地下水,既从数量上管,又从质量上管,并着眼于长远利益,考虑到生态体系的平衡;二是管理的科学性,这种综合管理能够协调和平衡流域内与水相关的各个利益方面的不同目的(包括社会的、经济的、生态的);三是可操作性强,有五年计划,有战略目标,有建设重点,有保证项目有序实施的财政政策，最终实现流域水资源可持续利用和社会经济的可持续发展；四是管理手段的可行性，这种综合管理是建立在一套完整的法律体系之上，以法律的、行政的管理手段为主，经济手段为辅，如制定流域规划、确定水权、收取水费、发放取水和排污许可证，借助于国家与有关的公共或私立合作对象达成的协议，同时采取各种手段（法规、经济措施、规划、资源行动）加以贯彻实施。这种注重以流域为单元的水量水质综合管理极大地促进了法国水资源的合理利用和保护水环境。法国罗讷河水管局综合开发罗讷河的水能资源，发展航运和灌溉，实现了水的良性循环，促进了流域经济和社会的繁荣发展；流经巴黎市区的塞纳河，形成了一条龙的水管理服务体系，其清洁的河水和充足水源供应均有力地说明了以流域为单元进行水量水质综合管理的优越性。

（四）以市场手段优化配置水资源

法国水法确定的原则之一为：作为规章和计划的补充，水的管理要求助于经济手段，具体地讲，就是谁污染谁付费、谁用水谁付费的原则。根据这一原则，用水者和污水排放者都必须缴费。水费是法国水资源管理经费的主要来源，水费的概念与我国的工程水费完全不同。以巴黎市的水费为例，它包括地方税、向流域水务局缴纳的取水排污费，农业供水基金，增值税等；水费构成：饮用水处理占55%，污水收集处理占31%，排污费占6%，取水费占1%，国家农业供水基金占1%，增值税占6%。水费价格全国不统一，各地方政府可根据具体情况制定水价，但地方制定水价时必须充分考虑上缴流域机构的费用和国家的税。国家农业供水基金，用于补贴人口稀少地区和小城镇兴建供水、污水处理工程。巴黎市城市居民用水1995年为每立方米14法郎，每立方米水相当于2升汽油、一杯可乐、10升矿泉水的价格。

流域机构征收水费和排污费，征收标准由流域机构根据情况制定，对工业部门按其污染种类和污染量收取，对生活用水则按取水量来收取。水务局按其和流域管理委员会所定协议从地方水费中收取。流域水务局向用水户征收的水费和污染税90%用于资助地方兴建水工程。

供水及污水处理工作的具体实施,由地方市(乡)镇政府负责。其管理形式有三种:一是代理管理,它包括租赁管理,即由市镇进行投资兴建,建成后将工程租赁给私营公司管理;特许转让,即由私营公司负责筹资兴建工程,自由运营,合同期满后交给市镇。二是由市镇水利部门直接管理,如巴黎市政府环保局。三是由上述两种管理形式的混合管理方式,如罗纳河公司。

法国水费由以下几部分组成:

(1)饮用水的费用。是指与供水设施有关的建设、运作及维修费用,以及用户管理和质量管理的费用。这一项占水费总额的40%。

(2)城市废水的收集和净化处理费用。这一项占水费总额的33%。

(3)管理费。包括两种管理费,一种是"用水"费(相当于中国的水资源费),作为从数量上管理水源的资金;一种是"污染"费,根据排放的污染量来计算,用来改善水源的质量。这一项占水费总额的20.5%。

(4)国家引水发展基金会为有利于农村发展的全国分派捐献费。这一项占水费总额的1%。

(5)税。占水费总额的5.5%。

1997年,法国水费平均为每立方米16法郎。从1992年到1997年,水费每年上涨9%。

可以看出,法国的水费从构成和实际单价都是较高的,从而具有以下一些积极意义。

第一,促进了节水。虽然并不限制用水,但由于水费价格较高,促使人们增强节水意识。对高耗水、低效益用户形成自然淘汰。

第二,促使排污量的减少。由于收取了较高的排污费,促使各企业减少污水排放量。对高污染企业形成自然淘汰。

第三,使供水企业及污水处理企业均处于良性循环。由于供水企业获得的饮用水费和污水处理企业获得的污水处理费均高于成本,使得这些企业能良性运转,并吸引更多的公司投资这类企业。

第四,管理费是由流域水管局收取,并用于补助流域内新的供水工程和污水处理工程的建设,这极大地推动了供水工程、特别是污水处理工程的建设,使供水事业及污水处理事业得到了极大的发展,供水率及污水处理率得到迅速提高。先发展地区支持了后发展地区。从污水处理率看,法国污水处理率得到迅速提高。1968年污水处理率为20%,1978年达到50%,1988年达到68%,1997年达到90%,目前已达到95%。

第五,由于实现了市场供需双方能够接受的供水价格及污水处理价格,使得私营资本和公司大量参与供水工程和污水处理工程的投资建设、经营管理。

由于法国在水资源开发利用及污水处理过程中采用了市场运作的方式,遵从了"谁污染谁付费,谁用水谁付费"的原则,通过节水自然淘汰法则实现了水资源优化配置的目标。

(五)水资源管理决策的民主化

法国水法确定的原则之一为:"水的政策实施成功要求各个层次的有关用户共同协商和积极参与。"在这一原则指导下,法国六大流域区均建立了流域管理委员会,也称"水议会"。流域管理委员会由地方三级政府选出的代表、社会经济界及协会(用水户)的代表、国家有关政府部门的代表以及专家代表组成。

协商对话是法国水资源管理的主要原则。流域水务局董事会的全体成员、用户和国家的行政代表进行深入细致的协商对话,制定流域发展规划,解决水的使用者之间或开发者与使用者之间的冲突,制订江河治理方案,批准投资或资助方案;流域管理委员会审批流域机构提出的江河治理方案和流域水政策等。对于一些重大的水事活动,首先公布社会各界,广泛听取意见。国家级的由"国家水委员会"负责组织有关部门进行类似的协商对话,提出国家水资源管理的政策性意见。

流域管理委员会负责在流域内,针对某一个水源的使用,在各个层次的个体用水单位之间开展讨论和协调工作;制定水的规划和管理总纲;确定水的平衡管理方针;协调水的各种用途并调和各地之间可能产生的冲突;确定每年征收的水管理费比率;制定水管理费征收和使用的五年计划;决定资金的用途和分配。

以罗讷河流域为例,罗讷河流域管理委员会由124位成员组成。其中地方政府代表48位,大的用水户代表48位,国家有关政府部门公务员22位,专家代表6位。流域管理委员会以投票表决的方式确定各种事项,超过半数同意的事项即获得通过。流域管理委员会每六年进行换届选举。

这种"水议会"形式包含了地方政府、用水户、国家及专家各方面的代表,并采用投票表决的形式决定各种事项,代表了各方面的利益,反映了各方面的意见,事实说明这种民主决策的管理方式更为科学、有效和符合实际。

(六)公司进行水资源管理经营的方式和特点

法国私营公司以"委托管理方式"参与经营,主要形式有:①特许委托经营,即BOT方式。经营管理方对建设或改造工程进行全部或部分投资,并负责经营所需的流动资金。这是一种长期但定期的合同,在合同期满时,所经营项目要交还给地方政府,经营者所收取的水费用于酬报和偿还所投资本、经营管理及更新设施开支,并作为维持其公司发展的经营利润。②承租经营。地方政府负责投资并且是项目的所有者,私人经营管理方只出经营所需周转资金。③法人经营及代理经营。地方政府负责建设及翻新工程,保留对项目的领导权,并确定价格,收取费用。私人管理方的酬劳不是由用水户付与,而是由地方政府支付。在法人经营的情况下,经营管理方的报酬是固定的,并根据生产率情况获得补贴奖金,有时还分得一部分盈利。在代理经营中,经营方是从营业额中按比例获得分成。④技术援助合同。地方政府求助于某一私营企业,要求它在某一期限内提供某种技术或行政上的特定援助，这并不是纯粹的委托管理方式。

委托管理方式目前在法国供水管理方面已超过用水户的75%,在净化水方面已超过了35%,并且比例还在迅速提高。只有少数主要地处农村的市镇政府还保留着直接管理的办法，负责投资和经营。

## 三、考察的主要体会

通过近20天的考察，我们对法国水资源优化配置与管理的全面情况有了比较深入的了解。法国是西欧经济比较发达的国家,河川年径流量不大,但国土面积小,河流分布在人口密集地区,人均水资源量相对较多,且降水分布比较均匀,地下水丰富,农田牧场灌溉较少,水资源开发利用的主要对象是城乡生活、工业用水、水力发电和航运,水资源开发利用中的主要问题是水污染防治。这些情况与我国都有很大区别。但是该国在水资源管理中,有关地表水和地下水、水量和水质统一管理的原则,以水文流域为单元的管理模式,用水户积极参与的管理方式，以经济杠杆优化配置水资源的管理手段等做法和经验,还是很值得借鉴的。具体说来,主要有以下几个方面。

### (一)必须从可持续发展的战略高度研究和解决中国的水问题

相对中国而言,法国的洪涝灾害和干旱缺水问题并不突出,但即便如此,法国仍然十分重视保护水环境,充分考虑水与国民经济的协调发展。在国土规划中,法国将水作为内在的调节机制,无论是在农村还是在城市，都把水的问题提到攸关生态环境与可持续发展的高度来考虑问题。法国从1984年起开始实行恢复和维护河水生态平衡的十年计划，将水的治理纳入城市和农村的国土规划之中,推出了“恢复卢瓦河自然风貌计划”等一系列措施;在预防洪水的同时,通过“保留水量”或协调管理地下水和地表水的办法,在河流的枯水季节补充水源,以维持用水、流域生态系统平衡的需要,预防缺水期的到来。此外,十分注重水质保护、污水处理和回用。这种注重水资源可持续利用的观念值得我们高度重视。相比之下,我国水资源无论是总量短缺还是时空分布严重失衡都表现得更为突出。干旱缺水、洪涝灾害和水质恶化等问题已经严重制约社会经济的发展。为此,必须从水与国民经济协调发展出发,认真研究解决水的问题,在防洪减灾的同时,更加注重研究解决水资源短缺、水土流失和水污染问题,在研究制定社会经济发展规划时,充分考虑水资源条件,将水资源规划纳入国民经济总体规划中,以水资源的可持续利用支撑经济社会的可持续发展。

(二)加强流域管理在水资源优化配置方面的重要作用

在法国水资源管理体系中,流域管理的作用是极其重要的一环。它们六个流域既有流域管理委员会的议事决策层,又有流域管理局的管理执行层,二者职能明确,管理得力,监督有方,运转协调。“水议会”和水管局的管理体制我们不能简单照搬。我们专门设有水利部作为国家水行政主管部门,在流域管理上,只需加强现有流域机构,使之真正成为流域主管机关。我国流域机构在水资源优化配置与管理方面的现行体制与运行机制,我们认为应在以下几个方面予以强化。

一是在法制建设上,应尽快出台流域管理法和重要江河的单条河流管理法规。同时,流域各省在制定地方法规时,应有流域机构参加审议。就流域管理的角度提出协调发展的意见。

二是在国家制定国土规划、国民经济与社会发展规划、计划时,应有流域机构参加,就水资源综合治理、开发利用及优化配置问题提出意见,以水土资源的可持续利用促进经济社会的可持续发展。

三是在水土资源管理上，应赋予流域机构明确的管理职权，使之对本流域的水量进行管理分配，并实施有效管理，坚持取水许可制度，按国家法规收取水费。对本流域的水资源进行检测与评价，收取水污染防治费。大力兴办污水处理厂，防护水资源。对本流域的水土流失进行监测、评价，组织进行水土流失治理，深入开展水土保持工作。加强涉水项目的审批管理，对河道内建设项目坚持建设许可制度。

四是进一步深化流域机构体制改革。将流域机构所属单位进行事企分开，将主要技术力量组建各类工程公司，对所属企业通过建立现代企业制度，规范运行，从以行政管理为主转变为以经济手段管理为主。使流域机构有强大的经济与技术支撑，使之能更好地发挥流域机构的作用。

五是从管理方式上，按照“谁投资，谁受益”，“谁受益，谁交费”

2001年9月作者在法国考察和当地中学生在戛纳合影

的原则,对工程项目实行业主管理,对供水(自来水等)公司要收取取水费(取水缴费),并投资(控股、参股)供水公司。要坚持"污水及处理未达标的污水,不能排入江河"的原则,建立"谁污染,谁付费"、"谁用水,谁付费"的治理机制。收取的生活污水排污(治污)费、工业排污费,要用于兴建污水处理厂,集中使用。

(三)积极培育和发展中介组织,充分调动用水户积极性

法国在水资源管理和配置方面, 国家和地方政府、流域机构(流域委员会或"水议会"、流域管理局)、用水户之间的关系十分明确。这一点对我们来说很有借鉴意义。我们认为,随着我国市场经济体制逐步建立和完善,以及水利改革的不断深入,必须进一步理顺政事企的关系。首先,明确各级政府的水行政主管部门的职能,政府管好自己该管的事,做好规划、政策、指导、协调和监督,将应当由事业和企业做的事放手给事业、企业单位。其次,加强流域机构等事业单位改革, 强化流域机构在水管理中的地位和作用,同时,对水利工程管理单位进行改革,实行分类指导,应当财政支付的由财政支付, 从事供水的水管单位, 在条件成熟时逐步走向市场,转变为企业。第三,充分调动用水户的积极性,让用水户参与管理。法国用水户不仅参与流域管理, 而且对与水相关的服务如水质、水价、服务质量等都可以提出干预性意见。第四,要大力培育中介组织。我们这次走访的法国巴黎国际水源局就是一个中介组织,专门从事培训、咨询等服务。在我国,也应加强社团改革,培育和发展中介组织,为水行政主管部门提供决策咨询,当好参谋、助手。

(四)加强政策法规建设,促进依法治水、科学治水

在法国颁布的水法中,制定了包含四项原则的政策:一是水管理应是统筹的,既管理地表水又管理地下水;既管水量,又管水质;既考虑当前利益,又着眼于长远利益,考虑生态体系的物理、化学及生物学等的平衡; 二是实行以自然水文流域为单元的流域管理模式; 三是水政策的实施要求各个层次的有关用水户共同协商和

积极参与；四是作为规章和计划的补充，水管理要求助于经济手段,具体地讲,就是谁污染谁付费,谁用水谁付费。水法规定的这四项原则对我们很有启发。我们认为,我国应加快水法修订的步伐,尽快研究制定流域管理法、水资源综合利用促进法和黄河法等法律法规,在此基础上,加强相关配套政策法规的研究和制定。同时,还要加强水资源优化配置手段的前期研究和基础工作，提高资源配置的科技含量,做到依法治水,科学治水。

法国考察期间，在研究西欧国家水资源管理模式与基本经验的同时,那里秀美的山川、清澈的河流、灿烂的历史文化、富有民族特色的风土人情以及社会经济状况等，也都给我们留下了深刻的印象。

（本文由作者与陈茂山于2001年9月执笔撰写，被评为水利部2003年优秀调查报告）

# 第五届海峡两岸水利工程与管理研讨会及台湾水利考察报告

2002年12月15日至24日，黄委赴台代表团到台湾地区进行了为期10天的学术交流和考察。代表团由黄委办公室副主任侯全亮同志任团长，包括山东河务局、三门峡枢纽局、水资源保护局、水文局等单位的有关人员共9名成员组成。在台湾交通大学，我们出席了第五届海峡两岸水利工程与管理研讨会，就河川治理、流域管理和水文水资源等问题，同台湾水利界同仁进行了交流和探讨。之后，赴台中、台南和台东等地实地考察了水利工程。通过此行，对于台湾水利有了一定的了解，进一步密切了海峡两岸治水同仁之间的关系，为今后开展业务交流与技术合作，创造了有利的条件。

## 一、关于海峡两岸水利工程与管理研讨会

出席第五届海峡两岸水利工程与管理研讨会，是我们这次赴台的一项主要任务。研讨会于2002年12月16日在台湾交通大学举行，除黄委赴台代表团与河海大学陈守伦教授等10名大陆人士之外，台湾地区的交通大学、台湾大学、中华大学、中兴大学、高雄第一科技大学、淡江大学、逢甲大学、台湾成功大学等高等院校和水利规划实验所、石冈大坝管理局、集集拦河堰管理中心、高屏溪拦河堰管理局、曾文水库管理局、牡丹水库管理局，以及北区、中区、南区3个水资源管理局，10个河川管理局等单位的专家、学者、科技工作者等共200余人参加了会议。

研讨会由台湾水利专家林襟江先生和黄河研究会侯全亮团长共同主持，台湾交通大学校长张俊彦、台湾防灾研究中心主任廖志忠等出席开幕式。会议共收到交流论文20篇，其中黄委提交6篇，台湾方面提交14篇。论文主题分别为水利工程建设与管理、流域管理、环境保护和水文水资源。交流方式为，两岸专家、学者轮流主持，每位发言人以多媒体形式报告，时间为20~30分钟。发言后，在座的专家针对介绍的内容进行提问。

研讨会上，海峡两岸的专家、学者交流的内容十分广泛，彼此感到很受启发。侯全亮理事《关于建立黄河下游蓄滞洪区防洪保险制度的探讨》，三门峡枢纽局防办主任乐金苟的“黄河三门峡水库运用实践与探索”，水文局教授级高级工程师李世明的“黄河流域洪水预警预报现状”，山东水文水资源局高级工程师高文永的“人

2002年12月赴台湾参加第五届海峡两岸水利工程与管理研讨会的黄河代表团成员与台湾水利界同仁合影，前排左5为作者

工治理措施下黄河河口河道变化发展趋势研究”,山东河务局教授级高工赵世来的“疏浚减淤、挖填固堤、造就黄河相对地下河”,山东河务局教授级高工孔国锋的“山东黄河洪水预报方法”,台湾大学王如意教授组织研究的“都市型水灾管理对策”,台湾交通大学杨锦钏教授的“洪泛区划设管理之研究”,中兴大学水土保持系陈树群教授的“水库集水区土砂整治率之推估研究”,水利规划实验所谢胜彦所长的“基隆河整体治理方案研议”,台湾北区水资源局李铁民的“石门水库集水区治理及保育”,第三河川局规划科陈顺天的“河川土石流灾害对策”,水利署工程师曹华平的“台湾河川生态复育及景观改造计划概述”,水政科林传茂的“多砂河川管理机制——以浊水溪为例”,水资源经营组组长田巧玲的“区域水资源调度机制”,水文技术组组长刘万里的“地下水资源管理决策系统于紧急救旱之应用”,环境组组长覃嘉忠的“台湾地区河川环境改善及管理策略”等论文,针对海峡两岸不同的河流特征和问题,分别从水利工程、水文水资源、生态环境、社会经济等方面,论述了河川治理与管理的对策措施与推动方式。

分组交流之后，侯全亮团长与林襟江先生共同主持了大会综合讨论。作为中华民族的母亲河,黄河一直受到了台湾同胞的神往与关注。综合讨论中，黄河问题自然也就成了人们共同关心的话题。会上,各方面的专家、学者以浓郁的民族情感,先后就“黄河上游水土保持与智能生态建设的关系”、“下游放淤固堤是否为黄河泥沙的主要出路”、“河口疏浚对黄河下游河道的溯源影响”,“动床模型试验在黄河治理中的作用与实践”、“如何促进海峡两岸在水工建筑物抗磨中的技术合作”、“泥沙处理中怎样考虑黄河两岸灌溉系统的维持与恢复”、“下游蓄滞洪区防洪保险制度的建立,如何确定洪水重现期及水位变量”、“怎样才能使海峡两岸水利界同仁这种互动式的研讨更具有实质性进展”等有关问题，当场提出讨论。对此,侯全亮理事根据半个多世纪以来人民治理开发黄河的实践与认识，一一作了回答，并就目前黄委新时期的治河思路——建设“三条黄河”的理论框架、基本内容与实施进程，2002年首次调水调沙试验的效果与认识，“拦、排、放、调、挖，综合处理黄河泥沙”的方针，黄河水资源优化配置与科学调度的成功实践，即将举行的首次黄河国际论坛，以及西北地区内陆河治理等重大问题，向台湾的专家教授作了详细说明。

整个学术交流活动，讨论深入，气氛热烈，感情诚挚，对于全面介绍黄河治理开发以及流域经济社会的发展状况，沟通海峡两岸水利界的进一步了解，深化此次学术交流，起到了积极的作用。

## 二、台湾水利考察情况

学术研讨会之后，我们先后赴台中、台南、台东和台北地区对水利规划试验所、第四河川局、第七河川局、第九河川局、第十河川局、台湾中区水资源局、南区水资源局、北区水资源局进行了访问，实地考察了大甲溪、浊水溪、高屏溪、淡水河、基隆河等主要河流以及石冈坝、集集拦河堰、高屏拦河堰、牡丹水库等水利工程。对于这座海岛的自然特征、河川治理现状、防洪减灾设施、堤防建设与管理等情况有了多方面的了解。

台湾西依台湾海峡与福建省相距100多公里，南濒巴士海峡与菲律宾相望，东邻太平洋。总面积3.6万平方公里，其中2/3为海拔高于1000米的高山林地，低于海拔100米的平地仅占1/4。中央山脉绵亘南北，最高山峰为玉山，海拔3952米。岛内南北长394公里，东西宽142公里，环岛周长1139公里。横跨其中的北回归线，将区内分为热带和亚热带，长夏无冬，气候温暖，年平均气温20~25℃。每年7~10月，易遭台风暴雨袭击，每年平均为2~8次。

岛内多年平均降水量约2500毫米，有的山区最大年降水量高达6000~7000毫米，日降雨强度常在300~1000毫米之间。河川溪流众多，大小河流129条，但河流长度都很短，30公里及其以下者有95

条,90公里以上的7条。河道最长的浊水溪,长度仅186.6 公里,流域面积最大的高屏溪,也只有3257平方公里,二者的年径流量却分别高达61亿、84.5亿立方米。河道短、比降大和高强度的暴雨,形成了台湾地区坡陡流急、暴涨暴落、极易泛滥成灾的洪水特性。

台湾岛位于西太平洋地震带,地层断裂破碎,山体大多属砂岩、页岩与板岩,容易崩塌引发泥石流,因此给河流整治造成了很大困难。特别是1999年"9·21"大地震之后,本来脆弱的地质构造越加松散,加之台风暴雨特别强烈,引发的泥石流现象更为频繁。我们在浊水溪考察看到,因山体滑坡许多一两米高的巨大石块都被冲下来矗立在河道中,洪水含沙量加大,下游河床冲淤严重,主槽常常游荡不定,进一步增加了防洪形势的严峻性。

目前,台湾的主要河流除淡水河采用200年一遇防洪标准之外,其余河流均采用100年一遇防洪标准,一些次要河流与普通河流的防洪标准分别为50年和25年一遇洪水。基本防洪措施,有蓄洪、滞洪、导洪、分洪、疏洪、束洪等几种形式。但由于缺乏宽阔腹地、土地有限等原因,主要的防洪手段仍为筑堤束洪。50多年来的治理过程大致呈以下特点:1950~1957年,主要是农田灌溉建设等局部治理;1958~1975年,进入系统治理规划阶段,并依据计划的优先顺序开始实施治理工程;1976~1991年,为第一期经济建设计划阶段,以建设排水系统为重点,展开各项防洪工程,但由于经济结构问题,70年代中期防洪投资却增加很少,水灾损失急剧增长,后来防洪投入才有显著增加,水灾损失趋势逐步得以控制;1992~1998年的第二期经济建设计划以来,除堤防建设之外,构建现代化的防洪预报指挥系统,遂被提至重要议事日程。

在台北市,我们考察了淡水河流域防洪指挥中心。近年来,由于台风暴雨频繁,台北市频遭大洪水的袭击。如2000年"象神"台风形成的台北汐止大水,2001年9月"纳莉"台风,导致台北百年未遇的洪水,致使铁路中断长达3个月,洪水损失十分惨重。负责日常作业的第十河川局负责人通过屏幕，向我们介绍了淡水河各河段防洪统一调度的情况。该中心包括资料收集、分析判断、制作预报及防洪督导等职能。通过监测系统，能够收集台风警报、卫星云图、雷达观测资料，结合流域内布设的水位站、雨量站，对实时采集的水文气象信息进行分析与判断，可以得出未来1~6小时的河川水位预报值。据此研究拟订防洪操作方案，经批准后，负责下达统一指挥的防洪操作指令。该系统可随时将洪水通告或警报通过网络传送至各有关单位及基层村里，一般民众亦可上网查询最新水情信息。遇到紧急情况，中心还要通知北区水资源局、公路局重大桥梁工程处、自来水公司以及台北县、桃园县、基隆市等共同派员进驻指挥中心，统一指挥，分别操作。该中心自1996年9月成立以来，经历了多次台风实际操作运转，适时指挥两水库调洪及指挥水闸、泵站操作，完成了整体防汛的任务。为了更加有效掌握气象与河流水位资料，增加洪水预报速度及正确性，目前他们正积极进行洪水预报设备更新改造，洪水流量自动观测技术、淡水河水系防洪最优化运行规则研究等。

出乎我们意料的是，台湾的水资源竟然也非常紧张。全岛人均水资源总量为世界平均值的2.6倍，但是人均降水量仅3980立方米，不足世界平均值33975立方米的1/8，比大陆人均降水量的4758立方米还低。而且78%的雨量集中在5~10月，常常集中于几场暴雨，每年5~10月丰水期与11月~来年4月枯水期的雨量比值平均为7.78:2.22，南部地区甚至高达9:1。时空分布不均，使得河流丰枯流量悬殊很大。因此，近年来台湾地区将很大一部分精力转向了水资源管理。

我们考察的集集共同引水工程，就是一个强化水资源管理与调度的典型。该工程位于台湾中部的浊水溪，下游两岸宽阔的冲积平原，为台湾农业精华地带之一。该流域地表水年径流量近50亿立方米，但是洪枯流量悬殊很大，实测最大洪峰流量达23000立方米

2002年12月赴台湾考察期间作者与台湾著名水利专家林襟江先生在一起

每秒,平均最低流量却只有19立方米每秒。长期以来,该区自干流集集以下形成15条灌溉引水渠系,各渠系以修筑临时简陋设施取水,汛期时常被冲毁,旱季又因水源短缺,造成各渠系分水困难,对作物生长产生巨大影响。同时,由于水源不稳,沿海一带大量开采地下水,致使地下水位大幅下降,招致海水入侵与地面沉降等不良后果。

为了解决这一综合性的水资源问题,1993年5月开始在中游实施了集集共同引水工程,其规划设计的思路为:修建长352.5米的拦河堰,南北两岸各设共同引水进水口一座,使浊水溪原有的多处灌溉取水口,改以共同进水口引水,再经引水渠道输水分配至各灌区。拦河堰蓄水容量约1000万立方米,引取水量分别为南岸90立方米每秒与北岸70立方米每秒。为处理泥沙问题,下游两岸各设大型沉沙池1座。该工程已于2001年底竣工,灌溉规模目前为台湾之最,由分散取水改为共同引水的取水方式在岛内亦属首创。

考察中,该流域的自动化水资源监控管理系统,引起了我们的格外关注。这套融收集与分析集水区水文、供水区用水及地下水等信息为一体的总枢纽,设备先进,布局严谨,已成为浊水溪水资源统筹管理与有效运用的重要技术手段。利用该系统对水资源统一调度与分配进行自动化监控,既可提高水资源利用率,又能配合洪水预报系统与地下水监测系统的运行, 达到了流域统筹管理水资源的目标。运行以来,在稳定灌溉水源,有效分配水量,促进基础工业区产业升级与发展,减少沿海地区地下水抽取,改善农业生产环境方面,发挥了显著的作用。

此外,“9·21” 大地震中严重受损的大甲溪石冈坝紧急抢修工程,台南高屏溪干流上的充气式橡皮坝拦河堰,台湾水利规划试验所开展的各项水工建筑物试验等, 都给我们留下了十分深刻的印象。

## 三、收获与体会

本次赴台访问,台湾地区水利界通过我们的介绍,了解了黄河治理开发的战略思路和最新发展动态, 我们在实地考察中也受到了诸多启示。

一是台湾地区主要河流的治理虽然已达到一定水平, 水资源开发利用程度也较高,但水利建设随社会经济发展的波动很大。50年中,在追求经济成长的过程中,生态环境也遭到了不同程度的破坏,水资源、水灾害、水环境问题日益严重。目前,他们提出了“给民众一个安全的承诺,提供人水互动的亲水空间,还给河流原有自然多样的面貌”的目标。河流治理的策略由治水、利水,转入治理措施与生态环境的融合。计划采取的防灾治理策略为:上游融合自然,顺应流势,疏浚导洪,以避洪为主;中游采用稳定河势、疏浚与约束并行,以避灾为主,整治为辅;下游采用顺泄洪峰、约束洪水、留滩滞洪、涵盖土沙的策略。在全流域采用划设洪泛区、推动洪灾保险、加强河流土地使用的管制、建设防汛预警系统、实施居民疏散等非工程措施进行综合治理。这一河川治理的经验与教训,可资借鉴。

二是台湾在水利工程的建设与综合管理上,大力推广"环保工法",并以制度的形式确定下来。不仅仅注重保防洪平安和促进经济发展,也注重环保效益。将以往的混凝土河堤、闸坝,改造建设成绿草如茵、鲜花盛开,为人们提供活水亲水、走进自然的去处。目前这种"环保工法"已初见成效。

三是由于台湾山地陡峻,在河流上游兴建水库,投资大,工期长,环境效益与经济效益均不理想。而在中游坡度较缓的河段修建拦河堰,既可大幅度增加地表水的利用,且投资较少,工期短,因此,拦河堰在台湾普遍受到重视与推广。这一经验,可为黄河中游支流治理中参考。

四是1998年以来,由黄委和台湾交通大学联合发起的海峡两岸河川治理与管理研讨会,至今已举行五届。实践证明,这一轮流互访式的学术交流,对于推动两岸水利界之间的学术交流与技术合作,发挥了很好的作用。此次学术交流中,台湾地区水利界同仁表达了愿与黄委就一些关键技术问题加强合作的强烈愿望。如怎样借助黄河的泥沙研究与治理成果,处理台湾浊水溪的高含沙量问题;再如,如何解决多泥沙河流上水工建筑物抗磨问题等。从中我们感到,海峡两岸在河川治理领域有着密切交往、互相探讨的广阔前景。

此次赴台,给我们感受最深的是,由于同族同文,没有语言障碍,非常有利于沟通,使我们在短短10天之内,了解到较多有关台湾水利的情况。同时,台湾水利界同仁热情、诚挚的态度以及细致、周到的安排，再次体现了海峡两岸不可分割的骨肉同胞之情，使我们切身感受到了“血浓于水”的深切内涵。整个交流考察过程中，代表团全体成员都按照国家对台工作方针，严格遵守有关规定和纪律，圆满完成了这次赴台任务。

（本文由作者于2002年12月执笔撰写。黄河水利委员会赴台代表团成员有，黄河水资源保护局孙学义，三门峡枢纽管理局刘红宾、乐金苟，山东黄河河务局赵世来、孔国峰，黄委水文局李世明、高文永等）

# 早年习作

ZAONIANXIZUO

# 杨小聪买米饭（小说）

饭厅。两扇窗口敞开着，平肩高的窗口外排着两行长长的队。

窗口里，伴随着腾腾蒸汽，涌出阵阵米香。

像被人追着一样，一个平头、圆脸、亮眼睛的小个子掠过长队，径投窗下。这是杨小聪，爱好米食。他眼睛放着光，竭力想从一张张熟悉而又陌生的面孔上，捕捉到自己需要的信息，但事有不巧，无有代劳的伙伴！他灵机一动，调头转向，在另一支队首附近，扫到一个目标。

“喂，给带一份！”他凑了上去。

“呃……呃，每人只让买一份。”一张尴尬的脸。

“不要紧的，你先拿着盆。”

“那……你站在这儿吧。”那位同学面有难色了，向后闪了一下身子。

人们的眼睛都向这里聚焦了。杨小聪的心“怦怦”急跳了几下，那满带风采的脸上，顿时抹上了两片红晕。可是他立足未稳，又拥上来几个同学，极尊敬似的朝他点头，彼此心照不宣了。喃，又是几个，男的，女的。转眼工夫，笔直的队伍横生了一个肿瘤，一个迅速发展着的恶性肿瘤。

窗口里，炊事员不停地忙着，窗外，买米饭的队伍却在不断地向后蠕动。

“太不像话了，”有人嘟哝着。

“不脸红吗？”

……制止声，诅咒声，队伍骚动着。

杨小聪目视前方，眼珠也不敢转动一下，忠于职责的耳朵却老是吸进各种不中听的声音。不景气！他感到耳朵发热，像被人狠拧了一阵子……

他接过饭。转身。低头。

“多白的米饭！”像发现了稀罕物一样叫。

“菜，香吗？”像晚秋的北风一样刮皮。

他低下头，装出发现菜上有了脏物的样子。脚下却生风，像被人追着似的。

“哎哟，咋搞的？”门口的一个女生拍打着衣服，向杨小聪赠了一个怒视。

杨小聪感到她的眼光像两条鞭子。

怪！今天的目光都像鞭子。

（原载于1982年5月1日郑州工学院报创刊号，作者时任郑州工学院学生文学社社长，该文发表时署笔名尽明）

# 第一行脚印（诗歌）

## ——写在院刊创刊号上

像衔泥入檐的燕子，
你把春讯
报给紧张学习的人们；
像柔和温馨的暖风，
你携来了
欢歌笑语、香气阵阵……

啊，来吧，
残冬的余寒已经散尽，
再莫要惊悸那夜幕的阴沉，
再莫要小巷里的寂寞的长吟，
再莫要对苍穹悲凄伤神。

春已到，
冰消雪融，大地一新。
长了小草，绿了翠竹，
笑了，袅袅娜娜，一枝“迎春”。

看，走来了！
走来了——一串歌声，

满天彩霞，悠悠童心。
莫笑声音稚嫩，
莫说初步不稳，
稚子蹒跚的身后，
定有一行蹒跚的脚印……

（原载于1982年5月1日郑州工学院报创刊号，该诗发表时作者署笔名一丁·）

1980年10月郑州工学院水利系782班第一实习组赴河南省南湾水库实习合影，后排右1为作者

# 来自三月的报告（报告文学）

三月，1982年的三月。郑州工学院校园内正进行着一场除旧布新的战斗，一场净化环境、净化心灵的革命。春风劲吹，新绿遍洒。美，一个充满魅力，令人向往的种子，在这里萌发了。

## 春，在这里翩翩降临

这是一张三月份的卫生检查统计表，打扫校内外共出动25000人次，清除垃圾1466吨，平整地面49300平方米，粉刷墙壁27860平方米，栽植树木花草19923棵，清扫房间1695间，修建花坛60个计4545平方米……

看到这张统计表，我们想起了三月里，这儿的一些动人的场面：办公楼前，教学楼旁，一排排人在洒扫。年过花甲的院长，银发苍苍的老教授，犹带稚气的学生，实习工厂的工人，食堂和托儿所的同志……他们牺牲午休和业余时间，挥动着铁锨、扫帚。一栋栋楼房洁净了，一扇扇窗户明亮了，水坑填平了，垃圾清理了。苦吗？累吗？你看，他们又说又笑，多高兴；你听，她们哼着山南海北的家乡曲，多清甜！

## 春雨，滋润着人们的心田

"化机八〇级？"

"化机八〇级！"

当他们以“行动快，秩序好”而受到系领导表扬的时候，许多人瞪大了惊奇的眼睛。

不久前，化机八〇级还是一个问题较多的班，老师来答疑，学

1982年5月郑州工学院党委书记、院长段佩明（前排左4）与院学生文学社领导成员合影，前排左1为作者

生在下象棋；台上作报告，台下哄哄然；甚至夜深了，宿舍里还传出靡靡乐音。提到这个班，师生都为之蹙眉摇头。

当三月的春风吹进校园的时候，这里的余寒渐渐消散了。系党总支派辅导员来到这个班，调整充实了干部力量，健全了各项制度。辅导员老师跑来跑去，轮番找同学谈话，交流思想。

春风化雨，滋润着粒粒种子。如今，一个“为恢复化机八〇级的声誉而努力”的口号在全班同学心里深深扎根了。他们去旧习，树新风，把教室粉刷一新，班里成立了宣传组、文体组，还主动帮助八一级同学布置教室。

变了，经过这一场春风，又一场春雨。

一个化机八〇在变，两个，三个都在变……

## 更美的，是人们心里的春天

春天是美好的。潇潇的春雨，和熙的春风，明媚的春光……这一切都给人以美的享受，情的陶冶。然而，更美的，还是人们心里的春天。

化机七九级，一位同学家中生活困难，班里“学雷锋小组”主动为他筹集了160多斤粮票。

水利系李昆良同学拾手表一块，交还给失主。

机电系李文海同学，领取饭票时，发现多发了150元钱的菜票和360斤的馍票，主动退还了食堂。

化工系组织团员青年前往郑州火车站、汽车站义务劳动……

也许，你会嫌我们罗嗦，劝笔者不要滥用“穷举法”了。是的，那单调而重复的计算描点是枯燥的，然而，当你看到一条条曲线相继诞生，进而联成一个对工程有着实际意义的曲面时，你是否想过，这个曲面正是那一个个零散的点子组成的呢？难道你不感到，这美好的春天，正是一片片绿叶和一朵朵鲜花组成的吗？

路，在我们的脚下延伸……

“全民文明礼貌月”刚刚过去，我们来到院长办公室，就下一步工作问题，访问了党委书记、院长段佩明同志。他说：“不要光说好，问题还不少哇。我们决不能满足现状，五讲四美要作为一种制度坚持下去，使之逐渐成为人们的自觉行动，党委已对下步工作做了长远的计划。”

我们默然了，还需要说些什么呢？不久，你将会看到更加美丽的春天。这是一场深刻的革命，是一场艰难的战斗。结束这场战斗，还有一段很长的路，通向胜利的路，正在我们的脚下延伸……

（本文系作者与肖汝诚合写，原载于1982年5月1日郑州工学院报创刊号）